U0010140

台灣自然圖鑑 027

THE
BUTTERFLIES
OF TAIWAN | 蛺蝶 | 下 | 徐堉峰 著

臺灣蝴蝶圖鑑

晨星出版

　　本書留在最後一冊介紹的是從前科級分類爭論不休的蛺蝶科。現今以系統分類學架構所定義的蛺蝶科其物種多樣性與灰蝶科不相上下，種類也有6000種以上。蛺蝶科由於外部形態變化多端，導致過去研究者進行分類工作時意見莫衷一是，在筆者求學時代的一九八〇年代後期，蛺蝶類蝴蝶仍然被分為許多科，單是棲息在臺灣的類群就分為蛺蝶、蛇目蝶、環紋蝶、長鬚蝶、斑蝶等科。有些類群應該被置於蛺蝶科內還是科外也有許多爭論，如毒蝶、珍蝶等。然而，近年來的親緣關係分析卻發現，不論是以形態還是以分子數據作為分析基礎，結果均顯示從前的分類方式無法正確顯示蛺蝶類蝴蝶的演化關係，反而常造成錯誤的迷思，例如過去置於蛺蝶科內的閃蛺蝶族，其成員包括著名的美麗種類大紫蛺蝶，觀察他們的幼蟲形態及分子數據，均足以說明他們與過去視為獨立科級分類群的眼蝶（蛇目蝶）關係近緣，反而與當時處理為同一科的枯葉蝶等種類關係遠，造成親緣關係近的類群被放在不同分類群，親緣關係遠的類群反而被放在同一分類群的情形。近年來一系列的研究論文均支持一項分類處理：將全部擁有前足特化內收而蛹體倒懸的類群全部放在單一蛺蝶科內，過去的許多科級分類群則依親緣關係分析結果調整分類地位並降級。

　　蛺蝶科過去被分為許多科的事實說明他們形態與生態習性歧異度很高。他們包括許多醒目鮮豔、惹人注目或形態特殊的種類。成蝶外觀模擬樹葉的枯葉蝶便是著稱於世的好例子，牠不但翅膀形狀像是樹葉，翅面上的花紋更形成假葉脈、假黴菌斑，甚至假蟲蝕孔等模樣。牠們在幼蟲食物內容方面沒有出奇之處，基本上與其他大多數蝶蛾類一樣以植物葉片為食，成蝶的食物內容卻除了花蜜以外，還包括許多讓人們感到驚訝的食材，像是腐爛發酵的水果、樹木遭蟲蛀後流出的汁液、動物的屍體滲出液、動物的排泄物與汗液，甚至遭肉食動物獵殺的犧牲品所流出的鮮血等。牠們生活史各階段的形態在蝶類當中也顯得最為多樣化，卵的外觀變化多端，表面常常有細緻的突起或刻紋，看起來有如各色各樣的糖果。幼蟲也千姿百態，身上有的長滿各式棘刺，有的生有修長的肉質突起，花紋

也多彩多姿，幼蟲的頭上往往還長著各種形狀的角或突起。牠們的蛹也常長著各種突起，讓牠們長相有如樹葉或果實，有的甚至有著燦爛奪目的金屬光澤或是通體晶瑩如玉。牠們的幼蟲也常將樹葉加工成各種樣子來加強保護自己，像是把葉片咬成小碎片懸掛在葉脈間，或是用絲纏繞自己的糞粒成棒狀，然後隱身其間。蛺蝶科多彩多姿的形態和生態讓牠們成為一群迷人的昆蟲。

　　蛺蝶科成員中有不少種類擁有獨特的生態特性，使牠們成為絕佳研究素材。生物學中的擬態理論便是由亨利‧貝茲Henry Walter Bates觀察南美洲亞馬遜熱帶雨林的蛺蝶科成員中，擁有相似花紋的有毒與無毒種類後構思出來的。這項理論後來被證實在許多不同動物間存在。蛺蝶科裡的斑蝶類中有些種類能作長距離遷移，其中美洲的帝王斑蝶便是世上最著名的例子。牠們每年秋季從北美各地向南移動，最遠的從北美五大湖一帶及加拿大南部出發，飛行數千公里之遙到加州及墨西哥聚集過冬，形成舉世聞名的奇景。這種蝴蝶在十九世紀中後期更因為某些因素，如同殖民帝國時期的歐洲一般，從美洲遠征世界各地，蹤跡遍及各大洲，包括偏遠的遠洋海島，連臺灣都成為牠們的「領地」之一。國內的紫斑蝶多種聚集到南部過冬的現象也不遑多讓，牠們在端午前後北上的習性使牠們沾染了節日浪漫色彩，深受國人青睞。又稱為青斑蝶的大絹斑蝶經常有個體穿梭日本與臺灣及其他地區間，連蘭嶼、上海與香港都有觀察記錄。這些讓人讚嘆的生態現象使這些種類受到重視，許多研究及保育團體把牠們當成關切的主要對象。然而，雖然蛺蝶科蝴蝶的生態妙趣橫生，牠們當中卻有許多翅紋十分相似的種類，希望本書可以為對這些蝴蝶有興趣的朋友提供正確鑑定的參考，作為進一步深入研究的基礎。

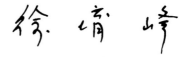

於臺北市景美蝸居 2012. 12. 21.

令人引以為傲的臺灣蝴蝶圖鑑

在年初的一個聚會中，埼峰略帶喜悅地告訴我：「老師，出版社找我出蝴蝶圖鑑，目前正進入編輯排版之中，您能不能為我寫個序？」

聽到這個消息，我十分高興，因為出版一本完整的臺灣蝴蝶圖鑑一直是埼峰多年來的心願；而這也令我回想起這一位從小學起便開始「迷」蝴蝶，卻曾因此耽誤學校功課而遭禁養毛毛蟲的童年往事；還好，之後在姑姑的疏通和全力支持下，他仍繼續「玩」蝴蝶。上了國中，埼峰一有空閒便抱著日本學者白水隆教授的「原色臺灣蝶類大圖鑑」苦讀，後來竟然連日文也無師自通；到了高中，埼峰由玩家變成道道地地的專家，也和當時不少日本學者、專家進行交流。儘管在他個人求學過程中有些波折，但埼峰對所熱愛蝴蝶的研究卻不因此而中斷。在大學時埼峰進我研究室後如魚得水，也協助我進行蝴蝶研究，而且以一位大學還沒畢業的學生，在畢業前已在日文、中文期刊發表多篇正式的期刊論文，這種成果，的確令人刮目相看。大學畢業之後，埼峰負笈美國求學，但每一回國，仍會回研究室協助帶研究生，也分享他的研究經歷和成果。在著名的美國加州大學柏克萊分校取得博士學位之後，埼峰返國求職，先在彰師大服務，之後如願進入國立臺灣師範大學生命科學系任教。在此過程中埼峰仍協助我指導多位研究生，並在臺大出版中心共同出版「鳳翼蝶衣——海峽兩岸鳳蝶工筆彩繪圖鑑」。然而，讓他縈繫於心的是出版一本臺灣人自己執筆的臺灣蝴蝶圖鑑。儘管從日治時代起便有臺灣蝴蝶圖鑑的出版，但有關蝴蝶的中文名稱由於翻譯和長年誤用，埼峰覺得有必要加以整理和釐清，所以在這本圖鑑中的中文種名是以一位真正做臺灣蝴蝶研究學者所提出的，令人耳目一新。但為了和往昔習慣用名連貫，在中文名稱中他也列入過去種名的稱謂。另外，為了製作好這本圖鑑，埼峰除了新做標本拍攝之外，也借拍不少國內和日本標本館的藏品，當然也借拍國內外部分藏家的標本；這種執著的敬業精神，值得肯定。還有，埼峰本身是分類、演化及生態學者，所以對於種名的考證，以及對每一種的形態描述、重要特徵、大小、雌雄區別、模式種、標本產地、學名與英文名、習性及幼蟲寄主植物等，也都做了最詳細的整理和介紹。

「青出於藍，勝於藍」，身為埼峰的老師，看到這本由臺灣學者自拍自寫的臺灣蝴蝶圖鑑，我與有榮焉！也期待學界先進、後學，和民間許許多多蝴蝶達人能給這一位長久以來一直腳踏實地，默默耕耘臺灣蝴蝶研究的學者更多的肯定和鼓勵。同時也恭喜埼峰的媽媽、姑姑和夫人：這本蝴蝶圖鑑的出版，不但是徐家之光，也是臺灣之光！

國立臺灣大學昆蟲學系教授

楊平世 謹識 2013.01.09

蝶は身近で触れることのできる可憐で美しい生き物である。また、彼らは自然の健康度を知るバロメーターと見なされ、レッドデータブックでも筆頭に挙げられる重要な対象の一群でもある。しかし、蝶の愛好家や研究家は少なくないが、プロフェッショナルに行っている研究者はたいへん少なく、その中の一人が徐堉峰博士である。私は彼とは十数年以上前から交流があるが、彼の蝶学におけるめざましい進展ぶりに日々目を見張っている。その彼がこのたび台湾産蝶類の図鑑を出版されることとなった。彼は、生態図鑑など数冊をすでに出版されているが、種の同定に役立つ本格的な図鑑は今回がはじめてであろう。私は、彼から送られてきた本書の校正刷りの一部を見て驚いた。使われている標本は完全標本ばかりで、きわめて美しい仕上がりである。また、generalな部分で使用されている形態図や写真も精緻な出来映えである。彼は、もともと蝶の分類学者であるから学名をはじめ形態的な特徴はきわめて正確である。さらに、分布や生態情報も最新の正確な情報に基づいて簡潔にまとめられている。サイズ(前翅長)、発生時期、生息標高などもイラストを使って学生や一般の自然愛好家にもわかりやすく示されている。

　　台湾の蝶の同定を行う一般の愛好者、さらには最新の台湾産蝶類の情報を知りたい専門家にも、座右の書として本書を強く推薦する。

九州大学名誉教授・前日本蝶類学会会長　　　矢田　脩　2013. 01. 11.

Butterflies are lovely and beautiful creatures, and we are able to come in contact with them in our daily life. Moreover, they are considered indices to assess the health conditions of nature and listed at the top of the Red Data Lists as one of the most important groups. Although there are tremendous number of amateur butterfly lovers and researchers, professional researchers of the group are scarce. Dr. Yu-Feng Hsu is one of such experts. We have been known of with each other for more than a decade, and I have been astonished by his achievement and progress in Lepidopterology. Now he is going to publish a new book on Taiwanese butterflies. Dr. Hsu already published several books including those of butterfly life histories, but this probably is the first book of his as an identification tool for Taiwanese butterflies. I was really surprised to see a part of proofs sent by him. All the specimens are in perfect condition, and the print is extremely beautiful. Drawings and figures used in general parts are precisely prepared. He is a systematist in the first place, and, therefore, scientific names and morphological descriptions are accurate. In addition, distributions and life histories are brief but thoroughly compiled. Wing length, flight season, and habitat elevation are illustrated so that students and general naturalists can understand them easily. I strongly recommend that not only the general butterfly lovers who need the identification tool but also expert researchers who want to update the information on Taiwanese butterflies should have this book nearby.

Osamu Yata Professor Emeritus, Kyushu University and Ex-president, Butterfly Society of Japan (Teinopalpus)

English translation by Dr. Hideyuki Chiba (Bishop Museum, Honolulu, Hawaii)

本套圖鑑以棲息在臺灣本島及附屬離島的蝴蝶種類為主，下冊針對130餘種蛺蝶作分屬及分種介紹，內容

臺灣特有亞種　　臺灣特有種

中文名
使用能反映分類地位的中文名稱

模式產地
指種小名或亞種名的具名模式標本的來源產地。

蛺蝶科

枯葉蝶屬

枯葉蝶

特有亞種

Kallima inachus formosana Fruhstorfer

◆模式產地：*inachus* Doyère, [1840]：北印度；*formosana* Fruhstorfer, 1912：臺灣。

英 文 名 | Orange Oakleaf

別　　名 | 枯葉蛺蝶、木葉蝶

主文
詳述蝶種雌、雄形態特徵，成蝶生態習性，雌雄蝶區分要點及相似種比較。

形態特徵 Diagnostic characters

　　雌雄斑紋相似。軀體背側呈暗褐色，腹側淺褐色。前翅近半橢圓形，前緣明顯前凸而呈弧形，翅端成一尖角，外緣後側向外凸出。後翅近橢圓形，於1A+2A脈末端明顯突出呈指狀。翅背面底色暗褐色，亞外緣有黑褐色波狀線。翅面泛靛藍色金屬光澤。前翅CuA$_1$室有一眼狀紋，眼狀紋中央眼點白色半透明。前翅R$_4$室於R$_4$及R$_5$脈交會處時有一黃白色小紋。翅中央有橙黃色寬斜帶。翅腹面斑紋變化極著，底色黃褐色或褐色，其上有濃淡不一、色彩多樣之斑駁花紋。翅面中央由前翅翅端至後翅中央、後翅前緣中央至於1A+2A脈末端指狀突有一暗色線紋。前翅眼狀紋中央眼點亦存在。緣毛暗褐色。

生態習性 Behaviors

　　多世代性蝶種，但是數量以夏季最多。成蝶棲息在潮溼森林內及溪澗附近。成蝶好食樹液、腐果。

雌、雄蝶之區分 Differentiation between sexes

　　雌蝶前翅翅端突起較長而明顯。雄蝶前足跗節末端尖銳；雌蝶前足跗節末端具成對之棘狀構造。

近似種比較 Similar species

　　在臺灣地區沒有類似種。源自菲律賓地區、偶爾出現的偶產種蠹葉蝶 *Doleschallia bisaltide philippensis* Fruhstorfer, 1899（模式產地：菲律賓）的翅形與本種類似，但蠹葉蝶前翅翅端缺少本種翅端具有的尖角、翅背面斑紋以橙色及紅褐色為主，翅腹面斑紋亦頗為不同，區分並不困難。

分布 Distribution	棲地環境 Habitats	幼蟲寄主植物 Larval hostplants
在臺灣地區分布於臺灣本島低、中海拔地區。離島龜山島及蘭嶼亦有分布。臺灣以外分布於華西、華南、華東、喜馬拉雅、中南半島、東南亞、日本南部島嶼等地區。	常綠闊葉林。	臺灣馬藍 *Strobilanthes formosanus*、腺萼馬藍 *S. penstemonoides*、曲莖馬藍 *S. flexicaulis* 等爵床科 Acanthaceae 植物，取食部位是葉片。

102

幼蟲寄主植物
以作者研究室資料庫數據、可靠文獻為主。

包括各科、各屬之形態特性及概要，以及各種的學名有效名、中文及英文名清單、形態特徵及變異、寄主植物及生態習性簡述、棲地類型及成蟲出現時期等。

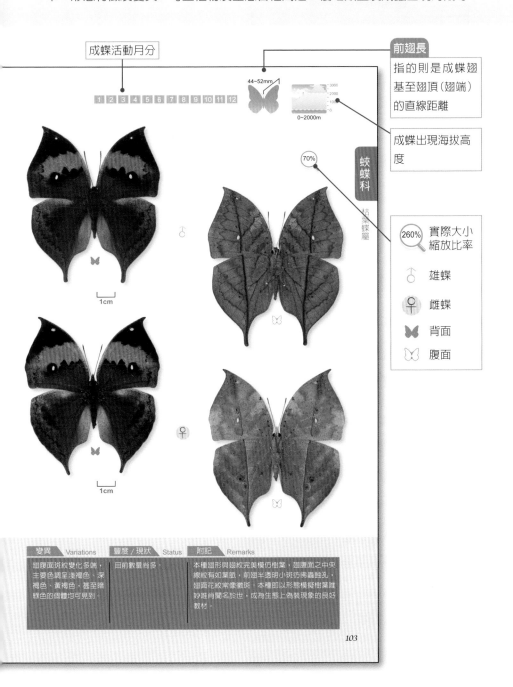

成蝶活動月分

1 2 3 4 5 6 7 8 9 10 11 12

44~52mm

0~2000m

70%

前翅長
指的則是成蝶翅基至翅頂（翅端）的直線距離

成蝶出現海拔高度

蛺蝶科
枯葉蝶屬

260% 實際大小
縮放比率

♂ 雄蝶

♀ 雌蝶

背面

腹面

1cm

變異 Variations	豐度／現狀 Status	附記 Remarks
翅腹面斑紋變化多端，主要色調呈淺褐色、深褐色、黃褐色，甚至暗綠色的個體均可見到。	目前數量尚多。	本種翅形與翅紋完美模仿枯樹葉，翅腹面之中央線紋有如葉脈，前翅半透明小斑彷彿蟲蝕孔，翅面花紋常像黴斑。本種即以形態模擬樹葉唯妙唯肖聞名於世，成為生態上偽裝現象的良好教材。

103

7

目錄

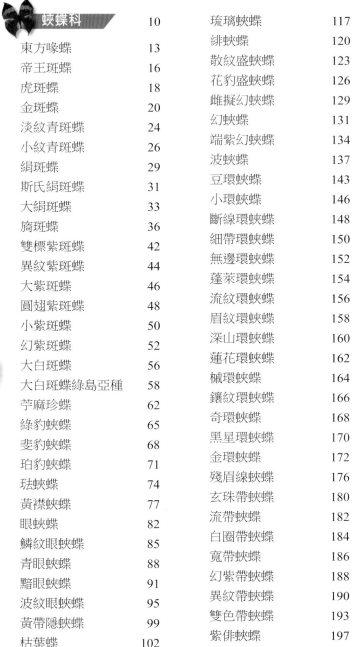

Contents

蛺蝶科

依現已被廣泛接受的蛺蝶科概念而言，蛺蝶科的物種多樣性足可與灰蝶科匹敵。由於形態歧異度很高，蛺蝶科過去被分為許多科，包括斑蝶科Danaidae、蜓斑蝶科（綃蝶科）Ithomiidae、眼蝶科（蛇目蝶科）Satyridae、環蝶科（環紋蝶科）Amathusiidae、梟蝶科（貓頭鷹蝶科）Brassolidae、摩爾浮蝶

蛺蝶科呈泛世界性分布，多樣性最高的區域是在熱帶地區，但是溫、寒帶地區也有許多獨特的類群棲息。世界上的蛺蝶約有350屬，6000種。依照Ackery et al.（1998）的整理，蛺蝶科的亞科分類目前初步分為喙蝶亞科Libytheinae、毒蝶亞科Heliconiinae、蛺蝶亞科Nymphalinae、線蛺蝶亞科Limenitinae、螯蛺蝶亞科Charaxinae、閃蛺蝶亞科Apaturinae、摩爾浮蝶亞科Morphinae、眼蝶亞科Satyrinae、絹蛺蝶亞科Calinaginae與斑蝶亞科Danainae。目前親緣關係分析仍在陸續進行中，將來可能會作進一步修訂。臺灣地區約棲息著50餘屬130餘種蛺蝶科成員。

成蝶形態特徵 Diagnosis for adults

蛺蝶成蝶體型變化甚鉅，體型小者大小有如灰蝶，體型大者甚至可及小鳥。蛺蝶觸角腹面具有三道縱稜，因此形成一對凹陷。牠們大多數種類前足特化、無爪。翅室開放或封閉。前翅R脈五分支，有一條臀脈，後翅則有兩條臀脈。成蝶的雌雄二型性見於部分種類。有些種類的雄蝶具有性標。

幼生期 Immatures

蛺蝶卵形態變化多端，在蝶類中最為多樣化，表面常有呈現幾何圖案的刻紋及種種突起。卵通常產在寄主植物體上，但是也有不少種類產在寄主植物附近的樹皮、落葉、石塊等雜物上，甚至有直接將卵粒拋落的種類。卵粒單產及成卵塊產下的種類均存在，而且不乏一次產卵數百粒成一群的情形。幼蟲軀

科（閃蝶科）Morphidae、毒蝶科（袖蝶科）Heliconiidae、喙蝶科（天狗蝶科）Libytheidae、珍蝶科Acraeidae等。然而，無論是分子或形態資料進行親緣關係分析均顯示這些科與過去的狹義蛺蝶科共同形成一單系群，而過去的細分處理會使狹義蛺蝶科內的某些類群反而與科外類群關係較近緣，明顯不符合分類應當反映演化關係的自然分類原則，因此將這些科全數合併為一科已經成為共識。事實上，單從幼生期形態特徵便可看出端倪：螯蛺蝶類的幼蟲及蛹與眼蝶類頗為相似，與枯葉蝶卻差異很大。豹蛺蝶類的幼蟲及蛹的形態顯示牠們與毒蝶系出同源。蛺蝶科最重要的特徵是觸角腹面形成三道稱為carinae的縱稜。此外，牠們大多數前足特化、收縮而不用於步行。牠們的蛹缺乏圍繞胸部的絲線，只在尾部以垂懸器附著絲墊使蛹體倒吊。

體通常呈圓筒形，頭頂往往長有突起，有些種類在體表長有棘刺，另外有不少類群在尾端具有一對突起。蛺蝶幼蟲主要以寄主植物之營養器官爲食，而且不乏專食老葉的種類。蛺蝶蛹造型多變，許多種類生有變化多端的突起，搭配各種體色，常有很好的隱蔽、僞裝及警戒效果。蛺蝶蛹以懸蛹方式附著，只於尾端有絲線連結。

幼蟲食性 Larval Hosts

非常多樣化，雙子葉及單子葉植物均有許多種類利用，也有取食裸子植物及蕨類植物的種類。另外，有些類群以高毒性的植物，如夾竹桃科Apocynaceae、茄科Solanaceae、西番蓮科Passifloraceae植物爲幼蟲寄主植物。部分種類爲廣食性，可取食許多不同科的植物。

蛺蝶科脈相圖（臺灣翠蛺蝶）

徑脈
R₂
亞前緣脈 — Sc R₁ R₃
R₄
R₅
M₁
M₂ 中脈
M₃
CuA₁
CuA₂ 前肘脈
1A+2A 臀脈

hm
肩脈
Sc+R₁
Rs
M₁
M₂
M₃
3A
CuA₁
1A+2A CuA₂
前肘脈

縱稜(carina)
紫俳蛺蝶雌蝶觸角腹面

喙蝶屬

Libythea Fabricius, 1807

模式種 Type Species	*Papilio celtis* Laicharting, [1782]，即朴喙蝶*Libythea celtis*（Laicharting, [1782]）。

形態特徵與相關資料 Diagnosis and other information

中型蝶。複眼光滑。觸角短於前翅長1／2。下唇鬚特別長，突出呈喙狀。雄蝶前足跗節癒合、無爪，雌蝶前足跗節分節而具爪。前翅3A脈可見，於1A+2A脈基部匯入。前翅於M_2脈前方突出成角狀。翅面底色褐色，綴有橙色、白色斑點與條紋，有的種類翅面有藍、紫色光澤。

本屬約有13種，呈泛世界性分布，主要棲息在熱帶及亞熱帶地區。

棲息於森林帶，成蝶吸水行為明顯。

幼蟲利用之植物為朴樹科Celtidaceae植物。

臺灣地區有一原生固有種及一偶產種。

· *Libythea lepita formosana* Fruhstorfer, 1908（東方喙蝶）
· *Libythea geoffroy philippina* Staudinger, 1889（紫喙蝶）（偶產種）

臺灣地區
檢索表
喙蝶屬 （*表示偶產種）

Key to species of the genus *Libythea* in Taiwan (* denotes occasional species)

❶ 翅背面無光澤 .... *lepita*（東方喙蝶）
　 雄蝶翅背面有紫色光澤，雌蝶有青色光澤...................... *geoffroy*（紫喙蝶）*

下唇鬚
(labial palpus)

東方喙蝶口吻

跗節
(tarsus)

東方喙蝶左前足（左雄右雌）

東方喙蝶 特有亞種

Libythea lepita formosana Fruhstorfer

▌模式產地：*lepita* Moore, [1858]：北印度／不丹；*formosana* Fruhstorfer, 1908：臺灣。

英文名	Oriental Beak
別　名	長鬚蝶、天狗蝶

蛺蝶科

喙蝶屬

形態特徵 Diagnostic characters

雌雄斑紋相似。軀體背側呈暗褐色，腹側呈淺褐色。前翅翅形近直角三角形，外緣翅頂向外突出成一尖角狀突起。後翅近扇形，前緣中央稍突出，外緣各翅脈端有小尖突，使外緣呈鋸齒狀。翅背面底色暗褐色，中室內有一橙黃色條紋，其外側有一同色塊狀斑紋。翅頂附近有白色及橙色小斑點。後翅中央有一橙黃色橫帶。翅腹面淺褐色，前翅斑紋類似翅背面，後翅翅面斑紋多變，常有斑駁紋路。緣毛褐色。

生態習性 Behaviors

一年應至少有三世代。成蝶飛行活潑敏捷，會吸食腐果、糞便、汗液，亦會訪花。幼蟲有遇擾垂絲懸落之習性。冬季以成蟲態休眠過冬。

雌、雄蝶之區分 Distinctions between sexes

雄蝶前足跗節癒合、無爪而被長毛，雌蝶則前足跗節分節、末端具爪而無長毛。雄蝶翅腹面斑紋通常較為斑駁，雌蝶則色彩較均勻。另外，雌蝶前翅翅頂角狀突起突出之角度較大。

近似種比較 Similar species

在臺灣地區無原生類似種，但與曾有偶產記錄之紫喙蝶略為相似，但後者雄蝶翅背面泛紫色光澤，雌蝶則帶有青色光澤，本種則無此等光澤。

分布 Distribution	棲地環境 Habitats	幼蟲寄主植物 Larval hostplants
在臺灣地區分布於臺灣本島全島低、中海拔地區。其他分布區域包括印度以東的東亞廣大地區。	常綠闊葉林。	朴樹*Celtis sinensis*、石朴*C. formosana*及沙楠子樹*C. biondii*等朴樹科Celtidaceae植物。取食部位是新芽、幼葉。

21~26mm

3000
2000
1000
0

0~2500m

120%

♂

1cm

♀

1cm

變異 Variations	豐度 / 現狀 Status	附記 Remarks
翅腹面斑紋多變異。	目前數量尚多。	本種昔日在臺灣北部頗為少見，近年卻經常出現，原因不明。 本種長期被視為與喙蝶*Libythea celtis*（Laicharting, [1782]）（模式產地：歐洲）同種，Kawahara（2006）將原先認知的喙蝶分為分布於印度以西的 *L. celtis*（喙蝶）及分布於印度以東的 *L. lepita* Moore（東方喙蝶）兩種。

斑蝶屬

Danaus Kluk, 1802

模式種 Type Species | *Papilio plexippus* Linnaeus, 1758，即帝王斑蝶 *Danaus plexippus*（Linnaeus, 1758）。

形態特徵與相關資料 Diagnosis and other information

中型斑蝶。複眼光滑。雄蝶前足外側及末端明顯被毛，雌蝶則否。翅面底色通常呈暗橙色，上有黑紋及白斑。雄蝶後翅於CuA_2室內有袋狀構造（性標），內含與性費洛蒙相關之物質。雄蝶交尾器的背兜（tegumen）及鉤突（uncus）退化，無顎形突（gnathos）。許多種類之雄蝶第8腹節腹板向後突出形成偽抱器。幼蟲體表有2至3對細長肉質突起。

本屬有11種，呈泛世界性分布，主要棲息在熱帶地區。

多數種類偏好棲息於開闊的草原，但也有棲息於森林帶及沙漠的種類。成蝶訪花性明顯。

幼蟲利用之植物為夾竹桃科Apocynaceae（蘿摩科Asclepiadaceae）植物。

臺灣地區有三種，其中一種疑為早期外來種，且現已滅絕。另有一偶產種。

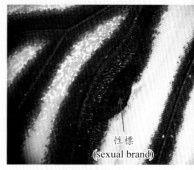

性標 (sexual brand)

虎斑蝶雄蝶後翅背面性標

- *Danaus plexippus*（Linnaeus, 1758）（帝王斑蝶）
- *Danaus genutia*（Cramer, [1779]）（虎斑蝶）
- *Danaus melanippus edmondii*（Bougainville, 1837）（白虎斑蝶）（偶產種）
- *Danaus chrysippus*（Linnaeus, 1758）（金斑蝶）

臺灣地區
檢索表

斑蝶屬 (*表示偶產種)

Key to species of the genus *Danaus* in Taiwan (* denotes occasional species)

❶ 翅脈明顯黑化 ....❷
　翅脈不黑化..*chrysippus*（金斑蝶）

❷ 後翅翅面底色部分或完全呈橙色 ....❸
　後翅翅面底色完全呈白色 ....*melanippus*（白虎斑蝶）*

❸ 前翅翅頂內側斑紋全呈白色...*genutia*（虎斑蝶）
　前翅翅頂內側斑紋部分呈黃色....................................*plexippus*（帝王斑蝶）

帝王斑蝶

Danaus plexippus (Linnaeus)

▍模式產地：*plexippus* Linnaeus, 1758：[美國]賓夕凡尼亞（賓州）。

英 文 名	Monarch
別　　名	大樺斑蝶、君主斑蝶

形態特徵 Diagnostic characters

雌雄斑紋相似。軀體呈黑褐色，上有白色斑點與線紋，腹部腹面中央及側面各有一白色細縱線。雄蝶前足被毛，跗節癒合，雌蝶前足不被毛、分節。前翅翅形近三角形，外緣近翅頂處向外略作弧形突出。後翅甚圓。翅背面底色橙色，翅脈明顯黑化，前翅翅端附近黑褐色，內有白色及黃色斑點。後翅翅緣有黑褐色邊，內有白點。雄蝶於後翅CuA_2室內有細小黑色袋狀構造，其開口貼近CuA_2脈，且CuA_2脈於相應位置向外側彎曲。袋狀構造內藏黑褐色特化鱗。翅腹面斑紋類似背面，但後翅底色較前翅淺色、白色斑紋發達，前翅翅頂淺橙黃色斑較明顯。緣毛黑白相間。

生態習性 Behaviors

多世代性物種。成蝶棲息在林緣、草原等開闊環境，飛行強而有力，喜訪花。

雌、雄蝶之區分 Distinctions between sexes

雄蝶後翅具有袋狀構造（性標），雌蝶則無此構造。

近似種比較 Similar species

在臺灣地區與本種翅形及斑紋最類似的種類是虎斑蝶，但後者一般體型較小、前翅翅頂附近無黃色斑點，且軀體腹部呈橙色，而非黑褐色。

分布 Distribution	棲地環境 Habitats	幼蟲寄主植物 Larval hostplants
過去在臺灣地區分布於臺灣本島全島低、中海拔地區。本種原為廣泛分布南、北美洲的蝶種，但是於十九世紀分布擴大到世界各地，雖然後來在許多地區族群又復消失，但是仍留存於許多熱帶、亞熱帶地區。	可能原本棲息在草地、海岸林等開闊環境。	在臺灣地區的族群昔日使用之寄主植物無從得知，族群滅絕前可能的寄主植物是夾竹桃科Apocynaceae（蘿藦科Asclepiadaceae）的尖尾鳳（馬利筋）*Asclepias curassavica*。取食部位是新芽、幼葉、葉片、花等。

43~49mm

3000
2000
1000
0

0~2500m

蛺蝶科

斑蝶屬

參考標本：美國德州產

70%

♂

1cm

♀

1cm

變異 Variations	豐度／現狀 Status	附記 Remarks
不顯著。	在臺灣的族群已滅絕。	本種在1866年Wallace & Moore揭開臺灣蝶類研究歷史第一頁時即已見記載，因此過去常視為臺灣固有種，然而，臺灣曾有的本種族群應源自其十九世紀時從美洲向世界各地大擴張的結果。 本種至遲於一九三〇年代仍頗為常見，但是一九四〇年代以後便已缺乏可靠記錄，在臺灣地區顯已滅絕。

虎斑蝶

Danaus genutia (Cramer)

▌模式產地：*genutia* Cramer, [1779]：廣東。

英 文 名	Common Tiger
別　　名	黑脈樺斑蝶

形態特徵 Diagnostic characters

雌雄斑紋相似。軀體頭、胸呈黑褐色，上有白色斑點與線紋。腹部橙色，腹部腹面及側面有小白紋及白點。雄蝶前足跗節細而末端尖，雌蝶則膨大。前翅翅形近三角形，翅頂圓弧狀。後翅甚圓，外緣稍呈波狀。翅背面底色橙色，翅脈及其兩側明顯黑化。前翅翅端附近黑褐色，內有白斑並約略形成一斜帶。黑褐色部分後側有一暗褐色區域延伸入中室至翅基。後翅翅緣有黑褐色邊，內有白點。雄蝶於後翅 CuA_2 室內有黑色袋狀構造，其開口貼近 CuA_2 脈，且 CuA_2 脈於相應位置向外側彎曲。袋狀構造內藏黑褐色特化鱗。翅腹面斑紋類似背面，但白色斑紋較發達，前翅翅頂多一淺褐色斑。雄蝶於後翅袋狀構造位置隆起，並有一白紋。緣毛黑白相間。

生態習性 Behaviors

多世代性物種。成蝶棲息在林緣、草地等開闊環境，飛行緩慢，喜訪花。

雌、雄蝶之區分 Distinctions between sexes

雄蝶後翅具有袋狀構造（性標），雌蝶則無此構造。

近似種比較 Similar species

在臺灣地區與本種翅形及斑紋最類似的固有種是金斑蝶，但後者翅脈不黑化。另外，本種斑紋與偶可於臺灣南部（尤其是蘭嶼）見到、源自菲律賓的白虎斑蝶相似，但是白虎斑蝶的菲律賓亞種翅面底色呈白色。

分布 Distribution	棲地環境 Habitats	幼蟲寄主植物 Larval hostplants
在臺灣地區分布於臺灣本島全島低、中海拔地區。離島蘭嶼、綠島、澎湖、龜山島、基隆嶼、彭佳嶼、東沙島亦有分布或曾有記錄。金門及馬祖地區亦有記錄。其他分布區域包括華西、華南、華東、南亞、喜馬拉雅、中南半島、東南亞、澳洲等地區。	開闊草地、海岸林、常綠闊葉林。	臺灣牛皮消*Cynanchum ovalifolium*及蘭嶼牛皮消*C. lanhsuense*等夾竹桃科 Apocynaceae（蘿藦科 Asclepiadaceae）植物。取食部位是新芽、幼葉、葉片、花等。

37~43mm

0~2000m

75%

蛺蝶科

斑蝶屬

1cm

♂

♀

1cm

變異 Variations   豐度／現狀 Status

不甚顯著。   目前數量尚多。

金斑蝶

Danaus chrysippus (Linnaeus)

▌模式產地：*chrysippus* Linnaeus, 1758：廣東。

英 文 名	Plain Tiger
別 名	樺斑蝶、阿檀蝶

形態特徵 Diagnostic characters

雌雄斑紋相似。軀體頭、胸呈黑褐色，上有白色斑點與線紋。腹部背側橙色，腹側白色。雄蝶前足被毛，雌蝶則否。前翅翅形近三角形，外緣近翅頂處向外作弧形突出。後翅甚圓。翅背面底色橙色，前翅翅端附近黑褐色，內有白斑並約略形成一斜帶。黑褐色部分後側有一暗褐色區域延伸入中室至翅基。後翅中室端有三枚黑褐色小斑點，翅緣有黑褐色邊，內有白點。後翅翅面偶有白紋。雄蝶於後翅 CuA_2 室內有黑色袋狀構造，其開口貼近 CuA_2 脈。袋狀構造內藏黑褐色特化鱗。翅腹面斑紋類似背面，但白色斑紋較發達，前翅翅頂多一橙黃色斑。雄蝶後翅袋狀構造處有一白紋。緣毛黑白相間。

白斑型

(75%)

1cm

分布 Distribution	棲地環境 Habitats	幼蟲寄主植物 Larval hostplants
在臺灣地區分布於臺灣本島全島低、中海拔地區。離島蘭嶼、綠島、澎湖、龜山島亦有分布或曾有記錄。馬祖地區亦有記錄。其他分布區域涵蓋非洲區、東洋區、澳洲區廣大熱帶、亞熱帶地區。	開闊草地、都市林、荒地、公園。	尖尾鳳（馬利筋）*Asclepias curassavica*、釘頭果 *A. fruticosa*、大花魔星花 *Stapelia grandiflora*、毛白前 *Cynanchum mooreanum*、牛皮消 *C. atratum* 等夾竹桃科 Apocynaceae（蘿藦科 Asclepiadaceae）植物。取食部位是新芽、幼葉、葉片、花等。

31~39mm

1 2 3 4 5 6 7 8 9 10 11 12

3000
2000
1000
0
0~1000m

生態習性 Behaviors

多世代性物種。成蝶棲息在陽光充足的開闊地，飛行緩慢，喜訪花。

雌、雄蝶之區分 Distinctions between sexes

雄蝶後翅具有袋狀構造（性標），雌蝶則無此構造。

近似種比較 Similar species

在臺灣地區與本種翅形及斑紋最類似的種類是虎斑蝶，後者翅脈明顯黑化，本種則否。

蛺蝶科

斑蝶屬

75%

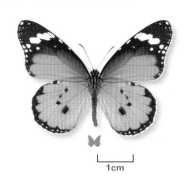

♂

1cm

♀

1cm

變異 Variations	豐度／現狀 Status	附記 Remarks
偶爾可見後翅翅面有白紋的白斑型，稱為f. *alcippoides*。	目前數量尚多。	本種的白斑型在遺傳上對「一般型」為顯性。白化型在過去數十年間已在東南亞許多地區擴大，在馬來半島部分地區已取代「一般型」成為唯一存在型。白化型目前在臺灣僅於南部有少數觀察採集記錄，將來是否擴大分布，有待觀測。本書圖示之白化個體產自臺東縣卑南鄉大南（2005年8月29日）。

青斑蝶屬 *Tirumala* Moore, [1880]

模式種 Type Species | *Papilio limniace* Cramer, [1775]，即淡紋青斑蝶 *Tirumala limniace*（Cramer, [1775]）。

形態特徵與相關資料 Diagnosis and other information

中型斑蝶。複眼光滑。雄蝶前足明顯被毛，雌蝶則否。翅面底色褐色，綴有許多青色或青白色半透明斑點與條紋，雄蝶後翅於CuA_2室內有朝腹面延伸的半圓形袋狀構造（性標），其開口位於翅背面並面向1A+2A脈，袋狀構造內含可產生性費洛蒙搬運顆粒（pheromone transfer particles，簡稱PTPs）之細毛。性費洛蒙搬運顆粒則由腹端毛筆器收集，並用於求偶行為。具有袋狀構造處之翅脈膨大、扭曲。幼蟲體表有2對細長肉質突起。

本屬有9種，分布廣泛，遍及非洲區、東洋區及澳洲區之熱帶地區。

一般偏好棲息於森林性環境，成蝶訪花性明顯。

幼蟲利用之植物為夾竹桃科Apocynaceae（蘿藦科Asclepiadaceae）植物。

臺灣地區有記錄之種類共有五種，其中兩種是固有種，三種是源自菲律賓的偶產種。

- *Tirumala limniace limniace*（Cramer, [1775]）（淡紋青斑蝶）
- *Tirumala limniace orestilla* Fruhstorfer, 1910（淡紋青斑蝶菲律賓亞種）（偶產亞種）
- *Tirumala septentrionis*（Butler, 1874）（小紋青斑蝶）
- *Tirumala hamata orientalis*（Semper, 1879）（東方淡紋青斑蝶）（偶產種）
- *Tirumala ishimoides sontinus* Fruhstorfer, 1911（南島青斑蝶）（偶產種）

臺灣地區
檢索表　　　　　青斑蝶屬 (*表示偶產種)

Key to species of the genus *Tirumala* in Taiwan (* denotes occasional species)

❶ 前翅中室端斑紋成一整塊 .... **❷**
　　前翅中室端斑紋分割為三道短線紋 .... *ishimoides*（南島青斑蝶）*

❷ 前翅中室端斑紋後緣延伸假想線約略與前翅後緣平行 .... **❸**
　　前翅中室端斑紋後緣延伸假想線與前翅前緣近乎垂直 .... **❹**

③ 前翅CuA$_2$室基部前、後側紋外端約略平齊........ *hamata*（東方淡紋青斑蝶）*

前翅CuA$_2$室基部後側紋外端僅及前側紋一半位置..............................

.... *septentrionis*（小紋青斑蝶）

④ 翅面半透明斑紋青白色.............................*limniace limniace*（淡紋青斑蝶）

翅面半透明斑紋泛黃色............. *limniace orestilla*（淡紋青斑蝶菲律賓亞種）*

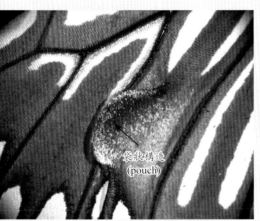

淡紋青斑蝶右後翅腹面性標

淡紋青斑蝶左後翅背面性標

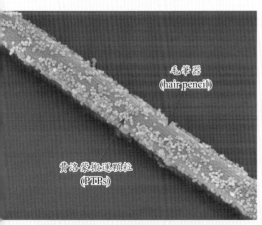

小紋青斑蝶毛筆器上的費洛蒙搬運顆粒

華他卡藤葉上之淡紋青斑蝶蛹 Pupa of *Tirumala limniace* on *Dregea volubilis*（臺北市文山區師大分部，2009.02.12.）。

淡紋青斑蝶

Tirumala limniace limniace (Cramer)

▌模式產地：*limniace* Cramer, [1775]：中國。

英 文 名	Blue Tiger
別　　名	淡色小紋青斑蝶、叉斑蝶

形態特徵 Diagnostic characters

雌雄斑紋相似。軀體頭、胸、足呈黑褐色，上有白色斑點與線紋。腹部背側暗褐色，腹側橙色有白紋，左右兩側有縱走白點列。前翅翅形近三角形，外緣近翅頂處略向外突出。後翅頗圓，外緣前段稍成波狀。翅背面底色暗褐色，翅面密布半透明青白色斑紋，近翅基處呈線條狀，外半部則呈斑點狀。前翅 M_3 室基部斑紋分為內側紋及外側紋。雄蝶後翅袋狀構造開口位於 CuA_1 室內，並使旁邊 CuA_1 脈略彎曲。翅袋狀構造內及開口附近有灰色特化鱗。翅腹面斑紋類似背面，但除了前翅內側成暗褐色以外，其餘翅面呈淺黃褐色。雄蝶後翅袋狀構造後翅袋狀構造半圓形、淺黃褐色，末端暗褐色。毛筆器之毛狀構造橙黃色。緣毛黑白相間。

生態習性 Behaviors

多世代性物種。成蝶飛行緩慢，喜訪花。

雌、雄蝶之區分 Distinctions between sexes

雄蝶後翅具有袋狀構造（性標），雌蝶則無此構造。

近似種比較 Similar species

在臺灣地區與本種翅形及斑紋最類似的固有種是小紋青斑蝶，後者翅腹面底色較暗、翅面半透明斑紋較細小。另外，本種前翅 CuA_2 室基部前、後側紋外端約略平齊，

分布 Distribution	棲地環境 Habitats	幼蟲寄主植物 Larval hostplants
在臺灣地區分布於臺灣本島全島低、中海拔地區。離島蘭嶼、綠島、澎湖亦有記錄。馬祖地區亦有發現。其他分布區域包括華東、華南、華西、南亞、中南半島、東南亞等地區。	海岸林、常綠闊葉林。	華他卡藤 *Dregea volubilis* 與夜香花 *Telosma pallida* 等夾竹桃科 Apocynaceae（羅藦科 Asclepiadaceae）植物。取食部位是新芽、幼葉、葉片等。

35~51mm

0~1000m

小紋青斑蝶則前翅CuA_2室基部後側紋外端僅及前側紋一半位置。本

種的菲律賓亞種半透明斑紋泛黃色，臺灣的本種固有族群則否。

蛺蝶科

青斑蝶屬

75%

♂

1cm

♀

1cm

變異 Variations	豐度／現狀 Status	附記 Remarks
翅面上半透明青白色斑紋大小、形狀多變化。	目前數量尚多。	臺灣南部，尤其是蘭嶼，偶可見淡紋青斑蝶菲律賓亞種（東方淡紋青斑蝶）ssp. *orestilla* Fruhstorfer, 1910（模式產地：呂宋），不過截至目前為止尚無立足之跡象。

小紋青斑蝶

Tirumala septentrionis (Butler)

▌模式產地：*septentrionis* Butler, 1874：尼泊爾。

英 文 名	Dark Blue Tiger
別　　名	嗇青斑蝶

形態特徵 Diagnostic characters

雌雄斑紋相似。軀體頭、胸、足呈黑褐色，上有白色斑點與線紋。腹部背側暗褐色，腹側橙色有白紋，左右兩側有縱走白點列。前翅翅形近三角形，外緣近翅頂處略向外突出。後翅頗圓，外緣稍呈波狀。翅背面底色暗褐色，翅面密布半透明青白色斑紋，近翅基處呈線條狀，外半部則呈斑點狀。前翅 M_3 室基部斑紋分為內側紋及外側紋。雄蝶後翅袋狀構造開口位於 CuA_1 室內，並使旁邊 CuA_1 脈略彎曲。翅袋狀構造內及開口附近有灰色及褐色特化鱗。翅腹面斑紋類似背面，但除了前翅內側成暗褐色以外，其餘翅面呈栗色。雄蝶後翅袋狀構造半圓形、栗色，末端暗褐色。毛筆器之毛狀構造白黃色。緣毛黑白相間。

生態習性 Behaviors

多世代性物種。成蝶飛行緩慢，喜訪花。

雌、雄蝶之區分 Distinctions between sexes

雄蝶後翅具有袋狀構造（性標），雌蝶則無此構造。

近似種比較 Similar species

在臺灣地區與本種翅形及斑紋最類似的固有種是淡紋青斑蝶，後者翅腹面底色較淺、翅面半透明斑紋較大。另外，本種前翅 CuA_2 室基部後側紋外端僅及前側紋一半位置，淡紋青斑蝶則 CuA_2 室基部前、後側紋外端平齊。

分布　Distribution	棲地環境　Habitats	幼蟲寄主植物　Larval hostplants
在臺灣地區分布於臺灣本島全島低、中海拔地區。離島蘭嶼、綠島、澎湖、龜山島、小琉球亦有記錄。金門地區亦有發現。其他分布區域包括華東、華南、華西、南亞、中南半島、巽他陸塊、民答那峨等地區。	常綠闊葉林。	夾竹桃科 Apocynaceae（蘿藦科 Asclepiadaceae）之布朗藤 *Heterostemma brownii*。取食部位是葉片。

45~50mm

0~2000m

蛺蝶科

青斑蝶屬

70%

♂

1cm

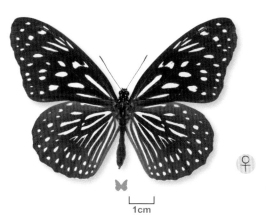

♀

1cm

變異 Variations	豐度／現狀 Status	附記 Remarks
翅面上半透明青白色斑紋大小、形狀多變化。	目前數量尚多。	本種於冬季有在臺灣南部及東南部山谷作集團越冬的現象。

絹斑蝶屬

Parantica Moore, [1880]

模式種 Type Species | *Papilio aglea* Stoll, [1782]，即絹斑蝶 *Parantica aglea*（Stoll, [1782]）。

形態特徵與相關資料 Diagnosis and other information

中、小型斑蝶。複眼光滑。前足被毛，以雄蝶較發達，在雌蝶則較稀疏，甚至沒有。翅面底色褐色，綴有許多青白色半透明斑點與條紋。雄蝶後翅臀區附近，以 CuA_2 室及 1A+2A 室為中心有暗色性標。性標內 1A+2A 脈常膨大，部分種類連 3A 脈也膨大。幼蟲體表有 2 對細長肉質突起。

本屬有 38 種，分布以東洋區熱帶為主，但延伸至舊北區東部、澳洲區北部及西太平洋等地區，甚至包括部分溫帶區域。

一般偏好棲息於森林性環境，成蝶訪花性明顯。

幼蟲利用之植物為夾竹桃科 Apocynaceae（蘿藦科 Asclepiadaceae）植物。

臺灣地區有記錄的種類有四種，其中一種係偶產種。

· *Parantica aglea maghaba*（Fruhstorfer, 1909）（絹斑蝶）
· *Parantica swinhoei*（Moore, 1883）（斯氏絹斑蝶）
· *Parantica sita niphonica*（Moore, 1883）（大絹斑蝶）
· *Parantica luzonensis*（C. & R. Felder, 1863）（呂宋絹斑蝶）（偶產種）

臺灣地區
檢索表　　　　　　　　　絹斑蝶屬 （*表示偶產種）

Key to species of the genus *Parantica* in Taiwan (* denotes occasional species)

❶ 前翅 CuA_2 室淡青白色紋由黑褐色線條分割成兩細長帶紋 .... ❷
　前翅 CuA_2 室淡青白色紋成一寬帶，無黑褐色線條分割 .... ❸

❷ 前翅 Sc 室內有淡青白色細線紋；後翅中室內有明顯Ｙ字形黑線紋 ....
　.. *aglea*（絹斑蝶）

　前翅 Sc 室內無淡青白色細線紋；後翅中室內無黑線紋或僅有模糊黑線紋 .....
　.. *luzonensis*（呂宋絹斑蝶）*

❸ 後翅背面底色紅褐色 .... *sita*（大絹斑蝶）
　後翅背面底色黑褐色 .... *swinhoei*（斯氏絹斑蝶）

絹斑蝶 特有亞種

Parantica aglea maghaba (Fruhstorfer)

模式產地：*aglea* Stoll, [1782]：印度；*maghaba* Fruhstorfer, 1909：臺灣。

英 文 名	Glassy Tiger
別　　名	姬小紋青斑蝶

形態特徵 Diagnostic characters

雌雄斑紋相似。軀體頭、胸、足呈黑褐色，上有白色斑點與線紋。腹部背側褐色，腹側白色，兩側多有模糊白色縱線，雌蝶腹側常部分呈黃色。前翅翅形近三角形，外緣近翅頂處向外突出。後翅頗圓，中央略突出。翅背面底色暗褐色，翅面有帶光澤之半透明淡青白色斑紋，近翅基處呈線條狀，外半部則呈斑點狀。前翅Sc室內通常有淡青白色細線，中室內半透明淡青白色斑內有黑線紋切入；後翅中室半透明淡青白色斑內亦有黑線紋，常呈叉狀。翅腹面斑紋類似背面，但底色較翅背面淺色，雄蝶後翅臀區附近有明顯黑色性標。緣毛黑白相間。

生態習性 Behaviors

多世代性物種。成蝶飛行緩慢，喜訪花。

雌、雄蝶之區分 Distinctions between sexes

雄蝶後翅腹面具有黑色性標，雌蝶則無此構造。雄蝶前足跗節棒狀被毛，雌蝶則在中央膨大，不被毛。

近似種比較 Similar species

臺灣地區分布的絹斑蝶屬蝴蝶中以本種體型最小，且是唯一於前翅Sc室內有淡青白色細線的種類。

分布 Distribution	棲地環境 Habitats	幼蟲寄主植物 Larval hostplants
在臺灣地區分布於臺灣本島全島低、中海拔地區。離島蘭嶼、綠島、龜山島亦有記錄。其他分布區域包括華東、華南、華西、南亞、中南半島、馬來半島等地區。	海岸林、常綠闊葉林。	鷗蔓*Tylophora ovata*與布朗藤*Heterostemma brownii*等夾竹桃科Apocynaceae（蘿藦科Asclepiadaceae）植物。取食部位是新芽、幼葉、葉片等。

37~45mm

0~1500m

1 2 3 4 5 6 7 8 9 10 11 12

蛺蝶科

絹斑蝶屬

70%

1cm

♂

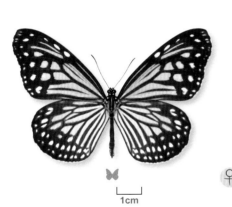

♀

1cm

變異 Variations	豐度／現狀 Status	附記 Remarks
翅面上半透明淺青白色斑紋大小、形狀多變異。前後翅中室內黑褐色線紋形狀及發達程度多變化。	目前數量尚多。	本種與臺灣南部曾發現之源自菲律賓的偶產種呂宋絹斑蝶*Parantica luzonensis*（C. & R. Felder, 1863）（模式產地：呂宋）有些相似，後者已多年沒有發現記錄，但是近年來自菲律賓的斑蝶類蝴蝶發現頻度有增加的趨勢，呂宋絹斑蝶頗有可能再度造訪。

30

斯氏絹斑蝶

Parantica swinhoei (Moore)

▌模式產地：*swinhoei* Moore, 1883：臺灣。

英 文 名	Swinhoe's Tiger
別　　名	臺灣青斑蝶、小青斑蝶

形態特徵 Diagnostic characters

雌雄斑紋相似。軀體頭、胸、足呈黑褐色，上有白色斑點與線紋。腹部背側紅褐色或黃褐色，腹側黃褐色有白環。雄蝶前足密被毛，雌蝶疏被毛。前翅翅形近三角形，翅頂處常向外突出而作圓弧狀。後翅略呈扇形。前翅背面底色黑褐色，後翅背面底色暗褐色。翅面有帶光澤之半透明淡青白色斑紋，前翅近翅基處為大型斑塊，外側斑紋較小，沿外緣則僅有小斑點，CuA_2室之青白色斑紋內常有一模糊褐色暗細線；後翅內側有半透明淡青白色斑紋，外側則有較小斑紋及小斑點。翅腹面斑紋類似背面，但前翅翅端及後翅底色呈色調較淺的紅褐色，後翅沿外緣有兩列明顯灰白色小斑點，雄蝶後翅臀區附近有明顯黑色性標。緣毛黑白相間。

生態習性 Behaviors

多世代性物種。成蝶飛行緩慢，喜訪花。

雌、雄蝶之區分 Distinctions between sexes

雄蝶後翅腹面具有黑色性標，雌蝶則無此構造。

近似種比較 Similar species

在臺灣地區與本種最類似的種類是大絹斑蝶，本種體型通常較小，且後翅底色呈暗褐色，大絹斑蝶則為紅褐色。另外，本種腹部背側呈黃褐色，大絹斑蝶則為黑褐色。另外，由於本種前翅前緣較短，因此展翅標本整體看來較接近方形。

分布 Distribution	棲地環境 Habitats	幼蟲寄主植物 Larval hostplants
在臺灣地區分布於臺灣本島全島低、中海拔地區。離島綠島、龜山島、基隆嶼亦曾有發現。馬祖地區也曾有發現，可能屬於其他亞種個體。其他分布區域包括華東、華南、華西、南亞、中南半島等地區。	海岸林、常綠闊葉林。	絨毛芙蓉蘭 *Marsdenia tinctoria* 等夾竹桃科 Apocynaceae（蘿藦科 Asclepiadaceae）植物。取食部位是葉片。

40~48mm

3000
2000
1000
0

0~2500m

1 2 3 4 5 6 7 8 9 10 11 12

♂

1cm

70%

♀

1cm

變異 Variations	豐度／現狀 Status	附記 Remarks
翅面上半透明淺青白色斑紋大小、形狀多變化。有的個體前翅前緣較長，翅形近等腰三角形，有的個體則前翅前緣較短，翅形近直角三角形。此等翅形變異似與性別、季節、地區均無關，而屬個體變異。前翅背面CuA$_2$室之青白色斑紋之褐色暗細線常消失。	目前數量尚多。	本種長期與黑絹斑蝶*Parantica melaneus*（Cramer, [1775]）（模式產地：中國[廣東?]）相混淆，小岩屋、西村（1997）根據成蝶及幼蟲形態將兩者予以分離。

大絹斑蝶

Parantica sita niphonica (Moore)

▌模式產地：*sita*（Kollar, [1844]）：印度；*niphonica* Moore, 1883：日本。

英 文 名	Chestnut Tiger
別 名	青斑蝶、淡青斑蝶、雲斑蝶、淺黃斑蝶

形態特徵 Diagnostic characters

雌雄斑紋相似。軀體頭、胸、足呈黑褐色，上有白色斑點與線紋。腹部背側黑褐色，雄蝶腹側灰色有白環，雌蝶腹側白色。雄蝶前足密被毛、跗節棒狀，雌蝶前足疏被毛、跗節膨大。前翅翅形近三角形，翅頂處向外突出而作圓弧狀。後翅略呈扇形。前翅背面底色黑褐色，後翅背面底色紅褐色。翅面有帶光澤之半透明淡青白色斑紋，前翅近翅基處為大型斑塊，外側斑紋較小，沿外緣則僅有小斑點；後翅多僅內側有半透明淡青白色斑紋，外側則僅有模糊小斑點或無斑點，中室內常有模糊紅褐色叉狀線紋。翅腹面斑紋類似背面，但前翅翅端底色呈紅褐色，後翅沿外緣有兩列灰白色小斑點，雄蝶後翅臀區附近有明顯黑色性標。緣毛黑白相間。

生態習性 Behaviors

多世代性物種。成蝶飛行緩慢，喜訪花。

雌、雄蝶之區分 Distinctions between sexes

雄蝶後翅腹面具有黑色性標，雌蝶則無此構造。

近似種比較 Similar species

在臺灣地區與本種最類似的種類是斯氏絹斑蝶，本種體型通常較大，且後翅底色呈紅褐色，斯氏絹斑蝶則為黑褐色。本種腹部背側呈黑褐色，斯氏絹斑蝶則為黃褐色。

分布 Distribution	棲地環境 Habitats	幼蟲寄主植物 Larval hostplants
在臺灣地區分布於臺灣本島全島低、中海拔地區。離島蘭嶼、綠島、龜山島、澎湖亦時有發現。金門、馬祖地區發現可能屬於指名亞種個體。其他分布區域包括華東、華南、華西、南亞、中南半島、馬來半島、蘇門答臘等地區。	海岸林、常綠闊葉林。	臺灣牛彌菜*Marsdenia formosana*、鷗蔓*Tylophora ovata*、毬蘭*Hoya carnosa*等夾竹桃科 Apocynaceae（蘿摩科 Asclepiadaceae）植物。取食部位是葉片。

蛺蝶科
絹斑蝶屬

48~62mm

1 2 3 4 5 6 7 8 9 10 11 12

0~1500m

65%

♂

1cm

♀

1cm

變異 Variations	豐度／現狀 Status	附記 Remarks
翅面上半透明淺青白色斑紋大小、形狀多變化。後翅背面中室內紅褐色叉狀線紋有時消失。後翅紅褐色底色色調深淺多變化。	目前數量尚多。	本種有較為顯著的遷移行為，目前已發現不少日本與臺灣間的長距離遷移案例。

34

旖斑蝶屬

Ideopsis Horsfield, [1858]

模式種 Type Species　　*Idea*（?）*gaura* Horsfield, [1829]，即白旖斑蝶
Ideopsis gaura（Horsfield, [1829]）。

形態特徵與相關資料 Diagnosis and other information

　　中型斑蝶。複眼光滑。雄蝶前足跗節癒合、短小，雌蝶則分節、膨大。翅面底色褐色，綴有許多青色或青白色半透明斑點與條紋，雄蝶後翅於1A+2A脈有線形性標，上有特化鱗。前翅Sc脈及R_1脈前段癒合。幼蟲體表有2對細長肉質突起。

　　本屬的模式種外觀上看來有如小型的白斑蝶屬蝴蝶。

　　本屬有8種，分布於東洋區及澳洲區之熱帶地區。

　　一般偏好棲息於森林性環境，成蝶訪花性明顯。

　　幼蟲利用之植物為夾竹桃科Apocynaceae（蘿藦科Asclepiadaceae）植物。

　　臺灣地區有一種。

・*Ideopsis similis*（Linnaeus, 1758）（旖斑蝶）

特化鱗
(specialized scales)

旖斑蝶雄蝶後翅背面臀脈附近鱗片

旖斑蝶雌蝶後翅背面臀脈附近鱗片

旖斑蝶

Ideopsis similis (Linnaeus)

模式產地：*similis* Linnaeus, 1758：廣東。

| 英 文 名 | Ceylon Blue Glassy Tiger |
| 別　　名 | 琉球青斑蝶 |

形態特徵 Diagnostic characters

雌雄斑紋相似。軀體頭、胸、足呈黑褐色，上有白色斑點與線紋。腹部背側褐色，腹側白色，有時泛淺褐色。前翅翅形近三角形，外緣近翅頂處向外突出。後翅頗圓，外緣稍呈波狀。翅背面底色暗褐色，翅面密布半透明青白色斑紋，近翅基處呈線條狀，外半部則呈斑點狀。前翅Sc室內有青白色線紋，M_3室基部斑紋單一。翅腹面斑紋類似背面，但除了前翅內側呈暗褐色以外，其餘翅面呈深栗色。雄蝶後翅於1A+2A脈由翅基至外緣有線形性標，其兩側覆淺灰色特化鱗。緣毛黑白相間。

生態習性 Behaviors

多世代性物種。成蝶飛行緩慢，喜訪花。

雌、雄蝶之區分 Distinctions between sexes

雄蝶於後翅背面1A+2A脈有灰色線形性標，雌蝶則無此構造。

雄蝶前足跗節短、棒狀，雌蝶則修長而末端膨大。

近似種比較 Similar species

在臺灣地區與本種翅形及斑紋類似的是青斑蝶屬的種類，由前翅Sc室內有青白色線紋、M_3室基部斑紋單一等特性即易於區分。

分布 Distribution	棲地環境 Habitats	幼蟲寄主植物 Larval hostplants
在臺灣地區分布於臺灣本島全島低、中海拔地區。離島蘭嶼、綠島、基隆嶼、龜山島、小琉球亦有記錄。金門、馬祖地區亦有發現。其他分布區域包括華東、華南、中南半島、斯里蘭卡、蘇門答臘等地區。	海岸林、常綠闊葉林。	夾竹桃科Apocynaceae（蘿藦科Asclepiadaceae）之歐蔓屬植物*Tylophora* spp.。取食部位是葉片。

37~47mm

0~2500m

80%

蛺蝶科

旖斑蝶屬

♂

1cm

⚥

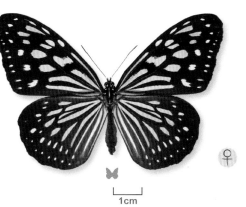

♀

1cm

變異　Variations	豐度／現狀　Status
翅面上半透明青白色斑紋大小、形狀多變化。	目前數量尚多。

紫斑蝶屬 *Euploea* Fabricius, 1807

模式種 Type Species | *Papilio corus* Fabricius, 1793，該分類單元目前視為大紫斑蝶 *Euploea phaenareta*（Schaller, 1785）之同物異名或一亞種。

形態特徵與相關資料 Diagnosis and other information

體型大小依種類而異，有體型較小者，亦有體型巨大者。複眼光滑。軀體及翅大多底色呈黑色或黑褐色，翅背面常有藍、紫色金屬光澤，上綴有白色斑點與斑紋。部分種類前翅中室內於 M_2 脈基部附近有一細小反向逆行翅脈。雄蝶前足跗節癒合，雌蝶則分節。雄蝶前翅後緣常向後突出，並於腹端具有毛筆器。不少種類於前翅有條形或桿狀性標。幼蟲體表有數對細長肉質突起。

由於本屬成員通常有毒或不可口，因此種間常形成穆氏擬態（Müllerian mimicry）現象，致使部分種類不易分辨，尤其是缺乏性標的雌蝶。此外有許多其他科蝶蛾類與紫斑蝶形成擬態關係。另外，本屬蝶種遇敵時會彎曲腹部並露出黃色腹端，這種行為被認為是模擬胡蜂行為之禦敵擬態現象（Rothschild, 1984）。

本屬約有54種，主要分布於東洋區及澳洲區。

一般偏好棲息於森林性環境，成蝶訪花性明顯。本屬的部分種類有明顯聚集性，可能藉以作群體性保護行為（protective flock）或集體警戒展示（combined aposematic display）。此外，本屬的部分種類有集體作長距離遷移並聚集越冬之行為。

幼蟲利用之植物為桑科Moraceae及夾竹桃科Apocynaceae（蘿藦科Asclepiadaceae）植物。

臺灣地區有記錄的種類繁多，約有十三種，其中五種是原生固有種，其餘種類則是偶產種。

- *Euploea sylvester swinhoei* Wallace & Moore, 1866（雙標紫斑蝶）
- *Euploea sylvester laetifica* Butler, 1866（雙標紫斑蝶菲律賓亞種）（偶產亞種）
- *Euploea mulciber barsine* Fruhstorfer, 1904（異紋紫斑蝶）
- *Euploea phaenareta juvia* Fruhstorfer, 1908（大紫斑蝶）

- *Euploea eunice hobsoni*（Butler, 1877）（圓翅紫斑蝶）
- *Euploea eunice kadu* Eschscholtz, 1821（圓翅紫斑蝶關島‧菲律賓亞種）（偶產亞種）
- *Euploea tulliolus koxinga* Fruhstorfer, 1908（小紫斑蝶）
- *Euploea tulliolus pollita* Erichson, 1834（小紫斑蝶菲律賓亞種）（偶產亞種）
- *Euploea core amymone*（Godart, 1819）（幻紫斑蝶）（臺灣本島偶產種）
- *Euploea midamus midamus*（Linnaeus, 1758）（藍點紫斑蝶）（偶產種）
- *Euploea swainson*（Godart, [1824]）（菲律賓紫斑蝶）（偶產種）
- *Euploea camaralzeman cratis* Butler, 1866（白列紫斑蝶）（偶產種）
- *Euploea klugii* Moore, [1858]（緣點紫斑蝶）（偶產種）

臺灣地區
檢索表　　　　　　　紫斑蝶屬 （*表示偶產種）

Key to species of the genus *Euploea* in Taiwan (* denotes occasional species)

❶ 前翅中室內有逆行小翅脈；雄蝶後翅背面無特化鱗或特化鱗限中室內......**❷**

前翅中室內無逆行小翅脈；雄蝶後翅背面特化鱗超出中室 .... **❼**

❷ 雄蝶後翅背面中央有隆起特化鱗；雌蝶後翅有白色放射紋 ....

.... *mulciber*（異紋紫斑蝶）

雄蝶後翅背面中室內無特化鱗；雌蝶後翅無白色放射紋 .... **❸**

❸ 前翅腹面CuA_2室亞外緣斑明顯偏向外緣；雄蝶前翅背面於CuA_2室有兩只長條狀性標...**❹**

前翅腹面CuA_2室亞外緣斑位於CuA_2室內側斑與外緣斑間中央位置；雄蝶前翅背面於CuA_2室無性標或僅有一枚性標..**❺**

❹ 前翅背面翅端白斑小而分離...

.... *sylvester swinhoei*（雙標紫斑蝶臺灣亞種）

前翅背面翅端白斑擴大、相連...

.... *sylvester laetifica*（雙標紫斑蝶菲律賓亞種）*

❺ 前翅腹面CuA_2室內側斑小於亞外緣斑或與之約略等大；雄蝶前翅背面無性標

.... *camaralzeman*（白列紫斑蝶）*

前翅腹面CuA_2室內側斑明顯大於亞外緣斑；雄蝶前翅背面於CuA_2室有一枚性標 ....**❻**

⑥ 後翅背面有明顯外緣與亞外緣白色點列；雄蝶前翅CuA$_2$室內性標長，長度達前翅後緣長度1／2.. *swainson*（菲律賓紫斑蝶）*

後翅背面無外緣與亞外緣白色點列或十分模糊；雄蝶前翅CuA$_2$室內性標短，長度僅前翅後緣長度1／3.. *core*（幻紫斑蝶）

⑦ 翅背面無藍紫色光澤，其上白紋不泛淺藍色 .... *klugii*（緣點紫斑蝶）*

翅背面具藍紫色光澤，其上白紋泛淺藍色.. **⑧**

⑧ 後翅背面有亞外緣斑點列 .... **⑨**

後翅背面無亞外緣斑點列 .... **⑩**

⑨ 後翅背面亞外緣斑點列三列，雄蝶無性標 .... *phaenareta*（大紫斑蝶）

後翅背面亞外緣斑點列兩列，雄蝶於前翅背面CuA$_2$室內有一灰色性標 ....
.... *midamus*（藍點紫斑蝶）*

⑩ 前翅背面CuA$_2$室中央有藍白紋；前翅長 > 40 mm.................................... **⑪**

前翅背面CuA$_2$室中央無藍白紋；前翅長 < 40 mm.................................... **⑫**

⑪ 前翅背面CuA$_2$室藍白紋短軸小於CuA$_2$室前後長度 ....
.... *eunice hobsoni*（圓翅紫斑蝶臺灣亞種）

前翅背面CuA$_2$室藍白紋短軸大於CuA$_2$室前後長度 ....
.... *eunice kadu*（圓翅紫斑蝶關島‧菲律賓亞種）*

⑫ 前翅背面翅端白斑小而分離.............. *tulliolus koxinga*（小紫斑蝶臺灣亞種）

前翅背面翅端白斑擴大、相連 .... *tulliolus pollita*（小紫斑蝶菲律賓亞種）*

圓翅紫斑蝶雄蝶毛筆器

雙標紫斑蝶雄蝶毛筆器

小紫斑蝶雄蝶毛筆器

小紫斑蝶毛筆器毛狀構造顯微放大圖

異紋紫斑蝶雄蝶前翅中室逆行脈

異紋紫斑蝶雄蝶 Male of *Euploea mulciber barsine*（新北市三芝區大屯山，900m，2010. 06. 08.）。

榕樹上之圓翅紫斑蝶幼蟲Larva of *Euploea eunice hobsoni* on *Ficus microcarpa*（新北市新店區翡翠水庫，200m，2012.04.21.）。

垂榕葉下懸掛之圓翅紫斑蝶蛹Pupa of *Euploea eunice hobsoni* on *Ficus benjamini*（新北市新店區四崁水，200m，2012.05.26.）。

雙標紫斑蝶 特有亞種

Euploea sylvester swinhoei Wallace & Moore

▌模式產地：*sylvester* Fabricius, 1793：澳大利亞；*swinhoei* Wallace & Moore, 1866：臺灣。

英 文 名	Double-branded Blue Crow
別　　名	斯氏紫斑蝶、紫斑蝶、琉璃斑蝶

形態特徵 Diagnostic characters

雌雄斑紋相似。軀體呈黑褐色，上有白色斑點與線紋。雄蝶前翅翅形近三角形，前緣、外緣、後緣均作弧形，雌蝶則後緣作直線狀，外緣亦近直線狀。後翅近扇形。翅背面底色黑褐色，上泛藍紫色金屬光澤。前翅外緣後段有白色點列，亞外緣有藍白斑紋列。後翅沿外緣有白色點列，亞外緣前段有藍白斑紋列。雄蝶於前翅CuA_2室內具兩道灰色長條狀性標。翅腹面底色黑褐色而略有光澤，前、後翅外緣及亞外緣均有白色點列；前翅中央有排列成三角形的三只白色斑點，後翅中央則有數只細小白點。雄蝶毛筆器毛筆狀構造分為兩組，一組位於肉質管末端，另一組位於其基部。毛狀構造淺褐色。緣毛黑白相間。

生態習性 Behaviors

世代數尚待詳細研究。成蝶棲息在林間及林緣，飛行緩慢，喜訪花。

雌、雄蝶之區分 Distinctions between sexes

雄蝶前翅後緣呈弧形，雌蝶則作直線狀。雄蝶前翅背面有兩道灰色長條狀性標，雌蝶則無此構造。

近似種比較 Similar species

在臺灣地區棲息的紫斑蝶中，本種是唯一於雄蝶前翅背面有兩道性標的種類。前翅腹面中央有三枚呈三角形排列的白色斑點亦是本種特點。

分布 Distribution	棲地環境 Habitats	幼蟲寄主植物 Larval hostplants
在臺灣地區分布於臺灣本島全島低、中海拔地區。離島澎湖、龜山島、基隆嶼亦有記錄。馬祖地區亦曾有記錄，但可能屬於不同亞種。其他分布區域包括南亞、東南亞、中南半島、澳洲、新幾內亞、新喀里多尼亞等地區。	常綠闊葉林、海岸林。	夾竹桃科 Apocynaceae（蘿藦科 Asclepiadaceae）之羊角藤（武靴藤）*Gymnena alternifolium*。取食部位是葉片。

43~47mm

0~1000m

70%

♂

1cm

♀

1cm

變異 Variations	豐度／現狀 Status	附記 Remarks
翅面白紋大小多變異。	目前數量尚多。	臺灣亞種之亞種名係紀念最早在臺灣進行學術性採集的英國外交官兼駐臺領事R. Swinhoe氏。亞種ssp. *swinhoei* 被認為也產在馬來亞東邊的刁曼島Tioman上（Morishita，1985），而華東的族群有時也被認為屬於此種，由於這些處理尚有疑義，本書仍視ssp. *swinhoei* 為臺灣特有亞種。雙標紫斑蝶的菲律賓亞種ssp. *laetifica* Butler, 1866（模式產地：菲律賓）嘗於臺灣南部恆春地區有發現記錄。該亞種前翅翅端白斑發達，擴大並相連成一片。

異紋紫斑蝶

Euploea mulciber barsine Fruhstorfer

▌模式產地：*mulciber*（Cramer, [1777]）：印度；*barsine* Fruhstorfer, 1904：臺灣。

英 文 名	Striped Blue Crow
別　　名	端紫斑蝶、紫端斑蝶、雌線紫斑蝶、藍線鴉

形態特徵 Diagnostic characters

　　雌雄斑紋相異。軀體呈黑褐色，上有藍白色斑點與線紋。雄蝶前翅翅形近三角形，向翅端方向突出，前緣略作弧形，後緣向後突出呈圓弧狀，雌蝶則後緣作直線狀。翅端圓弧狀。後翅近扇形。翅背面底色黑褐色，前翅泛藍紫色金屬光澤，在雌蝶局限於外半部，後翅底色較淺。雄蝶前翅外側有白色斑點及藍白斑紋列，後翅前側有一片由特化鱗構成之淺灰褐色區域，中室內前側另有一小片奶油色特化鱗；雌蝶則前翅白斑比雄蝶發達，後翅更有許多白色線紋作放射狀排列。翅腹面底色黑褐色而有光澤，前、後翅斑紋均類似翅背面而更加鮮明，雄蝶於前翅腹面有一片灰色特化鱗。毛筆器之毛狀構造呈黃色。緣毛黑白相間。

生態習性 Behaviors

　　多世代性物種。成蝶棲息在林間及林緣，飛行緩慢，喜訪花。

雌、雄蝶之區分 Distinctions between sexes

　　雌蝶後翅有鮮明白色線紋，雄蝶則無此等線紋。雄蝶於前翅腹面後側及後翅背面前側有成片之特化鱗，雌蝶則無此等構造。另外，雄蝶軀體上的藍白紋僅見於腹面而成明暗相間的排列，雌蝶則胸部背側及腹部側面均有藍白色線紋及斑點。

分布 Distribution	棲地環境 Habitats	幼蟲寄主植物 Larval hostplants
在臺灣地區分布於臺灣本島全島低、中海拔地區。離島澎湖、龜山島、綠島、蘭嶼亦有記錄。金門、馬祖地區記錄者屬於不同亞種。其他分布區域包括華南、華西、喜馬拉雅、南亞、東南亞、中南半島等地區。	常綠闊葉林、海岸林。	桑科Moraceae之榕樹*Ficus Microcarpa*、天仙果*F. formosana*、澀葉榕*F. irisana*、白肉榕*F. virgata*、九重吹*F. nervosa*及夾竹桃科Apocynaceae之陸鱗藤*Cryptolepis sinensis*、絡石*Trachelospermum jasminoides*等。取食部位是葉片。

41~51mm

1 2 3 4 5 6 7 8 9 10 11 12

3000
2000
1000
0

0~1000m

近似種比較 Similar species

在臺灣地區棲息的紫斑蝶中，

本種是唯一於雌蝶後翅有放射狀白色線紋的種類。前翅因向翅端突出而使翅形較為狹長亦是本種特點。

蛺蝶科

紫斑蝶屬

 ♂

1cm

70%

 ♀

1cm

變異 Variations	豐度／現狀 Status	附記 Remarks
翅面藍、白紋發達程度多變異。	目前數量尚多。	臺灣產的族群原一般認為係臺灣特有，但是特徵與臺灣亞種相近之本種近年已出現於日本沖繩、八重山群島等地，並似已成功立足、繁衍。

大紫斑蝶

 特有亞種

Euploea phaenareta juvia Fruhstorfer

模式產地：*phaenareta* Schaller, 1785；安汶；*juvia* Fruhstorfer, 1908；臺灣。

英 文 名	Great Crow
別　　名	大琉璃斑蝶、臺南紫斑蝶

形態特徵 Diagnostic characters

雌雄斑紋相似。軀體呈黑褐色，上有白色斑點與線紋。雄蝶前翅翅形近三角形，前緣、外緣略作弧形，後緣明顯向後突出呈圓弧狀，雌蝶則後緣作直線狀。後翅近三角形。翅背面底色黑褐色，上泛藍紫色金屬光澤。前翅有三列點列，沿外緣者細小而呈白色，其他兩列常呈淺紫色而內有白點。中室端亦有一淺紫色斑點。後翅亦有三列類似前翅的斑點。雄蝶於後翅前側有一片灰白色區域，並於中室前側至翅基附近有一片淺黃褐色特化鱗。翅腹面底色黑褐色而有光澤，前、後翅斑點排列類似翅背面，但斑點較細小且均呈白色。雄蝶於前翅後側有一片淺黃褐色特化鱗。緣毛黑白相間。

生態習性 Behaviors

應當為多世代性蝶種。成蝶原先可能主要棲息在紅樹林。

雌、雄蝶之區分 Distinctions between sexes

雄蝶前翅後緣明顯突出呈圓弧形，雌蝶則作直線狀。雄蝶於後翅前側有一片淺色特化鱗，雌蝶則無。

近似種比較 Similar species

在臺灣地區棲息的紫斑蝶中，與本種斑紋較為接近的是異紋紫斑蝶雄蝶，但是本種後翅有三列白色斑點列，遠較異紋紫斑蝶為多。

分布 Distribution	棲地環境 Habitats	幼蟲寄主植物 Larval hostplants
在臺灣地區分布於臺灣本島全島低、中海拔地區。離島澎湖及蘭嶼亦有記錄。其他分布區域包括斯里蘭卡、東南亞、中南半島南部、新幾內亞等地區。	海岸林。	臺灣地區之幼蟲寄主植物未曾索明，其他地區確認之寄主植物為夾竹桃科 Apocynaceae 之海檬果 *Cerbera manghas*。取食部位是葉片。

1 2 3 4 5 6 7 8 9 10 11 12

59~65mm

0~1000m

臺中農試所收藏

♂

1cm

60%

東京大學博物館標本

♀

1cm

變異 Variations	豐度／現狀 Status	附記 Remarks
翅面淺紫色紋及白色斑點大小多變異。	一般相信臺灣亞種業已滅絕。	本種原來係棲息在臺灣的紫斑蝶當中體型最大的種類，同時臺灣亞種原是大紫斑蝶地理分布上的北界族群。然而，本種於1960年代以後全無觀察記錄，咸信業已滅絕。本種在國外記錄的幼蟲寄主植物海檬果現今仍為臺灣常見的海濱植物，因此寄主植物顯非其滅絕主因。由於本種一般棲息於紅樹林中，大紫斑蝶臺灣亞種的消逝可能與南臺灣紅樹林的減少與劣化有關。

圓翅紫斑蝶 特有亞種

Euploea eunice hobsoni (Butler)

▎模式產地：*eunice* Godart, [1819]；爪哇；*hobsoni* Butler, 1877；臺灣。

英 文 名	Blue-branded King Crow
別 名	黑紫斑蝶、圓紫斑蝶

形態特徵 Diagnostic characters

　　雌雄斑紋相似。軀體呈黑褐色，上有白色斑點與線紋。雄蝶前翅翅形近三角形，前緣、外緣略作弧形，雄蝶後緣明顯向後突出呈圓弧狀，雌蝶則後緣作直線狀。後翅近扇形。翅背面底色黑褐色，上泛藍紫色金屬光澤。前翅沿外緣有白色點列；亞外緣有淺藍色斑點列，內常有白點。翅端附近常有淺藍色斑紋；CuA_2室中央有一桿狀紋，呈淺藍色而內有模糊白紋。後翅外緣及亞外緣亦有白色點列、藍白斑紋列。雄蝶於後翅中室前側至翅基附近有一片淺灰色或灰白色特化鱗。翅腹面底色褐色，前、後翅外緣及亞外緣均有白色點列；前翅CuA_1室中央有一橢圓形白斑。雄蝶於前翅後側具一片內側黃灰色而外側黃灰色之特化鱗。毛筆器之毛狀構造淺褐色，基部橙黃色。緣毛黑白相間。

生態習性 Behaviors

　　世代數尚待詳細研究。成蝶棲息在林間及林緣，飛行緩慢，喜訪花。

雌、雄蝶之區分 Distinctions between sexes

　　雄蝶前翅後緣突出呈圓弧狀，雌蝶則作直線狀。雄蝶前翅腹面後側及後翅背面前側有成片特化鱗，雌蝶則無此等構造。

近似種比較 Similar species

　　前翅背面CuA_2室中央的藍、白色桿狀紋是本種的特徵。

分布 Distribution	棲地環境 Habitats	幼蟲寄主植物 Larval hostplants
在臺灣地區分布於臺灣本島全島低、中海拔地區。離島澎湖、龜山島、綠島、蘭嶼亦有記錄。其他分布區域包括華南、東南亞、中南半島、馬里亞納群島等地區。	常綠闊葉林、海岸林。	桑科Moraceae之榕*Ficus microcarpa*、大葉雀榕*F. caulocarpa*、雀榕*F. superba*、薜荔*F. pumila*、垂榕*F. benjamina*、白肉榕*F. virgata*等。取食部位是葉片。

1	2	3	4	5	6	7	8	9	10	11	12

41~54mm

0~1000m

蛺蝶科

紫斑蝶屬

1cm

♂

70%

♀

1cm

變異 Variations	豐度／現狀 Status	附記 Remarks
翅面斑紋數量與大小多變異。	目前數量尚多。	圓翅紫斑蝶的關島、菲律賓亞種ssp. *kadu* Eschscholtz, 1821（模式產地：關島）曾於臺東蘭嶼有發現記錄。該亞種前翅背面CuA$_2$室中央的藍、白色紋格外鮮明而呈橢圓形。

小紫斑蝶

Euploea tulliolus koxinga Fruhstorfer

▌模式產地：*tulliolus* Fabricius, 1793：澳大利亞；*koxinga* Fruhstorfer, 1908：臺灣。

英 文 名	Dwarf Crow
別　　名	妒麗紫斑蝶、埔里紫斑蝶

形態特徵 Diagnostic characters

　　雌雄斑紋相似。軀體呈黑褐色，上有白色斑點與線紋。雄蝶前翅翅形近三角形，前緣、外緣略作弧形，後緣明顯向後突出呈圓弧狀，雌蝶則後緣作直線狀。後翅近扇形。翅背面底色黑褐色，上泛藍紫色金屬光澤。前翅亞外緣有淺藍色斑點列，內有白點。後翅亞外緣亦有藍白斑點列。雄蝶於後翅中室前側至翅基附近有一片淺灰褐色及銀白色特化鱗。翅腹面底色黑褐色而有光澤，前、後翅外緣及亞外緣均有白色點列；前翅 CuA_1 室中央有一橢圓形白斑。雄蝶於前翅後側具一片淺黃灰色特化鱗。毛筆器之毛筆狀構造黃白色，分為兩組：一組位於肉質管管表，另一組位於其末端。緣毛黑白相間。

生態習性 Behaviors

　　多世代性蝶種。成蝶棲息在林間及林緣，飛行緩慢，喜訪花。

雌、雄蝶之區分 Distinctions between sexes

　　雄蝶前翅後緣突出呈圓弧狀，雌蝶則作直線狀。雄蝶前翅腹面後側及後翅背面前側有成片特化鱗，雌蝶則無此等構造。另外，雄蝶前翅背面藍紫色金屬光澤較強烈且覆蓋整個翅面，雌蝶則較弱而常不及外緣。

近似種比較 Similar species

　　在臺灣地區棲息的紫斑蝶中，與本種翅形和翅紋最相似的是圓翅紫斑蝶，但是本種體型明顯較小，且前翅背面 CuA_2 室內缺乏圓翅紫斑蝶擁有的藍、白色桿狀紋。

分布 Distribution	棲地環境 Habitats	幼蟲寄主植物 Larval hostplants
在臺灣地區分布於臺灣本島全島低、中海拔地區。離島澎湖、綠島、蘭嶼亦有記錄。其他分布區域包括華東、華南、中南半島、東南亞、新幾內亞、澳洲、新喀里多尼亞、所羅門群島、斐濟等地區。	常綠闊葉林、海岸林。	桑科Moraceae之盤龍木 *Trophis scandens* 等。取食部位是新芽、幼葉。

36~41mm

1 2 3 4 5 6 7 8 9 10 11 12

0~1000m

80%

♂

1cm

♀

1cm

變異 Variations	豐度／現狀 Status	附記 Remarks
翅面淺藍色斑紋及白斑點數量及大小略有變異。	目前數量尚多。	小紫斑蝶的菲律賓亞種 *pollita* Erichson, 1834（模式產地：菲律賓）於1960年代末及1970年代初曾在臺灣南端地區發現不少數量，當時可能曾有一時性累代繁衍。該亞種前翅翅端白斑發達，擴大並相連成一片。 臺灣亞種的亞種名 *koxinga* 意指「國姓爺」鄭成功。

幻紫斑蝶

Euploea core amymone (Godart)

▌模式產地：*core* Cramer, [1780]：印度；*amymone* Godart, 1819： "安汶" （可能應該是中國東南部）。

英 文 名	Common Indian Crow
別　　名	柯氏紫斑蝶、鵝鑾鼻斑蝶

形態特徵 Diagnostic characters

雌雄斑紋相似。軀體呈黑褐色，上有白色斑點與線紋。雄蝶前翅翅形近三角形，前緣、外緣略作弧形，後緣向後突出呈圓弧狀，雌蝶則後緣作直線狀。後翅近扇形。翅背面底色黑褐色，上常泛藍紫色或銅色金屬光澤。前翅沿外緣有細小白色點列；亞外緣則有較鮮明的白色斑點列。翅面常另有一些白色斑點位於翅面中央、前緣等位置。後翅有兩列白色點列，但常消退。雄蝶於前翅 CuA_2 室中央有一暗灰色桿狀性標。翅腹面底色黑褐色而有光澤，前、後翅外緣及亞外緣常有模糊白色點列，也常有點列退化、消失的情形；翅面中央常有白色點列，中室端常有一白色斑點。

雄蝶毛筆器毛狀構造橙黃色。緣毛黑白相間。

生態習性 Behaviors

多世代性蝶種。成蝶棲息在林間及林緣，飛行緩慢，喜訪花。

雌、雄蝶之區分 Distinctions between sexes

雄蝶前翅後緣突出呈圓弧狀，雌蝶則作直線狀。雄蝶前翅背面於 CuA_2 室中央有暗灰色桿狀性標，雌蝶則無此構造。

近似種比較 Similar species

與雙標紫斑蝶有些相似，但本種前翅背面底色藍紫色光澤微弱或缺乏。另外，本種雄蝶前翅背面僅於 CuA_2 室內有一小型性標。

分布 Distribution	棲地環境 Habitats	幼蟲寄主植物 Larval hostplants
在臺灣地區主要見於東沙島，亦棲息在外島金門、馬祖地區。臺灣本島及離島澎湖亦偶有記錄。其他分布區域包括華南、南亞、中南半島、印尼部分島嶼等地區。	常綠闊葉林、海岸林。	桑科 Moraceae 之榕 *Ficus microcarpa*、夾竹桃科 Apocynaceae 之夾竹桃 *Nerium indicum* 等。取食部位是葉片。

41~47mm

70%

0~600m

♂

1cm

蛺蝶科

紫斑蝶屬

♀

1cm

變異 Variations

翅背面藍色光澤變異大，有時完全消失而呈暗銅色光澤。翅面白色斑紋數量與大小多變異。少數個體前翅翅面外側近翅端處有一片淺灰紫色紋。

豐度／現狀 Status

數量變動劇烈，不論是在東沙島或金、馬地區都可能會經歷地區性滅絕，再由華南等地拓殖再建立族群。

附記 Remarks

本種於中南半島的族群常被處理為亞種 ssp. *godartii* Lucas, 1853（模式產地："爪哇"[可能其實是緬甸、泰國或越南]），但目前一般認為該名稱僅代表前翅翅端附近有灰紫紋的一型，屬於族群內變異。

53

白斑蝶屬

Idea Fabricius, 1807

模式種 Type Species | *Papilio idea* Linnaeus, 1763，即白斑蝶 *Idea idea*（Linnaeus, 1763）。

形態特徵與相關資料 Diagnosis and other information

中、大型斑蝶。複眼光滑。軀體及翅大多底色呈黑色或黑褐色，翅面白底黑斑、翅脈處亦常呈黑色。雄蝶前足跗節短小、癒合，雌蝶則腫大、分節。前翅 Sc 脈與 R_1 脈中段癒合。前翅中室內無逆行翅脈。雄蝶腹端有兩對毛筆器。幼蟲體表有數對細長肉質突起。本屬成員是世界上體型最大的斑蝶。

本屬有12種，分布於東洋區及澳洲區。

棲息於森林性環境，成蝶訪花性明顯。

幼蟲利用之植物為夾竹桃科 Apocynaceae 植物。

臺灣地區有一種，目前分為兩亞種。

· *Idea leuconoe clara*（Butler, 1867）（大白斑蝶）
· *Idea leuconoe kwashotoensis*（Sonan, 1928）（大白斑蝶綠島亞種）

臺灣地區
檢索表   白斑蝶屬

Key to species of the genus *Idea* in Taiwan

❶ CuA_1 室中央斑列黑斑點與外緣斑列中點間距大於中央斑列黑斑點寬度；幼蟲體表黃白色環紋發達 ……………………… *leuconoe clara*（大白斑蝶臺灣亞種）

CuA_1 室中央斑列黑斑點與外緣斑列中點間距小於或等於中央斑列黑斑點寬度；幼蟲體表黃白色環紋減退或消失 …………………………………………………
…………………………………… *leuconoe kwashotoensis*（大白斑蝶綠島亞種）

大白斑蝶幼蟲Larva of *Idea leuconoe clara*（臺北市貢寮區龍洞，2010.09.10.）。

大白斑蝶*Idea leuconoe clara*（臺東縣蘭嶼鄉蘭嶼，2009.05.26.）。

大白斑蝶

Idea leuconoe clara (Butler)

▌模式產地：*leuconoe* Erichson, 1834；菲律賓；*clara* Butler, 1867；爪哇[錯誤，可能是臺灣]。

英 文 名	Siam Tree Nymph
別 名	黑點大白斑蝶、大胡麻斑蝶、大帛斑蝶

形態特徵 Diagnostic characters

雌雄斑紋相似。軀體呈白色，上有黑色斑點與線紋。腹部白色，於背側中央有一黑褐色縱帶紋。雄蝶前翅翅形近三角形，前緣略作弧形，外緣略內凹，翅端圓弧狀。後翅近扇形或卵形，外緣甚圓。翅背面底色白色而近基部處泛黃色。翅面沿外緣有黑紋，於各翅室有成對鏤空白色圓形紋；翅中央有明顯黑色紋列，前翅中室端及中室內亦有明顯黑紋，後翅中室內有呈叉狀的黑色線紋。翅腹面斑紋類似翅背面而黑色斑紋更加發達。雄蝶毛筆器毛狀構造淺褐色，位於肉質管末端者大型而明顯，位於其基部者小型。緣毛黑白相間。

生態習性 Behaviors

多世代性蝶種。成蝶棲息在海岸林間及林緣，常於樹冠上緩慢飛行，喜訪花。

雌、雄蝶之區分 Distinctions between sexes

雌、雄蝶翅紋無差異。可藉檢視腹端形態及前足結構區別雌雄。雄蝶具有發達的毛筆器，雌蝶則無此等構造。雄蝶前足跗節棒狀、癒合，雌蝶則腫大、分節。

近似種比較 Similar species

臺灣地區無類似種，但是綠島族群因成蝶黑色斑紋發達而被視為不同亞種。

分布 Distribution	棲地環境 Habitats	幼蟲寄主植物 Larval hostplants
在臺灣地區分布於臺灣本島南部及東北部低海拔地區。離島龜山島、基隆嶼、蘭嶼亦有分布。綠島的族群被視為不同亞種。其他分布區域包括東南亞、中南半島、馬里亞納群島等地區。	常綠闊葉林、海岸林。	夾竹桃科 Apocynaceae 之爬森藤 *Pasonia laevigata*。取食部位是葉片。

58~71mm

0~1000m

50%

蛺蝶科

白斑蝶屬

♂

1cm

♀

1cm

變異 Variations	豐度／現狀 Status	附記 Remarks
翅面黑色斑紋鮮明程度多變異。幼蟲斑紋有明顯地理變異。	目前數量尚多，但分布局限。	目前被歸屬於亞種 ssp. *clara* 的族群包括臺灣本島、蘭嶼以及日本沖繩、奄美諸島族群，但是各地幼蟲斑紋有明顯差異，關係有待進一步釐清。另外，蘭嶼的族群也曾被處理為獨立亞種 ssp. *kotochoensis* Murayama & Shimonoya, 1966（模式產地：臺東蘭嶼）。 由於本種體型大、翅紋獨特、飛行姿態優雅而易於在人為條件下操作飼養，因此成為蝴蝶園利用的主要蝶種，很可能因逸出而造成地理族群基因混雜的問題。

大白斑蝶綠島亞種

Idea leuconoe kwashotoensis (Sonan)

┃模式產地：*leuconoe* Erichson, 1834；菲律賓；*kwashotoensis* Sonan, 1928；臺東綠島。

英 文 名	Siam Tree Nymph
別　　名	綠島大白斑蝶、大胡麻斑蝶、大帛斑蝶

形態特徵 Diagnostic characters

雌雄斑紋相似。軀體呈白色，上有黑色斑點與線紋。腹部白色，於背側中央有一黑褐色縱帶紋。雄蝶前翅翅形近三角形，前緣略作弧形，外緣略內凹，翅端圓弧狀。後翅近扇形，外緣甚圓。翅背面底色白色而近基部處泛黃色。翅面沿外緣有發達的黑紋，於各翅室有成對鏤空白色圓形紋；翅中央有發達的黑色紋列，前翅中室端及中室內亦有明顯黑紋，後翅中室內有呈叉狀的黑色線紋。翅腹面斑紋類似翅背面而黑色斑紋更加發達。緣毛黑白相間。

生態習性 Behaviors

多世代性蝶種。成蝶棲息在海岸林間及林緣，常於樹冠上緩慢飛行，喜訪花。

雌、雄蝶之區分 Distinctions between sexes

雌、雄蝶翅紋無差異。可藉檢視腹端形態區別雌雄。雄蝶具有發達的毛筆器，雌蝶則無此等構造。

近似種比較 Similar species

本亞種翅面黑色斑紋通常較臺灣本島、蘭嶼及其他離島的族群發達。

分布 Distribution	棲地環境 Habitats	幼蟲寄主植物 Larval hostplants
分布於離島綠島。	常綠闊葉林、海岸林。	夾竹桃科 Apocynaceae 之爬森藤 *Pasonia laevigata*。取食部位是葉片。

| 1 | 2 | 3 | 4 | 5 | 6 | 7 | 8 | 9 | 10 | 11 | 12 |

66~73mm

50%

蛺蝶科

白斑蝶屬

♂

1cm

♀

1cm

變異 Variations	豐度／現狀 Status	附記 Remarks
翅面黑色斑紋鮮明程度多變異。	數量不多且分布局限。	大白斑蝶的綠島族群因成蝶黑色斑紋發達而被視為獨立亞種，其幼蟲斑紋亦為已知大白斑蝶族群中最為黑化者。

珍蝶屬

Acraea Fabricius, 1807

模式種 Type Species | *Papilio horta* Linnaeus, 1764，即珍蝶
Acraea horta（Linnaeus, 1764）。

形態特徵與相關資料 Diagnosis and other information

中型蝶種。複眼光滑。下唇鬚第三節短小。腹部細長。雄蝶前足跗節癒合，雌蝶則分節。前翅修長，後翅則較圓。多數種類翅面呈黃或黃褐色，上有黑色斑紋。部分種類翅半透明或透明且有光澤，尤其是前翅。前、後翅中室均閉鎖。幼蟲體表有棘狀突起。

本屬有時被置於獨立的珍蝶科內，目前系統學證據則支持其屬於毒蝶亞科。

本屬成員能從胸部泌出含有氰化物的忌避物質使天敵忌食，種間常形成穆氏擬態現象，致使部分種類不易分辨。此外有許多其他科蝶蛾類對其產生貝氏擬態關係。雄蝶交配過後產生交尾栓（sphragis）封住雌蝶腹端交尾孔。

本屬約有220種，主要分布於非洲區，新熱帶區種類較少，約有60種，東洋區及澳洲區則更少，僅約有4～5種。

棲息於森林、稀樹草原及草原等棲地，成蝶會訪花，有些種類嗜食尿液、糞便等腐敗物，亦有具吸水習性的種類。

幼蟲利用之植物包括西番蓮科 Passifloraceae、蕁麻科 Urticaceae、防己科 Menispermaceae、菊科 Asteraceae、大戟科 Euphorbiaceae、桑科 Moraceae、馬鞭草科 Verbenaceae、鴨跖草科 Commelinaceae、豆科 Fabaceae、梧桐科 Sterculiaceae、田麻科 Tiliaceae、錦葵科 Malvaceae、茄科 Solanaceae、旋花科 Convolvulaceae、大風子科 Flacourtiaceae、時鐘花科 Turneraceae 及堇菜科 Violaceae 等植物。

臺灣地區有一種。

• *Acraea issoria formosana*（Fruhstorfer, 1914）（苧麻珍蝶）

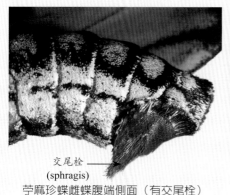

交尾栓
(sphragis)

苧麻珍蝶雌蝶腹端側面（有交尾栓）

苧麻珍蝶雌蝶腹端側面（無交尾栓）

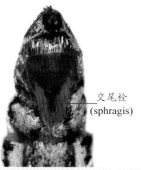

交尾栓
(sphragis)

苧麻珍蝶雌蝶腹端腹面（有交尾栓）

苧麻珍蝶雌蝶腹端腹面（無交尾栓）

密花苧麻葉上之苧麻珍蝶幼蟲Larva of *Acraea issoria formosana* on *Boehmeria densiflora*（屏東縣霧臺鄉阿禮，1300m，2011.03.05.）。

產卵在青苧麻葉上之苧麻珍蝶雌蝶Female A female *Acraea issoria formosana* ovipositing on *Boehmeria nivea*（桃園縣復興鄉蘇樂，600m，2012.08.21.）。

苧麻珍蝶

特有亞種

Acraea issoria formosana (Fruhstorfer)

▌模式產地：*issoria* Hübner, [1819]：北印度；*formosana* Fruhstorfer, 1914：臺灣。

英 文 名	Yellow Coster
別　　名	苧麻蝶、細蝶、擬斑蝶、黃斑蛺蝶、茶蝶

蛺蝶科

珍蝶屬

形態特徵 Diagnostic characters

雌雄斑紋相似。頭部後方於前胸有一對橙紅色紋。前足跗節修長，疏被毛。軀體背側呈黑褐色而於腹部有成對淺黃褐色斑點列，腹側黃白色而於腹部有一對黑褐色縱線，腹端橙黃色或黃白色。前翅狹長，前緣略作弧形、外緣明顯向外突出呈圓弧狀。後翅接近扇形或卵形，外緣中段彎曲成一明顯角度。翅背面底色橙黃色，沿外緣有黑邊，其內有黃色點列。前翅中室端及其外側有黑色短紋。翅腹面底色橙黃色，後翅色淺，沿外緣有黑褐色波狀線，後翅波狀線內側有橙色帶紋。緣毛黑褐色。

生態習性 Behaviors

多世代性蝶種，全年可見其活動。成蝶棲息在林緣、草原等環境，飛行緩慢，有訪花性。產卵時形成大卵塊產於葉背，幼蟲行群聚生活。

雌、雄蝶之區分 Distinctions between sexes

雌蝶前翅外緣呈圓弧狀，雄蝶則作直線狀。雌蝶翅背面底色較雄蝶淺色，但翅面黑褐色紋較雄蝶發達。雄蝶前足癒合，雌蝶則分節。另外，交尾後的雌蝶腹端有與體軸垂直的深褐色交尾栓。

近似種比較 Similar species

在臺灣地區無近似種。

分布 Distribution	棲地環境 Habitats	幼蟲寄主植物 Larval hostplants
在臺灣地區分布於臺灣本島全島低、中海拔地區。外島馬祖地區分布者屬不同亞種。其他分布區域包括華東、華南、華西、喜馬拉雅、中南半島、蘇門答臘、爪哇等地區。	常綠闊葉林、海岸林。	青苧麻*Boehmeria nivea*、密花苧麻*B. densiflora*、水麻*Debregeasia orientalis*、糯米團*Gonostegia hirta*、水雞油*Pouzolzia elegans*等蕁麻科 Urticaceae 植物。取食部位是葉片。

27~33mm

0~2500m

100%

蛺蝶科

珍蝶屬

1cm

♂

1cm

♀

變異 Variations	豐度／現狀 Status	附記 Remarks
翅面黑褐色斑紋多個體變異。	目前數量尚多。	馬祖地區分布者屬於指名亞種。

豹蛺蝶屬

Argynnis Fabricius, 1807

模式種 Type Species | *Papilio paphia* Linnaeus, 1758，即綠豹蛺蝶 *Argynnis paphia*（Linnaeus, 1758）。

形態特徵與相關資料 Diagnosis and other information

中型蝶種。複眼光滑。觸角末端膨大、扁平呈錘狀。前足跗節修長，在雄蝶密被毛、癒合，在雌蝶疏被毛、分節。前翅R_3脈由中室前端角派生。前、後翅中室封閉。翅面呈淺黃褐色，上有黑色斑紋。雄蝶於前翅背面具四道由特化鱗構成之黑色條狀性標，分別位於M_3、CuA_1、CuA_2及1A+2A脈上。前、後翅中室均閉鎖。幼蟲體表有棘狀突起。

依目前的分類，本屬僅有1種，廣泛分布於歐亞大陸，並延伸至非洲區北端。

棲息於森林林緣，成蝶會訪花，亦會吸水。

幼蟲利用之植物為菫菜科Violaceae植物。

本屬之唯一代表種臺灣地區有分布。

· *Argynnis paphia formosicola* Matsumura, 1926（綠豹蛺蝶）

臺灣地區
檢索表　　豹蛺蝶屬、斐豹蛺蝶屬及珀豹蛺蝶屬

Key to species of the "Fritillaries" (genus *Argynnis* , *Argyreus* and *Boloria*) in Taiwan

❶ 前翅R_2脈與R_5脈共柄；後翅沿外緣平整............. *Boloria pales*（珀豹蛺蝶）

　前翅R_3脈由中室前端角派生；後翅沿外緣鋸齒狀....................................❷

❷ 後翅腹面有綠色紋，無黑色線紋 .... *Argynnis paphia*（綠豹蛺蝶）

　後翅腹面無綠色紋，有黑色線紋 .... *Argyreus hyperbius*（斐豹蛺蝶）

綠豹蛺蝶右觸角

綠豹蛺蝶

特有亞種

Argynnis paphia formosicola Matsumura

▌模式產地：*paphia* Linnaeus, 1758：[瑞典]；*formosicola* Matsumura, 1926：臺灣。

英 文 名	Silver-washed Fritillary
別　　名	綠斑豹蝶、綠豹斑蝶

形態特徵 Diagnostic characters

雌雄斑紋相似。軀體背側呈黃褐色，腹側白色而部分淡黃褐色。前翅近三角形，翅端突出使翅形外觀略為狹長，前緣略作弧形。後翅接近扇形，外緣呈波狀。翅背面底色橙黃色，翅面外側有兩列鮮明黑色斑點列，翅面內側另有黑褐色紋列。前、後翅中室端有黑褐色短條紋，前翅中室內有三道黑褐色短線紋。翅腹面於前翅色彩、斑紋與翅背面相似，但底色色調較淺，而於翅端處斑紋呈綠灰色，後翅有銀白色紋及帶光澤的綠色斑紋。雄蝶於前翅背面M_3、CuA_1、CuA_2及$1A+2A$脈各有一黑色條狀性標。緣毛橙黃色，於翅脈端稍呈黑褐色。

生態習性 Behaviors

一年一世代，成蝶於夏季活動。成蝶棲息在林緣、草原等環境，飛行敏捷快速，有訪花性。雌蝶產卵時將卵產於寄主植物附近雜物上，以卵態或小幼蟲休眠越冬。

雌、雄蝶之區分 Distinctions between sexes

雄蝶前翅背面有四道黑色條狀性標。

近似種比較 Similar species

在臺灣地區翅面類似本種豹紋的蝶種有斐豹蛺蝶及蹤影成謎的珀豹蛺蝶，但這兩種蛺蝶翅腹面均無本種所具有的綠色紋。

分布 Distribution	棲地環境 Habitats	幼蟲寄主植物 Larval hostplants
在臺灣地區分布於臺灣本島中、高海拔地區。臺灣地區以外廣泛分布於歐亞大陸冷涼地區，從歐洲、北非阿爾及利亞向東直抵朝鮮半島、日本。	常綠闊葉林、亞高山針葉林。	喜岩菫菜*Viola adenothrix*、紫花菫菜*Viola acuminata*等菫菜科Violaceae植物。取食部位是葉片。

34~38mm

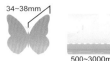

500~3000m

90%

蛺蝶科

豹蛺蝶屬

1cm

♂

1cm

♀

變異 Variations	豐度／現狀 Status	附記 Remarks
翅面黑褐色斑紋有個體變異。	一般數量稀少。	本種是臺灣地區舊北區生物相代表性物種之一。

66

斐豹蛺蝶屬 *Argyreus* Scopoli, 1777

模式種 Type Species	*Papilio niphe* Linnaeus, 1767，該名是斐豹蛺蝶 *Argyreus hyperbius*（Linnaeus, 1763）的無效替代名。

形態特徵與相關資料 Diagnosis and other information

　　中型蝶種。複眼光滑。觸角末端膨大、扁平呈錘狀。前足跗節修長，在雄蝶密被毛、癒合，在雌蝶疏被毛、分節。前翅R_3脈由中室前端角派生。前、後翅中室均閉鎖。翅面呈淺黃褐色，上有黑色斑紋。雄蝶無性標，但沿M_2、M_3、CuA_1、CuA_2及$1A+2A$脈有發香鱗分布。幼蟲體表有棘狀突起。

　　本屬雌雄異型，雌蝶於前翅翅端有黑色紋，被認為可能擬態斑蝶屬 *Danaus* 或鋸蛺蝶屬 *Cethosia*。

　　本屬的成蝶與幼期形態特徵及食性均與豹蛺蝶屬殊無二致，無疑非常近緣，兩者視為同屬亦無不合理之處。

　　依目前的分類，本屬僅有1種，分布區域包括非洲區、東洋區、澳洲區及舊北區東端。

　　棲息於森林林緣、草原等棲地，成蝶會訪花，亦會吸水。

　　幼蟲利用之植物為菫菜科 Violaceae 植物。

　　本屬之唯一代表種臺灣地區有分布。

・*Argyreus hyperbius hyperbius*（Linnaeus, 1763）（斐豹蛺蝶）

　　檢索表請參照豹蛺蝶屬。

斐豹蛺蝶雄蝶 Male *Argyreus hyperbius*（臺北市北投區七星山，900m，2011.07.22.）。

斐豹蛺蝶雌蝶 Female *Argyreus hyperbius*（基隆市碧砂漁港，2012.03.01.）。

斐豹蛺蝶

Argyreus hyperbius hyperbius (Linnaeus)

模式產地：*hyperbius* Linnaeus, 1763：華南。

| 英 文 名 | Indian Fritillary |
| 別　　名 | 斐胥、黑端豹紋蝶、端黑豹斑蝶 |

形態特徵 Diagnostic characters

雌雄斑紋相異。軀體背側呈黃褐色，腹側除腹部呈白色外呈淡黃褐色。前翅近三角形，翅端突出，前緣略作弧形。後翅接近扇形，外緣呈波狀。翅背面底色橙黃色，翅面有數列鮮明黑色斑點列。前、後翅中室端有黑褐色短條紋，前翅中室內另有數道黑褐色短線紋。後翅沿外緣有鮮明黑色紋。翅腹面於前翅色彩、斑紋與翅背面相似，但底色色調較淺，而於翅端處有斑駁的橄欖色、銀白色與黃色斑紋，後翅則除了斑駁的橄欖色、銀白色與黃色斑紋外尚有黑色細線紋。緣毛黃白色或白色，於翅脈端呈黑褐色。

生態習性 Behaviors

多世代性蝶種。成蝶棲息在林緣、草原，甚至公園等都市綠地等環境，飛行敏捷快速，有訪花性。雌蝶產卵時將卵產於寄主植物上或其附近雜物上。

雌、雄蝶之區分 Distinctions between sexes

雌蝶前翅背面於翅端有紫黑色紋及白斑，雄蝶則無此等斑紋。

近似種比較 Similar species

在臺灣地區體型及斑紋與本種類似的蝶種僅有綠豹蛺蝶，但本種後翅腹面缺少綠豹蛺蝶的綠色紋。另外，本種雌蝶前翅翅端的黑色紋亦是本種特徵。

分布 Distribution	棲地環境 Habitats	幼蟲寄主植物 Larval hostplants
在臺灣地區廣泛分布於臺灣本島低中至中高海拔地區。離島龜山島、蘭嶼、澎湖亦有記錄。外島金門、馬祖地區亦有分布。臺灣地區以外廣泛分布於華西、華南、華北、非洲東北部、南亞、中南半島、東南亞大部分地區、新幾內亞、澳洲、朝鮮半島、日本等地區。	常綠闊葉林、草原、都市林。	菫菜科Violaceae之小菫菜*Viola inconspicua* var. *nagasakiensis*、喜岩菫菜*V. adenothrix*、箭葉菫菜*V. betonicifolia*、臺北菫菜*V. nagasawai*、如意草*V. verecunda*、臺灣菫菜*V. formosana*等。取食部位是葉片。

30~40mm

0~3000m

100%

♂

1cm

♀

1cm

變異 Variations	豐度／現狀 Status	附記 Remarks
翅面黑褐色斑紋個體變異豐富。	目前數量尚多。	本種是豹蛺蝶類蝴蝶中唯一熱帶性種，近年來隨全球暖化的趨勢不斷向北方拓殖。

珀豹蛺蝶屬

Boloria Moore, [1900]

模式種 Type Species | *Papilio pales* [Denis & Schiffermüller], 1775，即珀豹蛺蝶 *Boloria pales* [Denis & Schiffermüller], 1775。

形態特徵與相關資料 Diagnosis and other information

小型蝶種。複眼光滑。觸角末端膨大、扁平呈錘狀。前足修長、密被長毛，雄蝶跗節癒合，在雌蝶則分節。前翅 R_2 脈與 R_5 脈共柄，後翅於 $Sc+R_1$ 脈末端成一明顯角度。前、後翅中室封閉。翅面呈淺黃褐色，上有黑色斑紋。雄蝶無性標。幼蟲體表有棘狀突起。

本屬有4種，主要分布區域為舊北區。

棲息於草原及沼澤地等棲地，成蝶有訪花性。

寄主植物包括堇菜科 Violaceae、蓼科 Polygonaceae、杜鵑花科 Ericaceae 等植物。

在臺灣地區記錄有一種。

• *Boloria pales yangi* Hsu & Yen, 1997（珀豹蛺蝶）

檢索表請參見豹蛺蝶屬。

珀豹蛺蝶

Boloria pales yangi Hsu & Yen

▌模式產地：*pales* Denis & Schiffermüller, 1775：奧地利；*yangi* Hsu & Yen, 1997：臺灣。

英 文 名	Shepherd's Fritillary
別　　名	楊氏淺色小豹蛺蝶、龍女寶蛺蝶

形態特徵 Diagnostic characters

雌蝶目前尚未發現，以下敘述係依其他亞種特徵所作，供作參考。雌雄斑紋相似。軀體背側呈黃褐色，腹側淡黃褐色或黃白色。前翅近三角形，前緣略作弧形，外緣呈弧形。後翅概呈四邊形。翅背面底色黃褐色，翅面有數列鮮明黑色斑點列。前、後翅中室端有黑褐色短條紋，前翅中室內有兩道黑褐色線紋。後翅沿內緣有一片暗褐色紋。翅腹面於前翅色彩、斑紋與翅背面較相似，但底色色調較淺、斑紋較不鮮明，而於翅端處有斑駁的紅褐色與黃白色斑紋，後翅則由紅褐色、黃白色、白色與黑褐色紋組成斑駁的花紋。緣毛黃色、黃白色，於翅脈端呈黑褐色。

生態習性 Behaviors

應係一年一世代蝶種。成蝶可能棲息在高海拔草原帶。

雌、雄蝶之區分 Distinctions between sexes

雌蝶尚無記錄，根據其他地區族群資料，應可利用前足構造作區分。

近似種比較 Similar species

在臺灣地區的另外兩種豹蛺蝶體型均遠較本種大型，後翅腹面也無本種所具有的紅褐色斑紋。

分布 Distribution	棲地環境 Habitats	幼蟲寄主植物 Larval hostplants	豐度／現狀 Status
在臺灣地區僅有的記錄採自中部高海拔地區。臺灣以外分布於華西、中亞、喜馬拉雅、歐洲等地區。	高山草原。	尚未明悉。	目前已知標本只有兩隻雄蝶。

71

18mm

| 1 | 2 | 3 | 4 | 5 | 6 | 7 | 8 | 9 | 10 | 11 | 12 |

蛺蝶科

珀豹蛺蝶屬

160%

1cm

附記　Remarks

本種是臺灣有記錄的蝴蝶中最為撲朔迷離的種類之一，僅有的兩隻標本係由國內半翅目分類學泰斗楊仲圖教授於1964年5月10日在臺中縣梨山附近採獲。這兩隻標本一度被誤認為是分布於環北極地域的佛珍豹蛺蝶 *Clossiana freija*（Thunberg, 1791）（模式產地：瑞典），而該種寒帶蝶種不可能分布於臺灣，因而山中（1975）認為標本來源有疑問。然而，這些標本事實上並非佛珍豹蛺蝶，Hsu & Yen（1997）判斷牠們屬於珀豹蛺蝶，這種小型蛺蝶分布由歐洲延伸至華西，而臺灣的高海拔生物相明顯受華西區系影響，從而珀豹蛺蝶有棲息在臺灣高地的可能性。另外，以1960年代當時的國際時空背景，楊博士沒有可能造訪任何其他有珀豹蛺蝶棲息的地方，標本來源毋庸置疑。現今亟待解決的問題則是在環境破壞嚴重的今天，珀豹蛺蝶的族群是否依然存在臺灣。

琺蛺蝶屬 *Phalanta* Horsfield, [1829]

模式種 Type Species | *Papilio phalantha* Drury, [1773]，即琺蛺蝶 *Phalanta phalantha*（Drury, [1773]）。

形態特徵與相關資料 Diagnosis and other information

中型蛺蝶。複眼光滑。前翅 R_2 脈與 R_5 脈共柄。雄蝶前足跗節密被毛，雌蝶則否。前、後翅中室封閉。翅面呈淺黃褐色，上有黑色斑點、線紋。雄蝶無性標。幼蟲體表有棘狀突起。

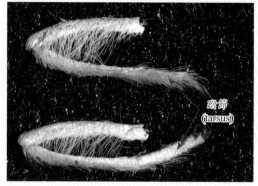

琺蛺蝶左前足（上雄下雌）

本屬有4～5種，分布於非洲區、東洋區及澳洲區。

棲息於森林、河岸等棲地，成蝶有訪花性。

寄主植物包括楊柳科 Salicaceae 及大風子科 Flacourtiaceae 等植物。

在臺灣地區有一種。

• *Phalanta phalantha phalantha*（Drury, [1773]）（琺蛺蝶）

琺蛺蝶 *Phalanta phalantha*（臺南市新化區新化，2009.12.08.）。

琺蛺蝶

Phalanta phalantha phalantha (Drury)

▌模式產地：*phalantha* Drury, [1773]：印度。

| 英 文 名 | Common Leopard |
| 別　　名 | 紅擬豹斑蝶、紅豹斑蝶、裡紅擬豹紋蝶、裡紅豹紋擬蛺蝶 |

形態特徵 Diagnostic characters

雌雄斑紋相似。軀體背側呈淺黃褐色，腹側呈白色。前翅近三角形，前緣略作弧形，翅端突出使外緣略凹入。後翅接近扇形或卵形，外緣稍呈波狀。翅背面底色橙黃色，翅面外側有黑色線紋，翅面內側有黑褐色斑點與紋列。翅脈端有黑褐色紋。前翅中室內有兩枚黑褐色鏤空紋。翅腹面斑紋樣式與翅背面相似，但底色濃淡不均而外側泛紫色光芒，斑紋亦色淺而模糊。緣毛橙黃色。

生態習性 Behaviors

多世代性蝶種。成蝶棲息在平地及低山地區，多見於有其寄主植物生長或栽植的地方。

雌、雄蝶之區分 Distinctions between sexes

雌蝶翅背面底色較淺、黑褐色斑紋較發達，翅腹面底色濃淡不均程度較明顯。雄蝶前足跗節癒合、末端無爪，雌蝶前足跗節分節、末端具爪。

近似種比較 Similar species

在臺灣地區，本種翅紋類似各種豹蛺蝶類蝶種。翅腹面泛紫色是本種特性，也不像其他有類似斑紋的蝶種般前翅腹面翅端的花紋與其餘部分迥異。事實上，本種的體型較斐豹蛺蝶及綠豹蛺蝶小，而比行跡成謎的珀豹蛺蝶大，區分並不困難。

分布 Distribution	棲地環境 Habitats	幼蟲寄主植物 Larval hostplants
在臺灣地區分布於臺灣本島低、中海拔地區。外島金門、馬祖地區亦有記錄。臺灣以外廣泛分布於東洋區全域、澳洲區西端、馬達加斯加及其他非洲東部外海島嶼。	河岸、沼澤地、公園、學校校園。	楊柳科Salicaceae之垂柳*Salix babylonica*及水柳*S. warburgii*，以及大風子科Flacourtiaceae之魯花樹*Scolopia oldhamii*等。取食部位是新芽及幼葉。

26~29mm

0~1000m

100%

1cm

♂

1cm

♀

變異 Variations	豐度／現狀 Status	附記 Remarks
翅面黑褐色斑紋多寡、大小富個體變異。	數量不少。	在一九五〇年代以前琺蛺蝶原本並沒有分布於臺灣，僅於1940年有一筆記錄（山中，1975），無疑係外來的偶產種。然而，陳維壽（1974）指出本種於五〇年代中期即在新竹發現，其後即擴大分布至臺灣全島平地及低山地帶。本種在臺灣的族群很可能起源自菲律賓地區。

襟蛺蝶屬

Cupha Billberg, 1820

模式種 Type Species | *Papilio erymanthis* Drury, [1773]，即黃襟蛺蝶
Cupha erymanthis（Drury, [1773]）。

形態特徵與相關資料 Diagnosis and other information

中型蛺蝶。複眼光滑。雄蝶前足跗節密被毛，雌蝶則否。前翅R_2脈與R_5脈共柄。前翅中室封閉、後翅開放。翅面呈淺黃褐色，上有黑色斑點、線紋。雄蝶無性標。幼蟲體表有棘狀突起。

本屬無論在成蝶翅紋模式、軀體與交尾器構造，以及幼生期形態、食性上均與珐蛺蝶屬及彩蛺蝶屬*Vagrans* Hemming, 1934近似，此三屬顯然非常近緣。

本屬約有9種，分布於東洋區及澳洲區。

主要棲息於森林，成蝶有訪花性。

寄主植物包括楊柳科Salicaceae及大風子科Flacourtiaceae等植物。

在臺灣地區有一種。

· *Cupha erymanthis erymanthis* Drury, [1773]（黃襟蛺蝶）

黃襟蛺蝶

Cupha erymanthis erymanthis (Drury)

▍模式產地：*erymanthis* Drury, [1773]：廣東。

英 文 名	Rustic
別　　名	臺灣黃斑蛺蝶、柞蛺蝶、魯花黃斑蝶、黃斑蝶、臺灣黃斑蝶

形態特徵 Diagnostic characters

雌雄斑紋相似。軀體背側呈暗褐色，腹側呈白色。前翅近三角形，前緣作弧形，外緣略呈弧形。後翅接近扇形，外緣稍呈波狀，M_3脈末端有微弱突起。翅背面底色棕褐色，翅面外側有黑色線紋，中央偏外側有黑色點列，內側有黑褐色線紋列及彎曲線紋。前翅翅端黑色，內有黃色小斑點。前翅中央有邊緣不規則的黃色寬斜帶，室內有兩枚黑褐色鏤空紋。翅腹面底色暗黃色，前、後翅面中央均有排成斜列之褐色鏤空弦月紋，其外側有一列黑褐色點列。翅面內側有黑褐色曲折線紋。翅基附近亦有數只黑褐色小紋。緣毛主要呈褐色。

生態習性 Behaviors

多世代性蝶種。成蝶喜在林緣、池沼及河川附近、都市綠地等開闊處活動。成蝶飛翔活潑，有訪花性。

雌、雄蝶之區分 Distinctions between sexes

雌雄蝶翅紋雷同，難以分辨。雄蝶前足跗節癒合、末端無爪，被長毛；雌蝶前足跗節分節、末端具爪，僅疏被毛。

近似種比較 Similar species

在臺灣地區無類似種。

分布 Distribution	棲地環境 Habitats	幼蟲寄主植物 Larval hostplants
在臺灣地區分布於臺灣本島低、中海拔地區。離島澎湖亦有記錄。外島金門、馬祖地區亦有發現。臺灣地區以外廣泛分布於東洋區，並延伸至澳洲區的小巽他列嶼。	常綠闊葉林、海岸林、河岸、沼澤地、公園、學校校園等。	大風子科 Flacourtiaceae 之魯花樹 *Scolopia oldhamii*、楊柳科 Salicaceae 之垂柳 *Salix babylonica* 及水柳 *S. warburgii* 等。取食部位是新芽及幼葉。

28~33mm

3000
2000
1000
0
0~1000m

蛺蝶科

襟蛺蝶屬

高溫型（雨季型）

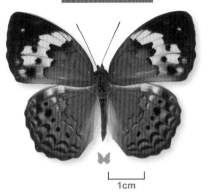

1cm

♂

100%

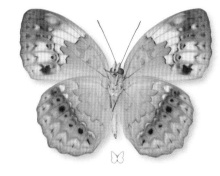

1cm

♀

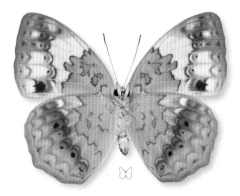

變異 Variations	豐度／現狀 Status	附記 Remarks
低溫期／乾季翅腹面底色較黯淡，斑紋也較大較鮮明。	目前數量尚多。	臺灣原為本種分布上的東北界限，但本種近年已經進入日本八重山群島並成功立足。

低溫型（乾季型）

♂

1cm

♀

1cm

100%

眼蛺蝶屬

Junonia Hübner, [1819]

模式種 Type Species | *Papilio lavinia* Cramer, [1775]。該分類單元係*Papilio lavinia* Fabricius, 1775的異物同名，但後者又是*Papilio stelene* Linnaeus, 1758（即孔雀石蛺蝶 *Siproeta stelene* Linnaeus,（1758））的同物異名，而*P. lavinia* Cramer 所代表之物有效名則為紅樹林眼蛺蝶 *Junonia evarete*（Cramer, [1782]）。

形態特徵與相關資料 Diagnosis and other information

中型蛺蝶。複眼光滑。雄蝶前足跗節密被毛，雌蝶則否。前翅常於M_1脈與CuA_2脈末端突出，後翅常於1A+2A脈末端突出形成一小尾突。翅面通常有眼狀紋，許多種類於翅背面有金屬色斑紋。幼蟲體表密生棘狀突起。

本屬常被認為與非洲眼蛺蝶屬*Precis* Hübner, [1819]同屬，但現在一般認為該屬係非洲特有。

本屬約有12種，分布極其廣泛，幾乎涵蓋所有的地理區，但以舊世界熱帶地區多樣性最高。

棲息於開闊環境，如草原、灌叢、沼澤等，成蝶有訪花性。

寄主植物包括車前科 Plantaginaceae、玄參科 Scrophulariaceae、馬鞭草科 Verbenaceae、龍膽科 Gentianaceae、菊科 Asteraceae、馬齒莧科 Portulacaceae、旋花科 Convolvulaceae、草海桐科 Goodeniaceae、爵床科 Acanthaceae等植物。

臺灣地區有記錄的種類有六種，其中四種是固有種，另外兩種則是偶產種，不過當中的一種可能已經成功立足。

· *Junonia almana almana*（Linnaeus, 1758）（眼蛺蝶）

· *Junonia lemonias aenaria* Fruhstorfer, 1912（鱗紋眼蛺蝶）

· *Junonia orithya orithya*（Linnaeus, 1758）（青眼蛺蝶）

· *Junonia iphita iphita*（Cramer, 1779）（黯眼蛺蝶）

· *Junonia hedonia ida*（Cramer, 1779）（南洋眼蛺蝶）（偶產種）

· *Junonia atlites atlites*（Linnaeus, 1763）（波紋眼蛺蝶）（偶產種）

Key to species of the genus *Junonia* in Taiwan (* denotes occasional species)

❶ 後翅背面外側於M室及CuA室各室均有眼狀紋...**❷**

後翅背面外側M_3及CuA_1室內無眼狀紋 ....**❹**

❷ 前翅背面無眼狀紋 .... *iphita*（黯眼蛺蝶）

前翅背面至少有一枚眼狀紋 ....**❸**

❸ 前翅背面眼狀紋模糊；後翅背面眼狀紋約略等大；翅面底色紅褐色 ....
.... *hedonia*（南洋眼蛺蝶）*

前翅背面眼狀紋清晰；後翅背面M_1及CuA_1室眼狀紋大於其餘各室；翅面底色
紫灰色 .... *atlites*（波紋眼蛺蝶）*

❹ 前翅背面無白斑.. *almana*（眼蛺蝶）

前翅背面有白斑 ....**❺**

❺ 前翅背面白斑連成一白帶 .... *orithya*（青眼蛺蝶）

前翅背面白斑呈分離狀小斑 .... *lemonias*（鱗紋眼蛺蝶）

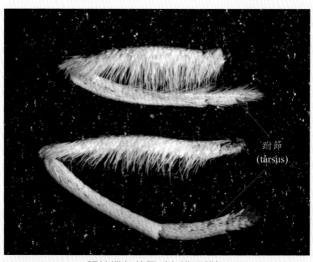

跗節
(tarsus)

眼蛺蝶左前足（上雄下雌）

眼蛺蝶

Junonia almana almana (Linnaeus)

▋模式產地：*almana* Linnaeus, 1758；廣東。

| 英 文 名 | Peacock Pansy |
| 別　　名 | 孔雀紋蛺蝶、擬蛺蝶、赭胥、簑衣蛺蝶、無紋擬蛺蝶 |

形態特徵 Diagnostic characters

　　雌雄斑紋相似。軀體背側呈黃褐色，腹側黃白色。前翅近三角形，前緣略作弧形，於M_1脈與CuA_2脈末端突出，於低溫期更加明顯而形成尖角。後翅接近橢圓形，$1A+2A$脈末端突出，於低溫期形成一較為明顯之小尾突。翅背面底色泥黃色，沿外緣有暗褐色重線。前翅於R_5、M_1、CuA_1室有眼狀紋，由前向後漸次變大。中室端及中室內各有一黑褐色鏤空紋。後翅前側有一大型眼狀紋，後側有時有一小型眼狀紋。翅腹面斑紋季節變化極著，於低溫期底色作深褐色，翅面中央及亞基部各有一道細線紋，亞外緣另有一波狀線紋，高溫期底色呈淺泥黃色，中央線紋呈淺色細條，其外側有數枚明顯眼狀紋。中室端及中室內有黑褐色鏤空紋。緣毛褐色雜白色。

生態習性 Behaviors

　　多世代性蝶種。成蝶棲息在平地及低山地區，通常近地面低飛，訪花性明顯。

雌、雄蝶之區分 Distinctions between sexes

　　雌、雄蝶翅紋難以區分。雄蝶前足跗節癒合、末端無爪，被長毛；雌蝶前足跗節分節、末端具爪，僅疏被毛。

近似種比較 Similar species

　　在臺灣地區無類似種。

分布 Distribution	棲地環境 Habitats	幼蟲寄主植物 Larval hostplants
在臺灣地區分布於臺灣本島低、中海拔地區。離島龜山島、綠島、蘭嶼、小琉球、澎湖以及外島金門、馬祖地區亦有分布。臺灣以外廣泛分布於中國大陸南部、南亞、東南亞、日本南部等地區。	河岸、沼澤地、農田、草原。	玄參科Scrophulariaceae的旱田草*Vandellia antipoda*、水丁黃*V. ciliata*、定經草*V. anagallis*等；爵床科Acanthaceae的大安水簑衣*Hydrophila pogonocalyx*；馬鞭草科Verbenaceae的鴨舌癀*Phyla nodiflora*等植物。取食部位是葉片。

蛺蝶科 眼蛺蝶屬

26~31mm

0~1000m

1 2 3 4 5 6 7 8 9 10 11 12

高溫型（雨季型）

1cm

100%

1cm

變異 Variations	豐度／現狀 Status
季節變異極其明顯，低溫型個體翅形稜角分明，翅腹面暗色而缺乏眼狀紋，形態彷彿樹葉。高溫期個體翅形輪廓較柔和，翅腹面底色明亮而有明顯眼狀紋。	目前數量尚多。

低溫型（乾季型）

1cm

100%

♂

♀

1cm

鱗紋眼蛺蝶

Junonia lemonias aenaria Fruhstorfer

▌模式產地：*lemonias* Linnaeus, 1758：廣東；*aenaria* Fruhstorfer, 1912：臺灣。

英 文 名	Lemon Pansy
別　名	眼紋擬蛺蝶、蛇眼蛺蝶

形態特徵 Diagnostic characters

雌雄斑紋相似。軀體背側呈暗褐色，腹側黃白色。前翅近三角形，前緣作弧形，外緣於M_1脈末端明顯突出、CuA_2脈末端略為突出。後翅接近橢圓形，外緣呈波狀，M_3脈末端最為突出。翅背面底色暗褐色，沿外緣有黃白色重線紋。前翅於CuA_1室有一明顯眼狀紋。中室端及中室內有一黑褐色短線紋及黃白紋。翅面中央有黃白色小斑成曲線排列。後翅M_1及CuA_1室各有一眼狀紋，Rs及M_2室亦常有一小型眼狀紋。翅腹面於前翅CuA_1室亦有一明顯眼狀紋，後翅M_1及CuA_1室則有較小眼狀紋，紋斑紋季節變化極著，於低溫期個體斑紋模糊，底色以黃褐色為主，但常泛磚紅色，高溫期個體翅面有數道波狀帶紋。緣毛暗褐色與黃白色相間。

生態習性 Behaviors

多世代性蝶種。成蝶主要棲息在光線充足的林緣及草地，通常近地面低飛，訪花性明顯。

雌、雄蝶之區分 Distinctions between sexes

雄蝶前足附節癒合、末端無爪，被長毛；雌蝶前足附節分節、末端具爪，僅疏被毛。

近似種比較 Similar species

在臺灣地區無類似種。

分布 Distribution	棲地環境 Habitats	幼蟲寄主植物 Larval hostplants
在臺灣地區分布於臺灣本島低、中海拔地區，北部較少見。離島小琉球、蘭嶼及澎湖亦有記錄。臺灣以外分布於華南、華西、南亞、中南半島及菲律賓等地區。	常綠闊葉林、荒地、草原、海岸林。	爵床科Acanthaceae的臺灣鱗球花*Lepidagathis formosensis*。取食部位是葉片。

高溫型（雨季型）

1cm

100%

♂

♀

1cm

變異 Variations	豐度／現狀 Status
季節變異明顯，低溫型／乾季個體翅腹面斑紋模糊而翅面常泛磚紅色。高溫型／雨季個體翅腹面斑紋鮮明。另外，前者之前翅處緣輪廓稜角較明顯。	目前是數量甚多的常見種。

24~31mm

0~1000m

100%

低溫型（乾季型）

♂

1cm

♀

1cm

鱗紋眼蛺蝶蛹 Pupa of *Junonia lemonias aenaria*（高雄市桃源區石洞溫泉，600m，2011.08.09.）。

青眼蛺蝶

Junonia orithya orithya (Linnaeus)

▍模式產地：*orithya* Linnaeus, 1758：廣東。

英 文 名	Blue Pansy
別 名	孔雀青蛺蝶、翠藍眼蛺蝶

形態特徵 Diagnostic characters

雌雄斑紋相似。觸角泛白色，尤以雄蝶為著。軀體背側呈黑褐色，腹側黃白色。前翅近三角形，前緣作弧形，外緣於M₁脈末端明顯突出。後翅接近橢圓形，外緣呈波狀。翅背面底色黑褐色，沿外緣有白色重線紋，後翅連續而鮮明，前翅破碎而模糊。前翅於M₁及CuA₁室各有一眼狀紋。中室端及中室內各有一橙色細帶紋。翅面外側有白色帶紋，形狀呈「Y」字形或「V」字形。後翅M₁及CuA₁室各有一明顯眼狀紋。雄蝶於後翅有成片金屬光澤強烈的藍色紋，雌蝶則藍紋不發達、缺乏金屬光澤且變異大，從大面積分布到幾乎完全消失者均有之。腹面底色淺黃褐色，眼紋位置與背面相同，但較小型。翅紋複雜，前翅近基部有三道橙色短條，翅面中央有暗色線紋，於前翅呈黑色，於後翅呈褐色。前翅白紋如翅背面。後翅外側有波狀線紋，翅基附近有數只鏤空紋。緣毛暗褐色與白色相間。

生態習性 Behaviors

多世代性蝶種。成蝶主要棲息在光線充足的林緣、草地、荒地，通常近地面快速低飛，訪花性明顯。

雌、雄蝶之區分 Distinctions between sexes

雌蝶後翅背面眼紋較大，後翅若有藍色紋則缺少雄蝶藍色紋所具有之強烈金屬光澤。雄蝶觸角除

分布 Distribution	棲地環境 Habitats
在臺灣地區分布於臺灣本島低、中海拔地區。離島龜山島、綠島、蘭嶼及澎湖亦有記錄。外島金門與馬祖地區亦見記錄。臺灣以外分布極其廣泛，幾乎涵蓋整個非洲、阿拉伯半島、南亞、華西、華南、華東、日本南端島嶼、東南亞、中南半島、新幾內亞及澳洲等地區。	常綠闊葉林、荒地、草原、海岸林。

24~30mm

0~1000m

錘部以外呈白色，雌蝶白色部分不如雄蝶鮮明。雄蝶前足跗節末端無爪，被長毛；雌蝶前足跗節末端具爪，僅疏被毛。

近似種比較 Similar species

在臺灣地區無類似種。

100%

♂

1cm

♀

1cm

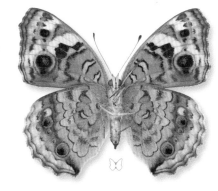

幼蟲寄主植物 Larval hostplants

爵床科的爵床 *Justicia procumbens* 等各種爵床屬植物、車前科 Plantaginaceae 之車前草 *Plantago asiatica*，以及馬鞭草科 Verbenaceae 的鴨舌癀 *Phyla nodiflora*。取食部位是葉片。

變異 Variations

低溫型／乾季個體翅腹面斑紋色彩較灰暗、斑紋較模糊。雄蝶翅背面藍色紋色調有些個體偏寶藍色，有些則帶紫色。雌蝶後翅背面藍色紋範圍變異大，由布滿翅面外半部至完全消失的情形均可見到。

100%

♀

1cm

青眼蛺蝶雌蝶 Female *Junonia orithya*（新北市金山區風櫃嘴，600m，2009.10.29.）。

青眼蛺蝶雄蝶 Male *Junonia orithya*（臺北市士林區陽明山，2010.08. 27.）。

豐度 / 現狀 Status	附記 Remarks
目前是數量甚多的常見種。	雌蝶後翅背面藍色紋變異與季節之關聯尚待進一步研究，但低溫型／乾季個體藍色紋似乎較鮮明。

黯眼蛺蝶

Junonia iphita iphita (Cramer)

▌模式產地：*iphita* Cramer, 1779：中國。

英 文 名	Chocolate Pansy
別　　名	黑擬蛺蝶、鉤翅眼蛺蝶

形態特徵 Diagnostic characters

雌雄斑紋相似。軀體背側呈黑褐色，腹側淺褐色。前翅近三角形，前緣作弧形，外緣於M_1脈末端明顯突出，CuA_1及CuA_2室外端凸出成弧形。後翅接近扇形或卵圓形，但$1A+2A$脈末端突出呈指狀，外緣呈緩波狀。翅背面底色暗褐色，翅面上有三道暗黃褐色曲帶紋，後翅中央偏外側有小眼紋紋列，指狀突附近有白色鱗散布，前翅亦有模糊眼紋列。翅腹面底色暗褐色或淺褐色，有時泛藍紫色光澤。眼紋位置與背面相同。前翅近基部有三道暗色短條，翅面中央有一暗色線紋，於前翅呈曲線，於後翅則近直線。亞外緣亦有一暗色波狀線。前、後翅外緣兩端均有模糊白紋。翅面時有白色鱗散布。前翅R_4室於R_4及R_5脈交會處時有一黃白色小紋。緣毛暗褐色。

生態習性 Behaviors

多世代性蝶種。成蝶主要棲息在森林林緣，通常靠近地面低飛，訪花性明顯。

雌、雄蝶之區分 Distinctions between sexes

雄蝶前足跗節癒合、末端無爪，被長毛；雌蝶前足跗節分節、末端具爪，僅疏被毛。

近似種比較 Similar species

在臺灣地區僅與偶產種南洋眼蛺蝶斑紋相似，但南洋眼蛺蝶翅背面底色帶有紅褐色，前、後翅的突起不明顯，翅面的眼狀紋大而鮮明。

分布 Distribution	棲地環境 Habitats	幼蟲寄主植物 Larval hostplants
在臺灣地區分布於臺灣本島低、中海拔地區。離島蘭嶼及澎湖亦有記錄。臺灣以外分布於南亞、喜馬拉雅、華西、華南、華東、東南亞、中南半島等地區。	常綠闊葉林。	主要利用各種廣義的爵床科Acanthaceae馬藍屬*Strobilanthes*植物，如臺灣馬藍 *S. formosanus*、蘭嵌馬藍*S. rankanensis*、曲莖馬藍*S. flexicaulis*、長穗馬藍 *S. longespicatus*等。也利用大安水莧衣*Hydrophila pogonocalyx*等同科植物。取食部位是葉片。

28~35mm

0~2000m

蛺蝶科

眼蛺蝶屬

高溫型（雨季型）

1cm

♂

90%

1cm

♀

變異 Variations	豐度／現狀 Status	附記 Remarks
低溫期／乾季個體翅面底色較淺、斑紋較模糊。另外，翅腹面藍紫色紋多變異，由明顯至完全消失的情形均可見到。前翅R_4室黃白色小紋有時消失。	目前是數量甚多的常見種。	與本種近緣的南洋眼蛺蝶 *Junonia hedonia*（Linnaeus，1764）（模式產地：印尼安汶）有時會隨颱風或季風到訪，但目前沒有立足跡象。另外，黯眼蛺蝶的乾季、色彩較淺的個體有時被誤認為是該種。本書圖示之南洋眼蛺蝶參考個體即為1958年採自屏東縣恆春鎮之標本（東京大學博物館館藏）。

低溫型（乾季型）

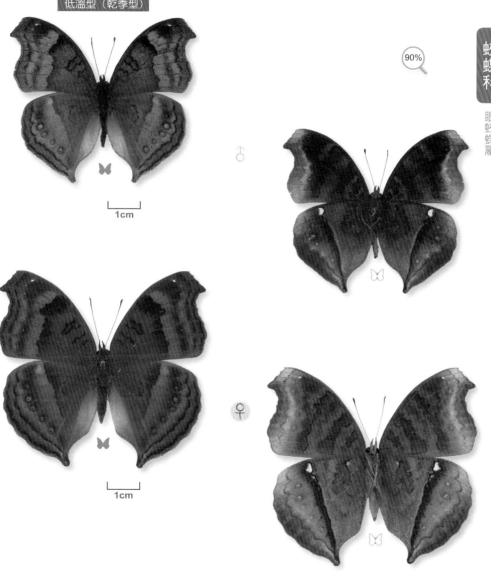

1cm

90%

♂

♀

1cm

偶產蝶：南洋眼蛺蝶

90%

1cm

1cm

波紋眼蛺蝶

Junonia atlites atlites (Linnaeus)

▌模式產地：*atlites* Linnaeus, 1763：廣東。

英 文 名	Grey Pansy
別　　名	紫擬蛺蝶

形態特徵 Diagnostic characters

　　雌雄斑紋相異。軀體背側呈褐色，腹側白色。前翅近三角形，前緣作弧形，外緣於M_1脈末端明顯突出，CuA_1及CuA_2室外端凸出成弧形。後翅接近卵形，但1A+2A脈末端略突出，外緣呈波狀。翅背面底色淺灰色或灰色，沿外緣有暗褐色重線。翅面中央有一暗色線紋，於前翅彎曲蜿蜒，於後翅則直。前、後翅中央偏外側有眼紋紋列，於M_1及CuA_1室最為鮮明，且內有橙紋。前翅中室端及中室內各有一黑褐色鏤空紋，後翅則於中室端有一黑褐色鏤空紋。翅腹面底色灰白色或淺黃褐色。眼紋位置與背面相同而較模糊。前翅近基部有三道模糊暗色鏤空短條，後翅基部有數只鏤空紋。翅面中央有一暗褐色

綠島產標本

1cm

♂

80%

分布 Distribution	棲地環境 Habitats	幼蟲寄主植物 Larval hostplants
在臺灣地區沒有原生族群，外島金門及馬祖地區則有分布。其他分布區域包括於南亞、華西、華南、東南亞、中南半島等地區。	常綠闊葉林。	在臺灣地區尚無野外觀察記錄，其他地區則主要以各種爵床科 Acanthaceae 及玄參科 Scrophulariaceae 植物為幼蟲寄主。取食部位是葉片。

線紋，於前翅彎曲蜿蜒，於後翅則近直線。亞外緣有一暗色波狀線。前翅 R_4 室於 R_4 及 R_5 脈交會處時有一黃白色小紋。緣毛褐色而間有白紋。

生態習性 Behaviors

多世代性蝶種。成蝶主要棲息在開闊地，通常靠近地面低飛，訪花性明顯。

香港產參考標本：
高溫型（雨季型）

1cm

♂

80%

♀

1cm

變異 Variations

本種在臺灣尚屬偶產種，缺乏資料，在鄰近地區則低溫期／乾季個體翅面底色較淺、斑紋對比較不明顯。

豐度／現狀 Status

目前尚無充分證據支持本種已在臺灣立足，但在臺灣南部時有發現。

雌、雄蝶之區分 Distinctions between sexes

　　雌蝶翅色彩較深，翅表面色調偏褐色，且翅背面缺少雄蝶具有之紫色調。雄蝶前足跗節末端無爪，被長毛；雌蝶前足跗節末端具爪，僅疏被毛。

近似種比較 Similar species

　　在臺灣地區沒有發現過其他斑紋類似的蝶種。

香港產參考標本：
低溫型（乾季型）

1cm

♂

1cm

♀

附記 Remarks

目前雖然尚無證據充分支持本種已在臺灣立足，近年來本種在南臺灣被發現的例子確實有增加趨勢，從地緣關係來看，種源應來自菲律賓。由於臺灣低地不乏本種幼蟲能用作寄主的植物，本種似有可能已在臺灣成功建立族群。本書提供一隻2010年8月11日由臺灣蝴蝶保育學會常務理事黃行七先生於臺東縣綠島採集的個體及香港產個體供參考。

隱蛺蝶屬 *Yoma* Doherty, [1886]

模式種 Type Species | *Yoma vasuki* Horsfield, [1829]，該分類單元現被視為黃帶隱蛺蝶 *Yoma sabina*（Cramer, [1780]）的一亞種。

形態特徵與相關資料 Diagnosis and other information

　　中型蛺蝶。複眼光滑。雄蝶前足跗節癒合、末端尖，雌蝶則分節、末端鈍。前翅於 M_1 脈末端向外側突出呈角狀，後翅則於 M_3 脈末端有一突起。後翅肩脈彎曲。翅背面有黃色寬帶紋，腹面則色彩黯淡，以灰、褐色為主。中室閉鎖。幼蟲體表密生棘狀突起。

　　本屬有2種，分布於東洋區及澳洲區。

　　棲息於森林性環境，成蝶有訪花性，亦吸食腐敗物。

　　寄主植物為爵床科 Acanthaceae 及錦葵科 Malvaceae 植物。

　　臺灣地區有一種。

· *Yoma sabina podium* Tsukada, 1985（黃帶隱蛺蝶）

黃帶隱蛺蝶

Yoma sabina podium Tsukada

▍模式產地：*sabina* Cramer, [1780]：安汶；*podium* Tsukada, 1985：菲律賓。

英 文 名	Australian Lurcher
別 名	黃帶枯葉蝶

形態特徵 Diagnostic characters

雌雄斑紋相似。軀體背側呈黑褐色，腹側淺褐色。前翅近三角形，前緣明顯前凸而呈弧形，M_1脈末端向外突出成角狀。後翅近橢圓形，於1A+2A脈末端突出呈指狀，M_1脈末端突出成一尖角。翅背面底色黑褐色，沿外緣色淺而內有黑褐色線紋。翅中央有橙黃色寬帶紋，前翅曲而後翅直；翅端內側另有一列同色小紋。中室端及中室內各有一黑褐色鏤空紋。M_1室及M_2室各有一白色小點。後翅指狀突附近有白色鱗散布。翅腹面底色於雄蝶呈淺灰色，於雌蝶呈黃褐色。雄蝶翅面中央有灰白色或黃白色寬帶紋，雌蝶則否。翅面中央偏外側有一列黑褐色小點，於M_1室及M_2室呈白色。前、後翅翅基附近另有一些鑲黑線之斑紋。翅面散布許多黑色鱗。緣毛暗褐色。

生態習性 Behaviors

多世代性蝶種。成蝶棲息在森林林緣。成蝶有訪花性，亦會吸食樹液、腐果。

雌、雄蝶之區分 Distinctions between sexes

雌蝶翅腹面白帶退化、消失，前翅白色小點較雄蝶鮮明。雄蝶前足跗節末端尖銳；雌蝶前足跗節末端具成對之棘狀構造。

近似種比較 Similar species

在臺灣地區沒有類似種。

分布 Distribution	棲地環境 Habitats	幼蟲寄主植物 Larval hostplants
在臺灣地區主要分布於臺灣本島南部低海拔地區，中部地區亦有少許發現記錄。離島蘭嶼亦曾有發現記錄。臺灣以外分布於華南、中南半島、東南亞、新幾內亞、澳洲北部等地區。	常綠闊葉林、海岸林。	賽山藍 *Blechum pyramidatum* 及蘆利草 *Dipteracanthus repens* 等爵床科 Acanthaceae 植物。取食部位是葉片。

36~42mm

1 2 3 4 5 6 7 8 9 10 11 12

3000
2000
1000
0

0~1000m

蛺蝶科

隱蛺蝶屬

♂

80%

1cm

♀

1cm

變異 Variations	豐度／現狀 Status	附記 Remarks
翅腹面中央帶紋發達程度多變化。	一般數量不多。	本種的翅腹面色彩、斑紋在林床上隱蔽效果良好。

枯葉蝶屬 *Kallima* Doubleday, [1849]

模式種 Type Species │ *Paphia paralekta* Horsfield, [1829]，即爪哇枯葉蝶
Kallima paralekta（Horsfield, [1829]）。

形態特徵與相關資料 Diagnosis and other information

　　大型蛺蝶。複眼光滑。雄蝶前足被毛，跗節癒合、末端尖；雌蝶則前足不被毛，跗節分節、末端鈍。前翅於R₃室末端向外側突出，後翅於1A+2A脈末端向後延長突出，使兩者合併形成獨特之枯葉形翅。翅腹面斑紋亦有如枯葉，背面有鮮豔色彩，並於前翅有明亮的帶紋。中室閉鎖。幼蟲體表密生棘狀突起。

　　本屬約有10種，分布於非洲區及東洋區。

　　棲息於森林性環境，成蝶好吸食腐敗物。

　　寄主植物主要為爵床科Acanthaceae植物，亦有利用蕁麻科Urticaceae及蓼科Polygonaceae之記錄。

　　臺灣地區有一種。

・*Kallima inachus formosana* Fruhstorfer, 1912（枯葉蝶）

枯葉蝶*Kallima inachus formosana*（新北市淡水區陽明山二子坪，800m，2011.07. 06.）。

枯葉蝶 特有亞種

Kallima inachus formosana Fruhstorfer

▌模式產地：*inachus* Doyère, [1840]：北印度；*formosana* Fruhstorfer, 1912：臺灣。

英文名	Orange Oakleaf
別　名	枯葉蛺蝶、木葉蝶

形態特徵 Diagnostic characters

雌雄斑紋相似。軀體背側呈暗褐色，腹側淺褐色。前翅近半橢圓形，前緣明顯前凸而呈弧形，翅端成一尖角，外緣後側向外凸出。後翅近橢圓形，於1A+2A脈末端明顯突出呈指狀。翅背面底色暗褐色，亞外緣有黑褐色波狀線。翅面泛靛藍色金屬光澤。前翅CuA_1室有一眼狀紋，眼狀紋中央眼點白色半透明。前翅R_4室於R_4及R_5脈交會處時有一黃白色小紋。翅中央有橙黃色寬斜帶。翅腹面斑紋變化極著，底色黃褐色或褐色，其上有濃淡不一、色彩多樣之斑駁花紋。翅面中央由前翅翅端至後緣中央、後翅前緣中央至於1A+2A脈末端指狀突有一暗色線紋。前翅眼狀紋中央眼點亦存在。緣毛暗褐色。

生態習性 Behaviors

多世代性蝶種，但是數量以夏季最多。成蝶棲息在潮溼森林內及溪澗附近。成蝶好食樹液、腐果。

雌、雄蝶之區分 Distinctions between sexes

雌蝶前翅翅端突起較長而明顯。雄蝶前足跗節末端尖銳；雌蝶前足跗節末端具成對之棘狀構造。

近似種比較 Similar species

在臺灣地區沒有類似種。源自菲律賓地區、偶爾出現的偶產種蠹葉蝶 *Doleschallia bisaltide philippensis* Fruhstorfer, 1899（模式產地：菲律賓）的翅形與本種類似，但蠹葉蝶前翅翅端缺少本種翅端具有的尖角、翅背面斑紋以橙色及紅褐色為主，翅腹面斑紋亦頗為不同，區分並不困難。

分布 Distribution	棲地環境 Habitats	幼蟲寄主植物 Larval hostplants
在臺灣地區分布於臺灣本島低、中海拔地區。離島龜山島及蘭嶼亦有分布。臺灣以外分布於華西、華南、華東、喜馬拉雅、中南半島、東南亞、日本南部島嶼等地區。	常綠闊葉林。	臺灣馬藍 *Strobilanthes formosanus*、腺萼馬藍 *S. penstemonoides*、曲莖馬藍 *S. flexicaulis* 等爵床科 Acanthaceae 植物。取食部位是葉片。

44~52mm

0~2000m

| 1 | 2 | 3 | 4 | 5 | 6 | 7 | 8 | 9 | 10 | 11 | 12 |

70%

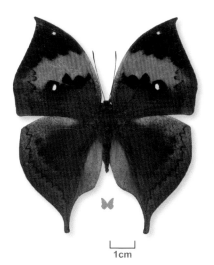

♂

1cm

♀

1cm

蛺蝶科

枯葉蝶屬

變異 Variations	豐度／現狀 Status	附記 Remarks
翅腹面斑紋變化多端，主要色調呈淺褐色、深褐色、黃褐色，甚至暗綠色的個體均可見到。	目前數量尚多。	本種翅形與翅紋完美模仿樹葉，翅腹面之中央線紋有如葉脈，前翅半透明小斑彷彿蟲蝕孔，翅面花紋常像黴斑。本種即以形態模擬樹葉唯妙唯肖聞名於世，成為生態上偽裝現象的良好教材。

103

70%

1cm

枯葉蝶*Kallima inachus formosana*（新北市淡水區陽明山二子坪，800m，2011.07.06.）。

枯葉蝶*Kallima inachus formosana*（嘉義縣番路鄉觸口，300m，2012.09.23.）。

紅蛺蝶屬 *Vanessa* Fabricius, 1807

模式種 Type Species	*Papilio atalanta* Linnaeus, 1758，即北方紅蛺蝶 *Vanessa atalanta*（Linnaeus, 1758）。

形態特徵與相關資料 Diagnosis and other information

中型蛺蝶。複眼光滑。雄蝶前足跗節被長毛，雌蝶則否。觸角錘部明顯膨大。前翅於M₁脈末端向外側突出。翅背面底色橙紅色，上綴褐色紋及白斑。中室閉鎖。幼蟲體表具68支棘刺。

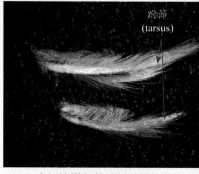

跗節
(tarsus)

小紅蛺蝶左前足（上雄下雌）

Field（1971）根據形態差異將本屬分為三屬，另外兩屬為*Cynthia* Fabricius, 1807及*Bassaris* Hubner, [1821]。現今一般將三者視為同屬，但有時把它們處理為亞屬。

本屬有16種，呈泛世界性分布。

偏好棲息於開闊環境，如草原及沙漠等。成蝶有訪花性，亦吸食腐敗物。

寄主植物極其多樣化，包括菊科Asteraceae、錦葵科Malvaceae、蕁麻科Urticaceae、紫草科Boraginaceae、藜科Chenopodiaceae、田亞麻科Hydrophyllaceae、唇形科Lamiaceae、茄科Solanaceae、旋花科Convolvulaceae、十字花科Brassicaceae、瓜科Cucurbitaceae、繖形科Apiaceae、鼠李科Rhamnaceae、榆科Ulmaceae、芸香科Rutaceae、車前科Plantaginaceae、馬鞭草科Verbenaceae、薔薇科Rosaceae、蓼科Polygonaceae、豆科Fabaceae等植物。

臺灣地區有兩種。

· *Vanessa indica indica*（Herbst, 1794）（大紅蛺蝶）
· *Vanessa cardui cardui*（Linnaeus, 1758）（小紅蛺蝶）

臺灣地區
檢索表　　　　　　　　　　　　　　　　紅蛺蝶屬

Key to species of the genus *Vanessa* in Taiwan

❶ 前翅M₁脈末端突出部角狀；後翅背面橙紅色紋僅沿外緣分布 .... *indica*（大紅蛺蝶）

前翅M₁脈末端突出部圓弧狀；後翅背面橙紅色紋占翅面面積約1／2.. *cardui*（小紅蛺蝶）

大紅蛺蝶

Vanessa indica indica (Herbst)

▌模式產地：*indica* Herbst, 1794：印度。

英文名 | Indian Red Admiral

別　名 | 紅蛺蝶

形態特徵 Diagnostic characters

雌雄斑紋相似。軀體背側呈暗褐色，腹側淺褐色或近白色。前翅近三角形，前緣呈弧形，M_1脈末端向外突出成角狀。後翅近橢圓形，於1A+2A脈末端略突出呈角狀。翅背面大部分呈黑褐色，於後側有橙紅色斑，近翅端處有白色斑點與帶紋。前翅後緣附近及後翅大部分呈泛金色光澤之褐色。後翅沿外緣有一橙紅色斑帶，其內有一列黑色斑點，斑帶與褐色斑塊間有黑色斑列。翅腹面斑紋複雜，前翅橙紅色斑及白斑似翅背面。其他部分形成濃淡不均的褐色，上雜有白色線紋、霜狀紋、藍色紋及模糊圈狀紋列。緣毛白色而於翅脈端呈暗褐色。

生態習性 Behaviors

多世代性蝶種。成蝶偏好棲息在光線明亮的場所。成蝶有訪花性。幼蟲有綴葉造巢習性。

雌、雄蝶之區分 Distinctions between sexes

由翅紋難以區別雌雄。雄蝶前足跗節末端尖銳；雌蝶前足跗節末端具成對之棘狀構造。

近似種比較 Similar species

在臺灣地區與本種類似者僅有小紅蛺蝶，本種一般體型較大，其後翅背面褐色部分遠比後者廣，翅腹面色彩也較深。另外，本種前翅外緣前側呈角狀，小紅蛺蝶則否。

分布 Distribution	棲地環境 Habitats
在臺灣地區廣泛分布於臺灣本島，離島彭佳嶼、棉花嶼、龜山島、蘭嶼、澎湖，外島金門、馬祖地區亦有發現記錄。臺灣以外分布於北印度、斯里蘭卡、中南半島、中國大陸、西伯利亞東部、庫頁島、朝鮮半島、日本、菲律賓及西歐之西班牙、葡萄牙、馬得拉群島、卡納里群島等地區。	常綠闊葉林、常綠落葉闊葉混生林、常綠硬葉林、針葉林、海岸林、都市林、荒地等。

29~33mm

0~3000m

100%

1cm

1cm

1 2 3 4 5 6 7 8 9 10 11 12

蛺蝶科

紅蛺蝶屬

幼蟲寄主植物 Larval hostplants	變異 Variations	豐度／現狀 Status
青苧麻*Boehmeria nivea*、咬人貓*Urtica thunbergiana*等蕁麻科Urticaceae植物。取食部位是葉片。	不顯著。	目前數量尚多。

小紅蛺蝶

Vanessa cardui cardui (Linnaeus)

▌模式產地：*cardui* Linnaeus, 1758：瑞典。

英 文 名	Painted Lady
別　　名	姬紅蛺蝶、苧宵

形態特徵 Diagnostic characters

　　雌雄斑紋相似。軀體背側呈褐色，腹側白色。前翅近三角形，前緣稍呈弧形，M_1脈末端向外突出成圓弧狀。後翅近橢圓形。翅背面大部分呈橙紅色，前翅前側呈黑色，後側亦有黑色碎斑。前翅翅基附近及後翅翅基至內緣有泛金色光澤之褐色紋。後翅外側有一列黑色圓斑點列，亞外緣另有一列黑色小斑點列。翅腹面斑紋複雜，前翅橙紅色斑及白斑似翅背面。其他部分形成濃淡不均的淺褐色，上雜有白色線紋、白紋、藍色紋及眼狀紋列。緣毛白色而於翅脈端呈暗褐色。

生態習性 Behaviors

　　多世代性蝶種。成蝶偏好棲息在光線明亮的場所。成蝶有訪花性。幼蟲有綴葉造巢習性。

雌、雄蝶之區分 Distinctions between sexes

　　由翅紋難以區別雌雄。雄蝶前足跗節末端尖銳；雌蝶前足跗節末端具成對之棘狀構造。

近似種比較 Similar species

　　在臺灣地區與本種類似者僅有大紅蛺蝶，本種通常體型較小，後翅背面褐色部分較狹窄，翅腹面色彩較淺。另外，本種前翅外緣前側呈圓弧狀而非角狀。

分布 Distribution	棲地環境 Habitats	幼蟲寄主植物 Larval hostplants
在臺灣地區廣泛分布於臺灣本島，離島彭佳嶼、龜山島、蘭嶼、澎湖、東沙島，外島金門、馬祖地區亦有發現記錄。臺灣以外分布遍及歐、亞、非、澳、北美、南美及大洋洲，係全世界分布最廣之蝶種，除了極地及南美中、南部之外，遍布全球。	常綠闊葉林、常綠落葉闊葉混生林、常綠硬葉林、針葉林、海岸林、都市林、荒地等。	菊科Asteraceae之艾*Artemisia indica*、錦葵科Malvaceae之華錦葵*Malva sinensis*、蕁麻科Urticaceae之青苧麻*Boehmeria nivea*等植物。國外記錄之寄主植物更多達20科以上。取食部位是葉片。

1 2 3 4 5 6 7 8 9 10 11 12

25~32mm

0~3000m

100%

1cm

♂

♀

1cm

變異 Variations	豐度／現狀 Status	附記 Remarks
翅背面泛金色光澤之褐色紋形狀及大小富個體變異。	目前數量尚多。	本種長距離遷移能力極強，在國外常有發生進行大規模遷飛的例子。在臺灣低地高溫期少見，而多見於秋冬季，顯示本種可能在島內依季節作垂直遷移。

鉤蛺蝶屬

Polygonia Hübner, [1819]

模式種 Type Species | *Papilio c-aureum* Linnaeus, 1758，即黃鉤蛺蝶 *Polygonia c-aureum*（Linnaeus, 1758）。

形態特徵與相關資料 Diagnosis and other information

中型蛺蝶。複眼被毛。觸角錘部膨大。雄蝶前足跗節被長毛，雌蝶則否。翅緣輪廓凹凸不平，前翅於 M_1 脈末端向外側突出呈鉤狀或角狀，CuA_2 脈末端亦突出；後翅於 M_3 脈末端有尖角狀或指狀突起。翅背面底色淺黃褐色，上綴黑褐色紋。翅腹面紋路彷彿木頭紋理，中室端有銀白色鉤形紋。中室開放。幼蟲體表具棘刺。

由於形態特徵與蛺蝶屬*Nymphalis*基本相同，部分研究者認為兩屬可合併。

本屬約有14種，主要分布於全北區，但延伸入東洋區北端及非洲區北端。

偏好棲息於開闊環境，如林緣及草原等。成蝶有訪花性，亦吸食腐敗物。

寄主植物包括榆科Ulmaceae、楊柳科Salicaceae、蕁麻科Urticaceae、大麻科Cannabaceae等植物。

臺灣地區有兩種。

· *Polygonia c-album asakurai* Nakahara, 1920（突尾鉤蛺蝶）

· *Polygonia c-aureum lunulata* Esaki & Nakahara, 1924（黃鉤蛺蝶）

由於鉤蛺蝶屬、琉璃蛺蝶屬及蛺蝶屬近緣，有時被視為同屬，因此在此共組一檢索表。

跗節
(tarsus)

黃鉤蛺蝶左前足（上雄下雌）

臺灣地區
檢索表　　　　鉤蛺蝶屬、琉璃蛺蝶屬及蛺蝶屬

Key to species of the genus *Polygonia*, *Kaniska* and *Nymphalis* in Taiwan

❶ 翅背面底色黑褐色，上有藍色帶紋 .... *Kaniska canace*（琉璃蛺蝶）
　 翅背面底色黃褐色，上有黑褐色斑紋 .... ❷

❷ 後翅腹面中室端無銀白色鉤形紋 .... *Nymphalis xanthomelas*（緋蛺蝶）
　 後翅腹面中室端有一銀白色鉤形紋 .... ❸

❸ 前翅背面CuA_1室基部無黑斑；後翅背面外側黑斑內有藍白紋；後翅M_3脈末端突出成一小尖角 ....*Polygonia c-aureum*（黃鉤蛺蝶）
　 前翅背面CuA_1室基部有黑斑；後翅背面外側黑斑內無藍白紋；後翅M_3脈末端突出成指狀 .... *Polygonia c-album*（突尾鉤蛺蝶）

突尾鉤蛺蝶

Polygonia c-album asakurai Nakahara

▌模式產地：*c-album* Linnaeus, 1758；瑞典；*asakurai* Nakahara, 1920；臺灣。

英 文 名	Comma／Comma Butterfly
別　　名	白鉤蛺蝶、白鐮紋蛺蝶

形態特徵 Diagnostic characters

雌雄斑紋相似。軀體背側呈暗褐色，腹側褐色，腹部常呈白黃色。前翅近三角形，前緣呈弧形，外緣因翅脈端均突出而略作鋸齒狀，M_1脈末端明顯向外突出成角狀，CuA_1脈末端亦突出。後翅近三角形，外緣亦因翅脈端均突出而作鋸齒狀，M_3脈末端向外突出成指狀。翅背面底色橙色，上綴許多黑色斑點與線紋。沿外緣有黑邊，翅面黑色斑點作曲線排列。中室端及中室內另有數只黑斑。翅腹面有由灰白色、褐色、暗褐色、綠色紋構成之繁複花紋，形成之圖案有如木頭紋理。後翅中室端有細小銀白色鉤狀紋。緣毛白色而於翅脈端呈暗褐色。

生態習性 Behaviors

多世代性蝶種。棲息在山地冷涼地區，成蝶吸食腐果、樹液，亦會吸食花蜜。以成蝶態休眠越冬。

雌、雄蝶之區分 Distinctions between sexes

外觀上難以區別雌雄。雄蝶前足跗節被長毛、末端尖銳；雌蝶前足跗節疏被毛、末端具成對之棘狀構造。

近似種比較 Similar species

在臺灣地區與本種類似者僅有黃鉤蛺蝶。本種前翅背面CuA_1室基部有黑斑、中室基部無黑斑；後翅背面外側黑斑內無藍白紋；後翅M_3脈末端突起呈指狀；翅脈端突起鈍。

分布 Distribution	棲地環境 Habitats	幼蟲寄主植物 Larval hostplants
在臺灣地區分布於臺灣本島低、中海拔地區。臺灣以外廣泛分布於歐亞大陸溫帶地區，包括日本、朝鮮半島、西伯利亞、庫頁島、中國大陸、中亞、中東、歐洲、北非等地區。	常綠闊葉林、常綠落葉闊葉混生林等。	榆科 Ulmaceae 的櫸木 *Zelkova serrata*、阿里山榆 *Ulmus uyematsui* 等。取食部位是新芽、幼葉。

22~30mm

1 2 3 4 5 6 7 8 9 10 11 12

300~3500m

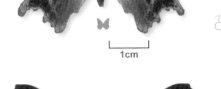

110%

1cm ♂

1cm ♀

櫸木新芽上之突尾鉤蛺蝶卵*Polygonia c-album asakurai* on *Zelkova serrata*（桃園縣復興鄉巴陵，550m，2010.02.23.）。

變異 Variations	豐度／現狀 Status	附記 Remarks
低溫期個體翅形輪廓凹凸程度較高溫期個體明顯。	一般數量不多。	本種的分布樣式奇特，遠距隔離分布於西歐及亞洲。西歐的族群若非長距離遷移的結果，便是孑遺族群，目前尚無定論。

黃鉤蛺蝶

Polygonia c-aureum lunulata Esaki & Nakahara

▎模式產地：*c-aureum* Linnaeus, 1758：廣東；*lunulata* Esaki & Nakahara, 1924：臺灣。

英 文 名	Golden-C Comma
別　　名	黃蛺蝶、葎胥

形態特徵 Diagnostic characters

　　雌雄斑紋相似。軀體背側呈黃色，腹側黃白色或褐色。前翅近三角形，前緣呈弧形，外緣因翅脈端均突出而略作鋸齒狀，M_1脈末端明顯向外突出成角狀，CuA_1脈末端亦突出成角狀。後翅近扇形，外緣亦因翅脈端均突出而作鋸齒狀，M_3脈末端向外突出成角狀。翅背面底色黃色，上綴許多黑色斑點與線紋。沿外緣有重線紋，翅面黑色斑點作曲線排列，外側斑內多有藍白紋。中室端及中室內另有數只黑斑。翅腹面底色黃色、黃褐色或紅褐色，表面有濃淡不一的暗褐色斑紋。後翅中室端有細小銀白色鉤狀紋。緣毛白色而於翅脈端呈暗褐色。

生態習性 Behaviors

　　多世代性蝶種。成蝶棲息在寄主植物蔓生的荒地及空曠處，嗜吸食腐果、樹液及花蜜。幼蟲有綴葉造巢習性。

雌、雄蝶之區分 Distinctions between sexes

　　外觀上難以區別雌雄。雄蝶前足跗節被長毛、末端尖銳；雌蝶前足跗節疏被毛、末端具成對之棘狀構造。

近似種比較 Similar species

　　在臺灣地區與本種類似者僅有突尾鉤蛺蝶。本種前翅背面CuA_1室基部無黑斑、中室基部有黑斑；後翅背面外側黑斑內有藍白紋；後翅M_3脈末端突起為一小尖角而不呈指狀；翅脈端突起尖銳。

分布 Distribution

在臺灣地區廣泛分布於臺灣本島平地至中海拔地區，南部低地較少見。離島蘭嶼與澎湖亦有記錄。外島馬祖亦有發現。臺灣以外分布於東亞廣大地區，包括西伯利亞、中國大陸、西伯利亞東部、朝鮮半島、日本、中南半島北部等地區。

棲地環境 Habitats

常綠闊葉林、都市林、荒地等。

幼蟲寄主植物 Larval hostplants

大麻科Cannabaceae之葎草*Humulus scandens*。取食部位是葉片。

24~30mm

0~1000m

110%

♂

1cm

♀

1cm

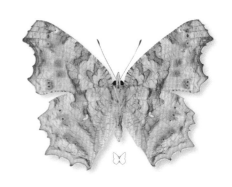

變異 Variations	豐度／現狀 Status	附記 Remarks
低溫期個體翅形輪廓凹凸程度較高溫期個體明顯、翅面色調較暗且黑色斑紋較減退、模糊。	本種是在臺灣地區中、北部低地常見種，南部較少見。	在馬祖地區發現之本種族群應當屬於指名亞種，但臺灣亞種與指名亞種間無甚差異。

低溫期（乾季型）

110%

1cm

♂

♀

1cm

黃鉤蛺蝶幼蟲Larvae of *Polygonia c-aureum lunulata*（臺南市永康區三崁店，2010.01.22.）。

琉璃蛺蝶屬 *Kaniska* Moore, [1899]

模式種 Type Species | *Papilio canace* Linnaeus, 1763，即琉璃蛺蝶
Kaniska canace（Linnaeus, 1763）。

形態特徵與相關資料 Diagnosis and other information

中型蛺蝶。複眼被毛。雄蝶前足跗節被長毛，雌蝶則否。翅緣輪廓凹凸不平，前翅於M_1脈末端向外側突出呈鉤狀或角狀，CuA_2脈末端亦突出；後翅於M_3脈末端有指狀突起。翅背面底色黑色，上有藍色或淺藍色帶紋。翅腹面紋路彷彿木頭紋理。中室開放。幼蟲體表具棘刺。

形態特徵與蛺蝶屬*Nymphalis*基本相同，部分研究者認為可併入該屬。

本屬僅有1種，主要分布於東洋區，但延伸入舊北區東端。

偏好棲息於林緣。成蝶訪花性、吸食腐果及樹液等。

寄主植物包括為菝葜科Smilacaceae及百合科Liliaceae科植物。

唯一代表種在臺灣地區有分布。

• *Kaniska canace drilon*（Fruhstorfer, 1908）（琉璃蛺蝶）

　　檢索表請參見鉤蛺蝶屬。

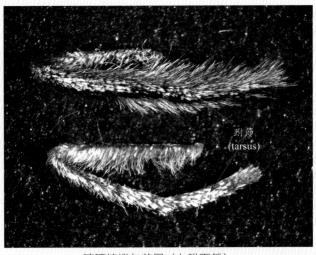

跗節
(tarsus)

琉璃蛺蝶左前足（上雄下雌）

琉璃蛺蝶

Kaniska canace drilon (Fruhstorfer)

▍模式產地：*canace* Linnaeus, 1763：廣東；*drilon* Fruhstorfer, 1908：臺灣。

英 文 名	Blue Admiral
別　　名	藍帶蝶、菝契胥

形態特徵 Diagnostic characters

　　雌雄斑紋相似。軀體背側呈黑褐色，腹側褐色。前翅近三角形，前緣呈弧形，外緣因翅脈端均突出而略作鋸齒狀，M_1脈末端明顯向外突出成角狀，CuA_1脈末端亦突出。後翅近三角形，外緣亦因翅脈端均突出而作鋸齒狀，M_3脈末端向外突出成指狀。翅背面底色黑褐色，前、後翅中央偏外側各有一鮮明之淺藍色帶紋。前翅中室端外側有一同色短帶，其外側近翅頂處有白色短紋。翅腹面花紋複雜，主要由褐色或黃褐色為主，而內側有暗褐色帶斑，翅面並綴有藍色、白色、褐色細紋，形成之圖案類似木頭紋理。緣毛暗褐色。

偶產蝶：蘭嶼產日本南西諸島亞種個體

90%

1cm

分布 Distribution	棲地環境 Habitats	幼蟲寄主植物 Larval hostplants
在臺灣地區分布於臺灣本島低、中海拔地區。離島綠島、蘭嶼、基隆嶼、彭佳嶼、龜山島及外島金門亦有記錄。臺灣以外廣泛分布於東洋區各地，並向北涵蓋日本、朝鮮半島、中國大陸東北部等舊北區東端地域。	常綠闊葉林、常綠落葉闊葉混生林等。	菝葜*Smilax china*等菝葜科Smilacaceae之菝葜屬植物及百合科Liliaceae之臺灣油點草*Tricyrtis formosana*。取食部位是葉片。

28~37mm

1 2 3 4 5 6 7 8 9 10 11 12

3000
2000
1000
0

0~2500m

生態習性 Behaviors

多世代性蝶種。成蝶吸食腐果、樹液，亦會吸食花蜜。以成蝶態休眠越冬。

雌、雄蝶之區分 Distinctions between sexes

外觀上難以區別雌雄。雄蝶前足跗節末端尖銳；雌蝶前足跗節末端具成對之棘狀構造。

近似種比較 Similar species

本種翅形與鉤蛺蝶屬及蛺蝶屬相似，但翅面底色深及翅背面獨特之藍色帶紋足以作區分。

90%

1cm

1cm

變異 Variations	豐度／現狀 Status	附記 Remarks
高溫期個體翅背面藍色帶紋較狹窄。翅腹面斑紋色彩深淺多變化。	目前數量尚多。	部分研究者認為臺灣的族群與指名亞種並無不同，因此可以併入指名亞種。蘭嶼雖曾有本種紀錄，但顯然沒有常駐族群，而且所發現之部分個體特徵與分布於日本南西諸島的亞種ssp. *ishima*（Frunstorfer, 1899）（模式產地：石垣島）吻合，本書提供2003年6月14日於蘭嶼採集的雄蝶個體供參考。

蛺蝶屬

Nymphalis Kluk, 1802

模式種 Type Species | *Papilio polychloros* Linnaeus, 1758，即大緋蛺蝶 *Nymphalis polychloros*（Linnaeus, 1758）。

形態特徵與相關資料 Diagnosis and other information

中型蛺蝶。複眼密被毛。雄蝶前足跗節被長毛，雌蝶則否。翅緣輪廓凹凸不平，前翅於M_1脈末端向外側突出呈鉤狀或角狀，CuA_2脈末端亦突出；後翅於M_3脈末端有指狀突起。翅背面底色黃褐色，上有黑褐色斑紋。下唇鬚、腹部腹面、前翅腹面近前緣及後翅腹面處有剛強針狀構造。中室開放。幼蟲體表具棘刺。

本屬有4種，分布於全北區。

偏好棲息於林緣。成蝶吸食腐果及樹液，有時也訪花等。

寄主植物包括為榆科Ulmaceae、楊柳科Salicaceae、樺木科Betulaceae等植物。

臺灣地區有一種。

· *Nymphalis xanthomelas formosana*（Matsumura, 1925）（緋蛺蝶）

檢索表請參見鉤蛺蝶屬。

緋蛺蝶*Nymphalis xanthomelas formosana*（桃園縣復興鄉巴陵，2011.05.04.）。

緋蛺蝶 特有亞種

Nymphalis xanthomelas formosana (Matsumura)

▌模式產地：*xanthomelas* [Denis & Schiffermüller], 1775：奧地利；*formosana* Matsumura, 1925：臺灣。

英 文 名	Yellow-legged Tortoiseshell
別 名	朱蛺蝶

形態特徵 Diagnostic characters

雌雄斑紋相似。軀體背側呈褐色，腹側褐色，中足、後足及腹部呈黃白色。前翅近三角形，前緣呈弧形，外緣因翅脈端均突出而略作鋸齒狀，M_1脈末端明顯向外突出成角狀，CuA_1脈末端亦突出。後翅近扇形，外緣亦因翅脈端均突出而作鋸齒狀，M_3脈末端向外突出成指狀。翅背面底色橙褐色，前、後翅外緣均有褐色帶紋，其內並有一些藍色紋。翅面有大小不等的黑褐色斑紋。翅腹面外半部淺褐色，內半部暗褐色，外緣亦有深色帶紋，其內側有藍灰色。緣毛暗褐色。

生態習性 Behaviors

一年一世代蝶種。成蝶吸食腐果、樹液，亦會吸食花蜜。以成蝶態休眠越冬。卵聚產成塊，幼蟲有聚集性。

雌、雄蝶之區分 Distinctions between sexes

由翅紋難以區別雌雄。雄蝶前足跗節末端尖；雌蝶前足跗節末端具成對之棘狀構造。

近似種比較 Similar species

本種與鉤蛺蝶屬蝶種略為相似，但體型較大，且後翅腹面中室端無銀白色鉤形紋。

分布 Distribution	棲地環境 Habitats	幼蟲寄主植物 Larval hostplants
在臺灣地區分布於臺灣本島低、中海拔地區。臺灣以外廣泛分布於歐亞大陸各地，由西歐到日本均有之。	常綠闊葉林、常綠落葉闊葉混生林、針葉林等。	榆科Ulmaceae的櫸木 *Zelkova serrata*。取食部位是葉片。

29~36mm

0~3000m

90%

1cm

1cm

♂

♀

蛺蝶科

蛺蝶屬

變異 Variations	豐度／現狀 Status	附記 Remarks
不顯著。	一般數量不多。	本種的越冬個體於早春出現，隨即產卵，孵化的幼蟲充分成長、化蛹後於初夏羽化，活動月餘後即行休眠而消失無蹤。

盛蛺蝶屬

Symbrenthia Hübner, [1819]

模式種 Type Species | *Symbrenthia hippocle* Hübner, [1819]，該分類單元被視為盛蛺蝶 *Symbrenthia hippoclus*（Cramer, 1779）之同物異名。

形態特徵與相關資料 Diagnosis and other information

中小型蛺蝶。複眼密被毛。雄蝶前足跗節被毛，雌蝶則否。後翅於 M_3 脈末端有尖角狀突起。翅背面底色黑褐色，上有黃色斑點與條紋；翅腹面底色黃色，上綴黑色或紅褐色斑紋及線紋。前翅中室封閉，後翅中室開放。幼蟲體表具棘刺。

本屬與分布於舊北區的蛛蛺蝶屬 *Araschnia* Hübner, [1819]及澳洲區的擬蛺蝶屬 *Mynes* Boisduval, 1832 近緣。

本屬約有13種，分布於東洋區及澳洲區。

棲息於森林及林緣。成蝶有訪花性，也吸食腐果。雄蝶有溼地吸水習性。

寄主植物為蕁麻科Urticaceae植物。

臺灣地區有兩種。

· *Symbrenthia lilaea formosanus* Fruhstorfer, 1908（散紋盛蛺蝶）

· *Symbrenthia hypselis scatinia* Fruhstorfer, 1908（花豹盛蛺蝶）

花豹盛蛺蝶*Symbrenthia hypselis scatinia* （南投縣仁愛鄉惠蓀林場，700m，2012.02.20.）。

臺灣地區
檢索表
盛蛺蝶屬

Key to species of the genus *Symbrenthia* in Taiwan

❶ 翅腹面斑紋由紅褐色斑紋及線紋組成複雜紋路.............. *lilaea*（散紋盛蛺蝶）
　 翅腹面斑紋由黑色斑紋及線紋組成豹紋狀碎斑........ *hypselis*（花豹盛蛺蝶）

散紋盛蛺蝶

 特有亞種

Symbrenthia lilaea formosanus Fruhstorfer

▎模式產地：*lilaea* Hewitson, 1864：印度；*formosanus* Fruhstorfer, 1908：臺灣。

英 文 名	Common Jester
別　　名	黃三線蝶

形態特徵 Diagnostic characters

　　雌雄斑紋相似。軀體背側呈黑褐色，於腹部有橙黃色細環紋，腹側黃色或黃白色。前翅近三角形，前緣呈弧形，外緣中段略凹入。後翅近三角形，外緣因翅脈端突出而略呈鋸齒狀，M_3脈末端向外突出成尖角狀。翅背面底色黑褐色，前、後翅有橙黃色條紋及斑點成帶狀排列，最前方者由前翅中室基延伸至M_3室基部，於中室近端部常分斷；第二道帶紋由前翅外側斑紋及後翅基部條紋構成；最後一條則為後翅外側之條帶。前翅翅端附近有數只大小不等之橙黃色斑紋。翅腹面底色黃色，後翅後側黯淡，翅面有由紅褐色斑紋及線紋組成之繁複花紋。緣毛暗褐色。

生態習性 Behaviors

　　多世代性蝶種。成蝶有訪花性，亦會吸食腐果、樹液。以幼蟲態休眠越冬。

雌、雄蝶之區分 Distinctions between sexes

　　雌蝶翅腹面底色及翅背面斑紋均較雄蝶色淺，且前翅中室之條紋分斷不明顯。

近似種比較 Similar species

　　在臺灣地區本種與花豹盛蛺蝶最相似，但花豹盛蛺蝶後翅腹面斑紋為有黑色豹紋狀花紋，本種則為紅褐色線紋。花豹盛蛺蝶翅背面三條帶紋連續而不分斷，本種帶紋則較為破碎、分散。

分布 Distribution	棲地環境 Habitats	幼蟲寄主植物 Larval hostplants
在臺灣地區分布於臺灣本島低、中海拔地區，龜山島亦有記錄。馬祖地區分布者屬於不同亞種。臺灣以外廣泛分布於東洋區各地。	常綠闊葉林、常綠落葉闊葉混生林、海岸林等。	蕁麻科Urticaceae的青苧麻 *Boehmeria nivea*、密花苧麻 *B. densiflora*、臺灣苧麻 *B. formosana*、柄果苧麻 *B. blinii*、水麻 *Debregeasia orientalis*、水雞油 *Pouzolzia elegans*等。取食部位是葉片。

19~28mm

0~2500m

蛺蝶科

盛蛺蝶屬

120%

♂

1cm

♀

1cm

變異 Variations	豐度／現狀 Status	附記 Remarks
翅背面橙黃色斑紋大小及帶紋粗細富個體變異。	目前數量尚多。	棲息在馬祖地區的本種族群前翅中室條帶連續而不分斷，翅背面橙黃色斑帶較寬，屬於華南亞種ssp. *lunica* Bascombe, Johnston & Bascombe, 1999（*Papilio lucina* Stoll, [1781]之替代名）（模式產地：華南）。特徵符合該亞種之族群近年已進入臺灣本島及日本南西諸島並成功立足，其與臺灣原生亞種間之相互影響有待進一步研究。

華南亞種

120%

1cm

♂

♀

1cm

散紋盛蛺蝶*Symbrenthia lilaea formosanus*（桃園縣復興鄉萱源，1000m，2008.10.21.）。

花豹盛蛺蝶

 特有亞種

Symbrenthia hypselis scatinia Fruhstorfer

▎模式產地：*hypselis* Godart, 1824：爪哇；*scatinia* Fruhstorfer, 1908：臺灣。

英 文 名	Himalayan Jester
別　　名	姬黃三線蝶

形態特徵 Diagnostic characters

雌雄斑紋相似。軀體背側呈黑褐色，於腹部有橙色細環紋，腹側黃色。前翅近三角形，前緣呈弧形，外緣中段略凹入。後翅近三角形，外緣因翅脈端突出而略呈鋸齒狀，M₃脈末端向外突出成尖角狀。翅背面底色黑褐色，前、後翅有橙色條紋成帶狀排列，最前方者由前翅中室基延伸至 M₃ 室基部；第二道帶紋由前翅外側短條及後翅內側條紋構成；最後一條則為後翅外側之條帶。前翅翅端附近有一橙色橫帶。翅腹面底色黃色，上有不規則橙色紋，翅面有由黑色碎紋形成之豹紋狀花紋。緣毛暗褐色。

生態習性 Behaviors

多世代性蝶種。成蝶有訪花性，亦會吸食腐果、樹液。以幼蟲態休眠越冬。

雌、雄蝶之區分 Distinctions between sexes

雌蝶翅幅明顯較雄蝶寬闊，雄蝶翅背面橙黃色斑紋色調較深。

近似種比較 Similar species

在臺灣地區本種與散紋盛蛺蝶最相似，本種通常較小型，後翅腹面斑紋有黑色豹紋狀花紋。且翅背面帶紋連續而不分斷，均足以辨識本種。

分布 Distribution	棲地環境 Habitats	幼蟲寄主植物 Larval hostplants
在臺灣地區分布於臺灣本島低、中海拔地區，龜山島亦有記錄。臺灣以外分布於華南、華西南、喜馬拉雅、北印度、中南半島、巽他陸塊等地區。	常綠闊葉林。	蕁麻科Urticaceae的冷清草 *Elatostema lineolatum*、闊葉樓梯草 *E. platyphylloides*、赤車使者 *Pellionia radicans* 等。取食部位是葉片。

20~23mm

0~2000m

130%

1cm

♂

1cm

♀

變異 Variations	豐度／現狀 Status	附記 Remarks
翅背面橙黃色斑紋形狀、帶紋粗細富個體變異。翅腹面橙色紋發達程度多變。	目前數量尚多。	與散紋盛蛺蝶相較，本種偏好棲息在潮溼、陰暗的場所。

幻蛺蝶屬 *Hypolimnas* Hübner, [1819]

模式種 Type Species | *Papilio pipleis* Linnaeus, 1758，該分類單元被視為係*Papilio pandarus* Linnaeus, 1758[即連珠幻蛺蝶*Hypolimnas pandarus*（Linnaeus, 1758）]之同物異名。

形態特徵與相關資料 Diagnosis and other information

中、大型蛺蝶。複眼光滑。下唇鬚光滑。雄蝶前足跗節短小、癒合，雌蝶則修長、分節。翅背面底色黑褐色，上常具能隨特定光線角度閃現藍紫色金屬光澤之斑紋。軀體底色黑而上有白色斑點。前、後翅中室均封閉。幼蟲體表具棘刺。

本屬有明顯的雌雄異型性，雌蝶常被認為與斑蝶類有擬態關係。

本屬約有30種，主要分布於舊世界熱帶，包括非洲區、東洋區、澳洲區。其中一種分布延伸至美洲，被懷疑是人為因素造成之移入。

棲息於森林、林緣、海邊、農園等環境。成蝶有訪花性，也吸食腐果。

寄主植物包括旋花科Convolvulaceae、錦葵科Malvaceae、菊科Asteraceae、蕁麻科Urticaceae、馬齒莧科Portulacaceae、莧科Amaranthaceae、爵床科Acanthaceae、車前科Plantaginaceae、蓼科Polygonaceae、茜草科Rubiaceae等植物。

臺灣地區有三種。

- *Hypolimnas misippus misippus*（Linnaeus, 1764）（雌擬幻蛺蝶）
- *Hypolimnas bolina kezia*（Butler, 1877）（幻蛺蝶）
- *Hypolimnas anomala anomala*（Wallace, 1869）（端紫幻蛺蝶）

臺灣地區 檢索表 幻蛺蝶屬

Key to species of the genus *Hypolimnas* in Taiwan

❶ 後翅腹面Sc+R_1室中央有一黑色斑紋 .... *misippus*（雌擬幻蛺蝶）

後翅腹面Sc+R_1室中央無黑色斑紋 .... ❷

❷ 後翅腹面Sc+R_1室內僅有一白斑或無白斑 .... *bolina*（幻蛺蝶）

後翅腹面Sc+R_1室內有兩白斑 .... *anomala*（端紫幻蛺蝶）

雌擬幻蛺蝶

Hypolimnas misippus misippus (Linnaeus)

▌模式產地：*misippus* Linnaeus, 1764：" 美洲"（可能是亞洲的爪哇或中南美的Surinam蘇里南，或是Virgin Islands維爾京群島）。

英 文 名	Danaid Egg-fly
別　　名	雌紅紫蛺蝶、擬阿檀斑蛺蝶、金斑蛺蝶

形態特徵 Diagnostic characters

　　雌雄斑紋明顯相異。軀體背側暗褐色，腹側於胸部呈紅褐色，腹部黑褐色，上綴許多白點。前翅近三角形，翅端突出而呈圓弧形；前緣呈弧形。後翅近扇形，外緣略呈鋸齒狀。翅背面底色於雄蝶呈黑褐色，於前翅中央偏外側有一白色橢圓斑，近翅端處有一白色橢圓形小斑，後翅中央有一白色圓斑，邊緣均泛藍紫色。雌蝶背面大部分呈橙黃色，僅翅脈處呈黑色；前翅外側呈黑褐色而內有一鮮明白色斜帶，近翅端處亦有一白色小斑；後翅Sc+R$_1$室中央有一黑色圓斑。雌、雄蝶之前、後翅沿外緣均可有白色重點列，但在雄蝶常消退。雄蝶翅腹面大部分呈淺黃褐色，白斑較翅背面更發達，後翅中央有一寬白帶，沿外緣白色重點列鮮明。雌蝶翅腹面斑紋類似翅背面而黑色部分更少。雌、雄蝶均於Sc+R$_1$室中央有一小黑紋，雌蝶中室端另有一黑紋。緣毛白色而於翅脈端呈黑色。

生態習性 Behaviors

　　多世代性蝶種。成蝶有訪花性，亦會吸食腐果及其他腐敗物。

雌、雄蝶之區分 Distinctions between sexes

　　雌雄二型性極其顯著，雄蝶翅紋與幻蛺蝶類似，雌蝶則類似金斑蝶，容易區分。

分布 Distribution

在臺灣地區主要分布於臺灣本島低海拔地區，離島龜山島、蘭嶼、綠島、澎湖以及外島馬祖、金門等地區亦有發現記錄。臺灣以外分布廣泛，呈世界熱帶性分布，包括北美洲西印度群島、佛羅里達、南美洲東北部、非洲大陸中南部、阿拉伯半島西南隅、南亞、東南亞、澳大利亞、新幾內亞等地區。

棲地環境 Habitats

常綠闊葉林、海岸林、農田、菜園等。

幼蟲寄主植物 Larval hostplants

主要以馬齒莧科Portulacaceae之馬齒莧*Portulaca oleracea*為幼蟲寄主，亦有利用車前科Plantaginaceae之車前草*Plantago asiatica*之記錄。利用部位為葉片。

蛺蝶科

幻蛺蝶屬

近似種比較 Similar species

　　本種雄蝶與幻蛺蝶較相像，翅腹面底色較淺而後翅白帶通常較寬。雌蝶與金斑蝶頗為類似，但本種翅脈泛黑色、外緣有白色重點列、前翅腹面中室前側有三枚白斑點等特徵均足以區分。

1cm

75%

♂

1cm

♀

變異　Variations	豐度／現狀　Status	附記　Remarks
缺乏地理變異，但是斑紋常有個體變異。雄蝶偶爾在前翅背面有少許紅紋。	過去在臺灣地區十分常見，但近年數量明顯減少。	本種的雌蝶形態被認為是對斑蝶亞科之金斑蝶的良好擬態。

幻蛺蝶

Hypolimnas bolina kezia (Butler)

▌模式產地：*bolina* Linnaeus, 1758："印度"(爪哇?)；*kezia* Butler, 1877：臺灣。

英 文 名	Great Egg-fly
別　　名	琉球紫蛺蝶、幻紫斑蛺蝶

形態特徵 Diagnostic characters

雌雄斑紋相異。軀體黑褐色，腹側有許多白點。前翅近三角形，翅端呈圓弧形；前緣呈弧形，外緣中段略凹入。後翅近圓形，外緣略呈鋸齒狀。翅背面底色黑褐色，雄蝶於前翅外側有一藍紫色斜帶，內有模糊白紋，翅端附近另有小白紋，於後翅中央有一藍紫色圓斑，內亦有模糊白紋。雌蝶背面斑紋依不同型而異，有具藍紫色光澤、白斑、紅斑者。翅腹面底色褐色，通常沿外緣有白紋，其內側有白色點列，前翅外側多有一斜白帶。後翅中央亦常有一白色帶紋。緣毛黑白相間。

生態習性 Behaviors

世代性蝶種。成蝶有訪花性，亦會吸食腐果、樹液。

雌、雄蝶之區分 Distinctions between sexes

雄蝶前翅有白色斜帶，後翅有接近圓形的白紋，兩者均鑲有帶金屬光澤之藍紫色紋，雌蝶斑紋變化大，不過各種斑紋形式均與雄蝶不同。

近似種比較 Similar species

在臺灣地區與本種最相似的種類是端紫幻蛺蝶，本種通常體型較大、軀體較粗壯。本種後翅腹面 $Sc+R_1$ 室內僅有一白紋，端紫幻蛺蝶則有兩只白紋。

分布 Distribution

在臺灣地區分布於臺灣本島低、中海拔地區，離島龜山島、基隆嶼、蘭嶼、綠島、澎湖以及外島馬祖、金門、東沙島、太平島等地區亦有發現。臺灣以外廣泛分布於東洋區各地、澳洲區北部，向西遠及非洲馬達加斯加。

棲地環境 Habitats

常綠闊葉林、海岸林、農田、菜園等。

幼蟲寄主植物 Larval hostplants

旋花科Convolvulaceae之甘藷*Ipomoea batatas*、蕹菜*I. aquatica*、海牽牛*I. gracilis*；錦葵科Malvaceae之金午時花*Sida rhombifolia*及賽葵*Malvastrum coromandelianum*；菊科Asteraceae之金腰箭*Synedrella nodiflora*；莧科Amaranthaceae之紫莖牛膝*Achyranthes aspera* var. *rubro-fusca* 等植物。利用部位為葉片。

蛺蝶科

幻蛺蝶屬

65%

1cm

♂

1cm

♀

紫莖牛膝上的幻蛺蝶幼蟲Larva of *Hypolimnas bolina* on *Achyranthes aspera* var. *rubrofusca*（臺東縣蘭嶼鄉蘭嶼，2012.04.10.）。

變異 Variations	豐度／現狀 Status	附記 Remarks
族群內及族群間變異均著，但許多型可能源自臺灣以外地區，請參照附記之討論。	目前數量尚多。	本種的地理變異與多型性很顯著，尤其是雌蝶。臺灣原生亞種被認為特徵是在翅背面有藍紫色光澤而白斑不發達者。然而，在臺灣各地，尤其是南部地區及蘭嶼、龜山島等離島常發現特徵符合其他地區亞種之個體。翅背面有藍紫色斑而前翅白帶十分鮮明者特徵與菲律賓地區之亞種ssp. *philippensis* Butler, 1874（模式產地：菲律賓）

「菲律賓型」

65%

♂

1cm

「大陸型」

♀

1cm

「紅斑型」

♀

1cm

相符，前翅有鮮明紅斑者多見於南洋分布之指名亞種ssp. *bolina*，而翅面缺乏藍紫色光澤而後翅外緣有寬闊白帶者則主要見於亞洲大陸的亞種ssp. *jacintha*（Drury, 1773）（模式產地：印度）。由於各亞種的族群內斑紋變異也頗豐富，有些作者傾向於將擁有上述特徵者稱為「型」。這些個體疑係源自藉由季風或氣流自不同地域遷飛而來的個體，而且可能相互雜交產生各式中間型個體。本書所圖示的這些不符臺灣亞種特徵之個體，包括「菲律賓型」（臺東縣蘭嶼四道溝，2003年9月28~29日）、「大陸型」（臺東縣蘭嶼四道溝，1989年8月27日）及「紅斑型」（宜蘭縣頭城鄉龜山島，2006年3月4~5日）。

本種常被稱為「琉球紫蛺蝶」，不過在日本的沖繩地區本種係屬偶產蝶（迷蝶），並非常駐蝶種。

端紫幻蛺蝶

Hypolimnas anomala anomala (Wallace)

▌模式產地：*anomala* Wallace, 1869：馬來西亞。

英 文 名	Malayan Egg-fly

別　　名	八重山紫蛺蝶、畸紋紫斑蛺蝶

形態特徵 Diagnostic characters

　　雌雄斑紋相異。軀體黑褐色，腹側有許多白點。前翅近三角形，翅端呈圓弧形；前緣呈弧形，外緣中段略凹入。後翅近扇形，外緣略呈波狀。翅背面底色黑褐色，沿外緣有細小白點列，其內側有明顯白點列。後翅常泛紅褐色。雌蝶前翅有強烈之藍色金屬光澤。雌、雄蝶均可能於後翅有白色帶紋，前翅翅端也可能有白紋。翅腹面底色褐色，沿外緣有類似翅背面之白點列，後翅Sc+R$_1$室近中央位置有一白紋。前翅翅端也常有白紋。緣毛黑白相間。

生態習性 Behaviors

　　多世代性蝶種。成蝶有訪花性。雌蝶將卵粒於葉背成片產下形成大卵塊，產完後並停棲其上守護。

雌、雄蝶之區分 Distinctions between sexes

　　雌蝶前翅背面有強烈藍色金屬光澤，雄蝶則否。

近似種比較 Similar species

　　在臺灣地區與本種最相似的種類是幻蛺蝶，本種通常軀體較纖細，在後翅腹面Sc+R$_1$室內有內側大、外側小之兩白紋，幻蛺蝶則僅有一白紋。

分布 Distribution	棲地環境 Habitats	幼蟲寄主植物 Larval hostplants
在臺灣地區主要見於臺東綠島，離島蘭嶼、外島太平島亦常有發現。臺灣本島偶有發現，主要在南臺灣。臺灣以外主要分布於巽他陸塊各地、小巽他列島、菲律賓及蘇拉威西等地區。	海岸林。	蕁麻科Urticaceae的落尾麻 *Pipturus arborescens*。利用部位為葉片。

29~46mm

0~100m

75%

♂

1cm

♂

♀

1cm

| 變異 | Variations | 豐度／現狀 | Status | 附記 | Remarks |

前翅翅端白紋富變異，由很鮮明到完全消失的情形都可見到。雄蝶後翅白紋多變異，由鮮明而呈帶狀至幾乎消失的個體都有之。

在臺灣地區目前僅於綠島數量較多。

除了臺東綠島以外，本種在臺灣其他地區似無常駐族群。蘭嶼時常有本種的觀察、採集記錄，但是並非經常性出現。另外，本種的別名「八重山紫蛺蝶」意指日本南部八重山群島地區，但本種在當地非常駐性蝶種，而是見於部分年分的偶產種（迷蝶）。

波蛺蝶屬 *Ariadne* Horsfield, [1829]

模式種 Type Species | *Papilio coryta* Cramer, [1776]，該分類單元被視為係*Papilio ariadne* Linnaeus, 1763 [即波蛺蝶 *Ariadne ariadne*（Linnaeus, 1763）]之同物異名。

形態特徵與相關資料 Diagnosis and other information

中型蛺蝶。複眼光滑。觸角細長。下唇鬚前指，第三節長。前翅Sc脈基部膨大。雄蝶前足密被毛，雌蝶則否。翅面底色通常呈褐色或紅褐色，上具波狀線紋，腹面色彩較淺。雄蝶前翅腹面有一片黑色具天鵝絨光澤之特化鱗，後翅背面具灰色性標。前、後翅中室均封閉。卵表密生長棘，幼蟲體表具棘刺。

本屬約有15種，分布於東洋區及非洲區。

棲息於林緣、草原、荒地、農園等環境。成蝶有訪花性。

寄主植物為大戟科Euphorbiaceae植物。

臺灣地區有一種。

· *Ariadne ariadne pallidior*（Fruhstorfer, 1899）（波蛺蝶）

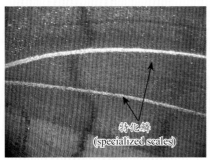

波蛺蝶雄蝶右後翅背面特化鱗

波蛺蝶雄蝶右後翅背面特化鱗放大圖（Sc+R₁脈）

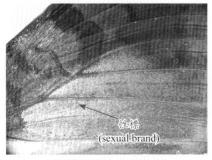

波蛺蝶雄蝶左前翅腹面

波蛺蝶雌蝶左前翅腹面

波蛺蝶

Ariadne ariadne pallidior (Fruhstorfer)

▌模式產地：*ariadne* Linnaeus, 1763：爪哇；*pallidior* Fruhstorfer, 1899：印度阿薩密。

英 文 名	Angled Castor
別　　名	樺蛺蝶、蓖麻蝶

形態特徵 Diagnostic characters

雌雄斑紋相近。軀體背側紅褐色，腹側於胸部呈黑褐色，腹部呈黃白色。前翅近三角形，前緣呈弧形，外緣因翅脈端均突出而略作波狀，M_1脈末端明顯向外突出成角狀，CuA_1脈末端亦突出。後翅近扇形，外緣明顯呈波狀。翅背面底色紅褐色，翅面有數道黑褐色彎曲的波狀線紋。前翅近翅端處有一白色小紋。翅腹面底色為泛紅色之褐色，上有暗褐色波狀線紋及帶紋，雄蝶於前翅腹面有一片黑灰色有光澤的特化鱗，後翅背面於$Sc+R_1$脈及M_1脈上有銀灰色特化鱗形成之性標。緣毛黑白相間。

生態習性 Behaviors

多世代性蝶種。成蝶有訪花性。

雌、雄蝶之區分 Distinctions between sexes

雌蝶缺少雄蝶翅背、腹面所具有的性標。雄蝶前足跗節癒合、無爪、被長毛，雌蝶前足跗節分節、具爪、無長毛。

近似種比較 Similar species

在臺灣地區無近似種。

分布 Distribution	棲地環境 Habitats	幼蟲寄主植物 Larval hostplants
在臺灣地區主要見於臺灣本島中、南部低地，北部少見。離島綠島、蘭嶼、龜山島、小琉球，外島金門、馬祖等地區亦時有發現。臺灣以外分布於華南、華西南、南亞、巽他陸塊各地、小巽他列島等地區。	常綠闊葉林、海岸林、荒地、河川沿岸。	大戟科Euphorbiaceae的蓖麻 *Ricinus communis*。利用部位為葉片。

26~29mm

1 2 3 4 5 6 7 8 9 10 11 12

3000
2000
1000
0

0~1000m

蛺蝶科

波蛺蝶屬

1cm ♂

110%

1cm ♀

變異 Variations	豐度／現狀 Status	附記 Remarks
不顯著。	在臺灣本島南部數量豐富，北部則不常見。	本種在臺灣地區目前之唯一已知幼蟲寄主植物蓖麻 *Ricinus communis* 並非臺灣原生植物，因此其在臺灣的族群起源尚有疑問。

環蛺蝶屬 *Neptis* Fabricius, 1807

模式種 Type Species | *Papilio aceris* Esper, [1783]，該分類單元現在被視為係*Papilio hylas* Linnaeus, 1758（即豆環蛺蝶 *Neptis hylas*（Linnaeus, 1758））之同物異名。

形態特徵與相關資料 Diagnosis and other information

中型蛺蝶。複眼光滑。觸角細長。雄蝶前足短小、跗節癒合，雌蝶則前足細長、跗節分節。翅形左右長、前後短。前翅R_2脈從中室端發出，後翅肩脈末端分岔。翅面底色呈黑褐色，上具白色、黃色或橙色帶紋，腹面底色彩較淺，斑紋較複雜。雄蝶前翅腹面後側及後翅背面前側有性標。前、後翅中室均開放。卵表密生短棘，幼蟲體表具稀疏棘刺。

本屬至少有110種，分布於非洲區、東洋區及澳洲區。

棲息於森林、林緣、草原、荒地、農園等各種環境。成蝶有訪花性，也會吸食死屍、糞便等腐敗物。

由於部分種類為多食性，因此寄主植物範圍很廣，包括薔薇科Rosaceae、大戟科Euphorbiaceae、無患子科Sapindaceae（包括原先的槭樹科Aceraceae）、朴樹科Celtidaceae、錦葵科Malvaceae、豆科Fabaceae、殼斗科Fagaceae、使君子科Combretaceae、鼠李科Rhamnaceae、蕁麻科Urticaceae、金絲桃科Hypericaceae、樺木科Betulaceae等植物。

臺灣地區已記錄之種類達16種，但其中單環蛺蝶（二線蝶）*Neptis rivularis*（Scopoli, 1763）（模式產地：奧地利）及提環蛺蝶（大黃色三線蝶）*N. thisbe* Ménétriès, 1859（模式產地：阿穆爾）在臺灣的記錄有疑問，本書暫不包含之。

- *Neptis hylas luculenta* Fruhstorfer, 1909（豆環蛺蝶）
- *Neptis sappho formosana* Fruhstorfer, 1908（小環蛺蝶）
- *Neptis soma tayalina* Murayama & Shimonoya, 1968（斷線環蛺蝶）
- *Neptis nata lutatia* Fruhstorfer, 1913（細帶環蛺蝶）
- *Neptis reducta* Fruhstorfer, 1908（無邊環蛺蝶）
- *Neptis taiwana* Fruhstorfer, 1908（蓬萊環蛺蝶）
- *Neptis noyala ikedai* Shirôzu, 1952（流紋環蛺蝶）
- *Neptis sankara shirakiana* Matsumura, 1929（眉紋環蛺蝶）

- *Neptis sylvana esakii* Nomura, 1935（深山環蛺蝶）
- *Neptis hesione podarces* Nire, 1920（蓮花環蛺蝶）
- *Neptis philyra splendens* Murayama, 1941（槭環蛺蝶）
- *Neptis philyroides sonani* Murayama, 1941（鑲紋環蛺蝶）
- *Neptis ilos nirei* Nomura, 1935（奇環蛺蝶）
- *Neptis pryeri jucundita* Fruhstorfer, 1908（黑星環蛺蝶）

野棉花上之豆環蛺蝶幼蟲 Larva of *Neptis hylas luculenta* on *Urena lobata*（臺南市東山區崁頭山，600m，2010.02.03.）。

蓬萊環蛺蝶幼蟲Larva of *Neptis taiwana*（新北市新店區七張，2011.03.21.）。

Key to species of the genus *Neptis* in Taiwan

❶ 前翅腹面中央斑帶內側向翅基方向無亞前緣斑 .... **❷**

前翅腹面中央斑帶內側向翅基方向有亞前緣斑 .... **❿**

❷ 後翅腹面基部無淡色紋 .... *taiwana*（蓬萊環蛺蝶）

後翅腹面基部有淡色紋 .... **❸**

❸ 後翅腹面基部無位於外側斑帶與內側斑帶間之淺色線 .... **❹**

後翅腹面基部有位於外側斑帶與內側斑帶間之淺色線 .... **❻**

❹ 後翅腹面M_2室中央無白斑 .... *noyala*（流紋環蛺蝶）

後翅腹面M_2室中央有白斑 .... **❺**

❺ 前翅M_3室白斑大於CuA_1室白斑 .... *philyra*（槭環蛺蝶）

前翅M_3室白斑小於CuA_1室白斑 .... *sankara*（眉紋環蛺蝶）

❻ 翅腹面底色黃褐色 .... *hylas*（豆環蛺蝶）

雄蝶翅腹面底色暗褐色 .... **❼**

❼ 後翅腹面沿外緣白線一條 .... *reducta*（無邊環蛺蝶）

後翅腹面沿外緣白線兩條 .... **❽**

❽ 後翅背面內側白帶幅度為外側白帶幅度2倍以上 .... *sappho*（小環蛺蝶）

後翅背面內側白帶幅度為外側白帶幅度2倍以下 .... **❾**

❾ 前翅M_3室白斑與CuA_1室白斑幅度約略相等 .... *soma*（斷線環蛺蝶）

前翅M_3室白斑幅度約為CuA_1室白斑一半 .... *nata*（細帶環蛺蝶）

❿ 前翅中室白條不分斷 .... **⓫**

前翅中室白條為數道黑線截斷 .... *pryeri*（黑星環蛺蝶）

⓫ 前翅M_3室白斑與CuA_1室白斑內緣約略切齊或消失 .... **⓬**

前翅M_3室白斑明顯向翅基延伸，內緣明顯超出CuA_1室白斑 .... **⓭**

⓬ 後翅腹面翅基附近無紋 .... *sylvana*（深山環蛺蝶）

後翅腹面翅基附近有斑駁暗色紋 .... *hesione*（蓮花環蛺蝶）

⓭ 前翅M_2室有白斑 .... *philyroides*（鑲紋環蛺蝶）

前翅M_2室無白斑 .... *ilos*（奇環蛺蝶）

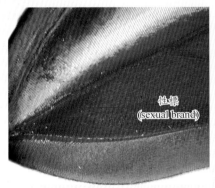

性標
(sexual brand)

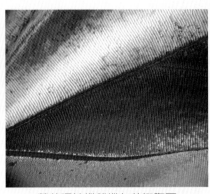

蓮花環蛺蝶雄蝶左前翅腹面 　　　　蓮花環蛺蝶雌蝶左前翅腹面

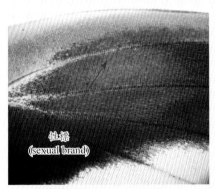

性標
(sexual brand)

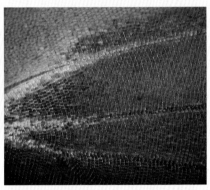

蓮花環蛺蝶雄蝶右後翅背面 　　　　蓮花環蛺蝶雄蝶右後翅背面放大圖

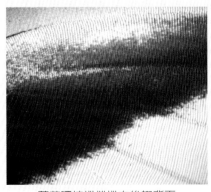

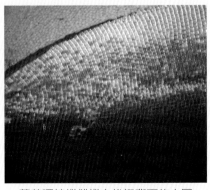

蓮花環蛺蝶雌蝶右後翅背面 　　　　蓮花環蛺蝶雌蝶右後翅背面放大圖

豆環蛺蝶

Neptis hylas luculenta (Fruhstorfer)

▌模式產地：*hylas* Linnaeus, 1758；廣東；*luculenta* Fruhstorfer, 1909；琉球。

英 文 名	Common Sailer
別　　名	中環蛺蝶、琉球三線蝶

形態特徵 Diagnostic characters

　　雌雄斑紋相似。軀體背側黑褐色、有虹彩狀金屬光澤，腹側白色。前翅近三角形，前緣、外緣略呈弧形，外緣翅脈端略突出而略作鋸齒狀。後翅近圓形，外緣翅脈端略突出而略作鋸齒狀。翅背面底色黑褐色，翅面有明顯的白色帶紋、條紋及斑點。前翅中室內有一白條，其末端截斷狀，近末端處另有一斷痕。白條外側有一白色眉形紋。白色中央斑列鮮明而作弧形排列。亞外緣有約略與外緣平行之白色點列。後翅內側與外側各有一白色帶紋，外側帶翅脈明顯覆黑褐色鱗而呈切割狀。翅腹面底色大部分為黃褐色，其上於翅背面白紋相應位置亦有白紋，此等白紋均鑲黑色細邊。後翅兩白帶間及外緣另有白線紋，外緣線紋雙重。後翅翅基處有兩道白色細條紋。雄蝶於後翅背面前緣附近具灰色及銀灰色性標。緣毛黑白相間。

生態習性 Behaviors

　　多世代性蝶種。成蝶有訪花性，也會吸食腐敗物與吸水。幼蟲會將葉片咬成連綴之碎片狀，形成簾狀構造。

雌、雄蝶之區分 Distinctions between sexes

　　雌蝶缺少雄蝶後翅背面側所具有的性標。雄蝶前足跗節癒合、被長毛，雌蝶則分節、疏被毛。

近似種比較 Similar species

　　棲息於臺灣地區的環蛺蝶中僅有本種與鑲紋環蛺蝶呈黃褐色，

分布 Distribution

在臺灣地區主要見於臺灣本島低、中海拔地帶。離島綠島、蘭嶼、龜山島、小琉球亦有發現，外島金門、馬祖地區分布之族群屬於指名亞種。臺灣以外分布於華南、華西南、南亞、巽他陸塊各地、小巽他列島等地區。

棲地環境 Habitats

常綠闊葉林、海岸林、荒地、河川沿岸。

但後者前翅中央斑帶向翅基方向有白色亞前緣斑、前翅中室白條呈棒 狀，外端無分離之眉形紋，而且與 M_3 室白斑相接。

高溫期（雨季型）

♂

1cm

♀

1cm

低溫期（乾季型）

1cm

♂

1cm

♀

蛺蝶科

環蛺蝶屬

豐度／現狀 Status　　**附記** Remarks

目前數量豐富。

Wang et al.（2003）認為臺灣產之本種與日本南西諸島所產者分屬不同類群，且應被視為獨立種，但是此一處理使豆環蛺蝶由亞洲大陸跳越臺灣而分布於日本南西諸島，從生物地理學角度看來頗不合理，本書暫持保留態度，仍視臺灣之族群為豆環蛺蝶。

小環蛺蝶

特有亞種

Neptis sappho formosana Fruhstorfer

▎模式產地：*sappho* Pallas, 1771：俄羅斯南部；*formosana* Fruhstorfer, 1908：臺灣。

英 文 名	Common Glider／Common Hill Sailor
別　　名	小環蛺蝶、小三線蝶

形態特徵 Diagnostic characters

雌雄斑紋相似。軀體背側黑褐色、有虹彩狀金屬光澤，腹側白色。前翅近三角形，前緣、外緣略呈弧形，外緣翅脈端略突出而略作鋸齒狀。後翅近扇形，外緣翅脈端略突出而略作鋸齒狀。翅背面底色黑褐色，翅面有明顯的白色帶紋、條紋及斑點。前翅中室內有一白條，其末端截斷狀，近末端處另有一模糊斷痕。白條外側有一白色眉形紋。白色中央斑列鮮明而作弧形排列。亞外緣有約略與外緣平行之白色點列。後翅內側與外側各有一白色帶紋，內側帶幅度為外側帶2倍以上，外側帶翅脈明顯覆黑褐色鱗而呈切割狀。翅腹面底色為暗褐色，其上於翅背面白紋相應位置亦有白紋。後翅兩白帶間及外緣另有白線紋，外緣線紋雙重。後翅翅基處有兩道白色細條紋。雄蝶於後翅背面前緣附近具灰色及銀灰色性標。緣毛黑白相間。

生態習性 Behaviors

多世代性蝶種。成蝶有訪花性，也會吸食腐敗物與吸水。幼蟲會將葉片咬成連綴之碎片狀，形成簾狀構造。

雌、雄蝶之區分 Distinctions between sexes

雌蝶缺少雄蝶後翅背面側所具有的性標。雄蝶前足跗節癒合、被長毛，雌蝶則分節、疏被毛。另外，雌蝶後翅外側白帶通常較雄蝶鮮明。

分布 Distribution	棲地環境 Habitats	幼蟲寄主植物 Larval hostplants
在臺灣地區主要見於臺灣本島低、中海拔地帶。離島龜山島亦有發現。蘭嶼也曾有記錄。臺灣以外分布於歐洲東南部、西伯利亞、中國大陸、北印度、中南半島、朝鮮半島、日本等地區。	常綠闊葉林。	豆科Fabaceae之葛藤*Pueraria lobata*、老荊藤*Milletia reticulata*；朴樹科Celtidaceae之糙葉樹*Aphananthe aspera*等。利用部位為葉片。

近似種比較 Similar species

　　棲息於臺灣地區的環蛺蝶中與本種相似者包括細帶環蛺蝶、斷線環蛺蝶與無邊環蛺蝶，但本種後翅背面內側白帶幅度與外側白帶幅度差較大，前者一般為後者2倍以上。

100%

♂

1cm

♀

1cm

變異　Variations	豐度／現狀　Status
後翅外側白帶粗細多個體變異。	有些棲地數量豐富，但一般個體數不多。

斷線環蛺蝶

Neptis soma tayalina Murayama & Shimonoya

▌模式產地：*soma* Moore, 1858；孟加拉；*tayalina* Murayama & Shimonoya, 1968；臺灣。

英 文 名	Sullied Glider／Cream-spotted Sailor
別 名	泰雅三線蝶、娑環蛺蝶、登立三線蝶、鈴木三線蝶

形態特徵 Diagnostic characters

雌雄斑紋相似。軀體背側黑褐色、有虹彩狀金屬光澤，腹側白色。腹側白色。前翅近三角形，前緣、外緣略呈弧形，外緣翅脈端略突出而略作鋸齒狀。後翅近扇形，外緣翅脈端略突出而略作鋸齒狀。翅背面底色黑褐色，翅面有明顯的白色帶紋、條紋及斑點。前翅中室內有一白條，其末端截斷狀。白條外側有一白色眉形紋。白色中央斑列鮮明而作弧形排列。亞外緣有約略與外緣平行之白色點列。後翅內側與外側各有一白色帶紋，外側帶翅脈明顯覆黑褐色鱗而呈切割狀。翅腹面底色為暗褐色，其上於翅背面白紋相應位置亦有白紋。後翅兩白帶間及外緣另有白線紋，外緣線紋雙重，外側線常於 M_3 脈兩側減退。後翅翅基處有兩道白色細條紋。雄蝶於後翅背面前緣附近具銀灰色及灰色性標。緣毛黑白相間。

生態習性 Behaviors

多世代性蝶種。成蝶有訪花性，也會吸食腐敗物與吸水。幼蟲會將葉片咬成連綴之碎片狀，形成簾狀構造。以幼蟲態休眠越冬。

雌、雄蝶之區分 Distinctions between sexes

雌蝶缺少雄蝶後翅背面側所具有的性標。雄蝶前足跗節癒合、被長毛，雌蝶則分節、疏被毛。

分布 Distribution	棲地環境 Habitats	幼蟲寄主植物 Larval hostplants
在臺灣地區主要見於臺灣本島低、中海拔地帶。外島馬祖亦有記錄，但屬於不同亞種。臺灣以外分布於華南、華西、北印度、中南半島等地區。	常綠闊葉林。	食性雜，可利用多種闊葉樹為寄主植物，如朴樹科Celtidaceae之石朴*Celtis formosana*；榆科Ulmaceae之阿里山榆*Ulmus uyematsui*；薔薇科Rosaceae之高粱泡*Rubus lambertianus*；八仙花科Hydrangeaceae之大葉溲疏*Peutzia pulchra*；清風藤科Sabiaceae之阿里山清風藤*Sabia transarianensis*；鼠李科Rhamnaceae之桶鉤藤*Rhamnus formosanus*、蕁麻科Urticaceae之水麻*Debregeasia orientalis*等。利用部位為葉片。

23~32mm

3000
2000
1000
0

200~2600m

近似種比較 Similar species

　　棲息於臺灣地區的環蛺蝶中與本種相似者包括細帶環蛺蝶、小環蛺蝶與無邊環蛺蝶，但本種後翅背面內側白帶明顯由前向後變窄、後翅腹面外緣外側線中段減退，老舊個體白斑泛黃綠色等特徵均足與近似種區分。

1cm

100%

♂

♀

1cm

變異 Variations	豐度／現狀 Status	附記 Remarks
翅腹面底色深淺多變化，後翅腹面外緣外側線中段減退程度多變化，偶有不減退之個體。另外在野外存活時間較久及較老舊的標本翅面白紋及白帶常帶黃綠色色調。	目前數量尚多。	馬祖地區的本種後翅腹面外緣外側線中段無減退傾向，特徵符合ssp. *shania* Evans, 1924（模式產地：緬甸），然而，Eliot (1969)指出該亞種特徵與原名亞種基本上一致。Bascombe et al.（1999）將於香港產之本種視為臺灣亞種，由於該族群後翅腹面外緣外側線亦無減退傾向，因此視為指名亞種或ssp. *shania* 較為合理，從而本書仍視*tayalina*為臺灣特有亞種。

細帶環蛺蝶 特有亞種

Neptis nata lutatia Fruhstorfer

蛺蝶科
環蛺蝶屬

┃模式產地：*nata* Moore, 1857；婆羅洲；*lutatia* Fruhstorfer, 1913；臺灣。

英 文 名｜Sullied Brown Glider

別　　名｜娜環蛺蝶、臺灣三線蝶、細環蛺蝶

形態特徵 Diagnostic characters

雌雄斑紋相似。軀體背側黑褐色、有虹彩狀金屬光澤，腹側白色。腹側白色。前翅近三角形，前緣、外緣略呈弧形，外緣翅脈端略突出而略作鋸齒狀。後翅近橢圓形，外緣翅脈端略突出而略作鋸齒狀。翅背面底色黑褐色，翅面有明顯的白色帶紋、條紋及斑點。前翅中室內有一白條，其末端截斷狀。白條外側有一白色眉形紋。白色中央斑列鮮明而作弧形排列，M_3室白斑特別小，幅度約為CuA_1室白斑1／2。亞外緣有約略與外緣平行之白色點列。後翅內側與外側各有一白色帶紋，外側帶翅脈明顯覆黑褐色鱗而呈切割狀。翅腹面底色為暗褐色，其上於翅背面白紋相應位置亦有白紋。後翅兩白帶間及外緣另有白線紋，外緣線紋雙重。後翅翅基處有兩道白色細條紋。雄蝶白紋通常較細小，而於後翅背面前緣附近具銀灰色及灰色性標。緣毛黑白相間。

生態習性 Behaviors

多世代性蝶種。成蝶有訪花性，也會吸食腐敗物與吸水。幼蟲會將葉片咬成連綴之碎片狀，形成簾狀構造。以幼蟲態休眠越冬。

雌、雄蝶之區分 Distinctions between sexes

雌蝶白斑通常較雄蝶發達、缺少雄蝶後翅背面側所具有的性標。雄蝶前足跗節癒合、被長毛，雌蝶則分節、疏被毛。

分布 Distribution

在臺灣地區主要見於臺灣本島低、中海拔地帶，離島龜山島及綠島亦有記錄。臺灣以外分布於海南、華西南、印度、喜馬拉雅、中南半島、巽他陸塊、小巽他群島等地區。

幼蟲寄主植物 Larval hostplants

食性雜，可利用多種闊葉樹為寄主植物，如朴樹科Celtidaceae之山黃麻*Trema orientalis*、糙葉樹*Aphananthe aspera*及石朴*Celtis formosana*；大戟科Euphorbiaceae之刺杜密*Bridelia insulana*；豆科Fabaceae之菲律賓紫檀*Pterocarpus vidalianus*、印度黃檀*Dalbergia sissoo*、水黃皮*Pongamia pinnata*、菊花木*Bauhinia championii*、葛藤*Pueraria lobata*、臺灣葛藤*P. montana*；馬鞭草科Verbenaceae之杜虹花*Callicarpa formosana*；使君子科Combretaceae之使君子*Quisqualis indica*；蕁麻科Urticaceae之青苧麻*Boehmeria nivea*等。利用部位為葉片。

23~33mm

3000
2000
1000
0

0~2000m

近似種比較 Similar species

　　棲息於臺灣地區的環蛺蝶中與本種相似者包括斷線環蛺蝶、小環蛺蝶與無邊環蛺蝶，但本種前翅M_3室白斑幅度約為CuA_1室白斑一半，其他種類則約略相等。另外，本種白色帶紋常顯得特別狹窄，但由於也可見到帶紋較粗的個體，因此此一特性僅能作為參考。

蛺蝶科

環蛺蝶屬

100%

1cm

♂

♀

1cm

棲地環境 Habitats	變異 Variations	豐度／現狀 Status	附記 Remarks
常綠闊葉林、都市林。	翅面白帶寬窄富個體變異。	目前數量尚多。	本種是臺灣地區的環蛺蝶中最適應都市環境的種類，都市內之荒地、公園、學校、庭院均能見其蹤影。

無邊環蛺蝶 特有種

Neptis reducta Fruhstorfer

┃模式產地：*reducta* Fruhstorfer, 1908：臺灣。

| 英 文 名 | Formosan Glider |

| 別　　名 | 寬紋三線蝶、清義三線蝶、回環蛺蝶 |

形態特徵 Diagnostic characters

　　雌雄斑紋相似。軀體背側黑褐色、有虹彩狀金屬光澤，腹側白色。前翅近三角形，前緣、外緣略呈弧形，外緣翅脈端略突出而略作鋸齒狀。後翅近橢圓形，外緣翅脈端略突出而略作鋸齒狀。翅背面底色黑褐色，翅面有明顯的白色帶紋、條紋及斑點。前翅中室內有一白條，其末端截斷狀。白條外側有一延長之白色眉形紋。白色中央斑列鮮明而作弧形排列。亞外緣有約略與外緣平行之白色點列。後翅內側與外側各有一白色帶紋，外側帶翅脈明顯覆黑褐色鱗而呈切割狀。翅腹面底色為暗褐色，其上於翅背面白紋相應位置亦有白紋。後翅兩白帶間及外緣另有白線紋，外緣線紋單一。後翅翅基處有兩道白色細條紋。雄蝶於後翅背面前緣附近具銀灰色及灰色性標。緣毛黑白相間。

生態習性 Behaviors

　　多世代性蝶種。成蝶有訪花性，也會吸食腐敗物與吸水。

雌、雄蝶之區分 Distinctions between sexes

　　雌蝶缺少雄蝶後翅背面側所具有的性標。雄蝶前足跗節癒合、被長毛，雌蝶則分節、疏被毛。

近似種比較 Similar species

　　棲息於臺灣地區的環蛺蝶中與本種相似者包括斷線環蛺蝶、小環蛺蝶與細帶環蛺蝶，但本種後翅腹面沿外緣線僅一條，其他種類則有兩條。

分布 Distribution	棲地環境 Habitats	幼蟲寄主植物 Larval hostplants
棲息在臺灣本島低、中海拔地帶。	常綠闊葉林。	以朴樹科Celtidaceae為幼蟲寄主，但過去紀錄之寄主植物因蝶種鑑定有疑義而不可靠。

27~31mm

400~1500m

1 2 3 4 5 6 7 8 9 10 11 12

1cm

100%

蛺蝶科

環蛺蝶屬

♂

1cm

♀

變異 Variations	豐度／現狀 Status	附記 Remarks
翅面白帶寬窄富個體變異。	一般數量稀少。	本種是臺灣地區的多化性環蛺蝶中數量最少的種類，生態習性資料亦最欠缺。由於鑑定上有疑問，目前文獻所記錄之寄主植物均有待驗證。

153

蓬萊環蛺蝶

Neptis taiwana Fruhstorfer

▍模式產地：*taiwana* Fruhstorfer, 1908：臺灣。

英 文 名	Formosan Sailor
別　　名	埔里三線蝶、臺灣環蛺蝶

形態特徵 Diagnostic characters

雌雄斑紋相似。軀體背側黑褐色、有虹彩狀金屬光澤，腹側白色。前翅近三角形，前緣略呈弧形、外緣中央略凹入，外緣翅脈端略突出而略作鋸齒狀。後翅近橢圓形，外緣翅脈端略突出而略作鋸齒狀。翅背面底色黑褐色，翅面有明顯的帶紋、條紋及斑點，呈泛黃之白色。前翅中室內有一白條，其末端延伸入 M_2 室而作眉形。白色中央斑列鮮明而作弧形排列，其外側有兩條模糊的灰黃色細線紋。後翅內側與外側各有一白色帶紋，兩者間及外側帶之外側各有一不鮮明之灰黃色細線紋。翅腹面底色為紅褐色，其上於翅背面白紋相應位置亦有白紋，灰黃色細線紋則代之以淺紫色線紋。後翅翅基處沿前緣有一淺紫色紋。雄蝶於後翅背面前緣附近具灰色性標。緣毛黑白相間。

生態習性 Behaviors

多世代性蝶種。成蝶有訪花性，也會吸食腐敗物與吸水。以三齡幼蟲越冬。

雌、雄蝶之區分 Distinctions between sexes

雌蝶缺少雄蝶後翅背面側所具有的性標。雄蝶前足跗節癒合、被長毛，雌蝶則分節、疏被毛。

近似種比較 Similar species

棲息於臺灣地區的環蛺蝶中與本種最相似者是深山環蛺蝶，但本種前翅缺乏亞前緣斑、 M_3 室內無白斑、後翅腹面底色呈紅褐色等特點均足以鑑定本種。

分布 Distribution	棲地環境 Habitats	幼蟲寄主植物 Larval hostplants
棲息在臺灣本島低、中海拔地帶。	常綠闊葉林。	樟科Lauraceae植物為幼蟲寄主，已知者包括樟樹*Cinnamomum comphora*、黃肉樹*Litsea hypophaea*、長葉木薑子*L. acuminata*、假長葉楠*Machilus pseudolongifolia*、豬腳楠*M. thunbergii*、臺灣雅楠*Phoebe formosana*等。利用部位為葉片。

30~35mm

0~2000m

蛺蝶科

環蛺蝶屬

100%

1cm

♂

1cm

♀

變異 Variations	豐度／現狀 Status	附記 Remarks
後翅外側白帶富個體變異。	目前數量尚多。	本種與亞洲大陸的阿環蛺蝶 *Neptis ananta* Moore, 1857（模式產地：北印度）近緣，兩者關係有待深入探討。

流紋環蛺蝶

Neptis noyala ikedai Shirôzu

模式產地：*noyala* Oberthür, 1906；四川；*ikedai* Shirôzu, 1952；臺灣。

英文名	Noyala's Sailor
別　　名	瑙環蛺蝶、池田三線蝶

形態特徵 Diagnostic characters

雌雄斑紋相似。軀體背側黑褐色、有虹彩狀金屬光澤，腹側白色。前翅近三角形，前緣略呈弧形、外緣中央略凹入。後翅近橢圓形，外緣翅脈端略突出而略作鋸齒狀。翅背面底色黑褐色，翅面有明顯的帶紋、條紋及斑點，呈泛黃之白色。前翅中室內有一白條，末端延伸入M$_2$室而作眉形，但外端由一模糊黃灰色細條截斷。白色中央斑列鮮明而作弧形排列，其外側有一條模糊的灰黃色細線紋。後翅內側與外側各有一白色帶紋，前者幅度遠寬於後者，外側帶色調黯淡。外側帶外側有一不鮮明之灰黃色細線紋。翅腹面底色為橙褐色，其上於翅背面白紋相應位置亦有白紋，其周圍並部分鑲黑褐色紋，灰黃色細線紋則代之以灰色或灰白色線紋。前翅腹面中室白條相應翅背面截斷位置有一褐色牙狀斑。緣毛黑白相間。

生態習性 Behaviors

一年一世代之蝶種，一般於闊葉林樹冠上活動。成蝶會吸食腐敗物與吸水。

雌、雄蝶之區分 Distinctions between sexes

雄蝶前足跗節癒合、被長毛，雌蝶則分節、疏被毛。

近似種比較 Similar species

棲息於臺灣地區的環蛺蝶中與本種相似者是深山環蛺蝶及蓬萊環蛺蝶，但本種翅腹面底色呈橙褐

分布 Distribution	棲地環境 Habitats	幼蟲寄主植物 Larval hostplants
在臺灣地區棲息在臺灣本島中海拔地帶。臺灣以外已知分布於華東、華西南及海南等地。	常綠闊葉林。	尚無正式報告，幼蟲取食殼斗科Fagaceae植物。

31~34mm

3000
2000
1000
0

1000~2000m

色，與這兩種環蛺蝶不同。另外，本種前翅腹面中室白條近末端處有

一鑲褐色之白色牙狀斑，亦是本種重要辨識特徵。

100%

♂

1cm

♀

1cm

變異 Variations	豐度／現狀 Status	附記 Remarks
翅背面白色帶紋、條紋泛黃色之程度富個體變異。	數量稀少。	本種的臺灣亞種之亞種名係紀念在臺灣發現本種之日籍研究者池田成實。

眉紋環蛺蝶

Neptis sankara shirakiana Matsumura

▋模式產地：*sankara* Kollar, [1844]：尼泊爾；*shirakiana* Matsumura, 1929：臺灣。

英 文 名	Broad-banded Sailor
別　　名	素木三線蝶、斷環蛺蝶

蛺蝶科

環蛺蝶屬

形態特徵 Diagnostic characters

　　雌雄斑紋相似。軀體背側黑褐色、有虹彩狀金屬光澤，腹側白色。前翅近三角形，前緣前端呈弧形。後翅近扇形，外緣翅脈端略突出而略作鋸齒狀。翅背面底色黑褐色，翅面有明顯的白色帶紋、條紋及斑點。前翅中室內有一白條，末端延伸入M_2室而作眉形，但眉形紋基部有一缺刻。白色中央斑列鮮明而作弧形排列，亞外緣有約略與外緣平行之白色點列。後翅內側與外側各有一白色帶紋，前者幅度寬於後者。外側帶外側有一不鮮明之灰黃色細線紋。翅腹面底色為深褐色，其上於翅背面白紋相應位置亦有白紋，後翅外側白帶紋內側鑲明顯暗色斑列。外緣線紋雙重。後翅翅基處有兩道白色細條紋。雄蝶於後翅背面前緣附近具銀灰色性標。緣毛黑白相間。

生態習性 Behaviors

　　依目前資料來看，本種可能是一年一世代之蝶種，但是由於生活史資料缺乏，當前尚無定論。成蝶一般於闊葉林樹冠及林緣活動。成蝶會吸食腐敗物與吸水。

雌、雄蝶之區分 Distinctions between sexes

　　雌蝶缺少雄蝶後翅背面側所具有的性標。雄蝶前足跗節癒合、被長毛，雌蝶則分節、疏被毛。

近似種比較 Similar species

　　本種前翅中室白條末端眉形紋基部於前側有深缺刻的特徵係本種特性。

分布 Distribution	棲地環境 Habitats	幼蟲寄主植物 Larval hostplants
在臺灣地區棲息在臺灣本島低、中海拔地帶。臺灣以外分布於華南、華西南、華西、喜馬拉雅、中南半島、蘇門答臘等地區。	常綠闊葉林。	尚未知曉。

1 2 3 4 5 6 7 8 9 10 11 12

34~38mm

3000
2000
1000
0

400~2300m

90%

1cm

♂

1cm

♀

變異 Variations	豐度／現狀 Status	附記 Remarks
不顯著。	一般數量少。	本種的臺灣亞種之亞種名係紀念在臺灣發現本種之日籍學者素木得一博士。

深山環蛺蝶

Neptis sylvana esakii Nomura

▌模式產地：*sylvana* Oberthür, 1906：中國；*esakii* Nomura, 1935：臺灣。

英 文 名	Forest Glider

別 名	江崎三線蝶、林環蛺蝶

形態特徵 Diagnostic characters

雌雄斑紋相似。軀體背側黑褐色、有虹彩狀金屬光澤，腹側白色。前翅近三角形，前緣略呈弧形、外緣中央略凹入。後翅近橢圓形，外緣翅脈端略突出而略作鋸齒狀。翅背面底色黑褐色，翅面有明顯的帶紋、條紋及斑點，呈泛黃之白色。前翅中室內有一白條，末端延伸入M_2室。前翅中央斑帶向翅基方向有數枚細小白色亞前緣斑。白色中央斑列鮮明而作弧形排列，其外側有一條灰黃色線紋。後翅內側與外側各有一白色帶紋，前者幅度遠寬於後者。外側帶外側有一灰黃色線紋。翅腹面底色為淺褐色，其上於翅背面白紋相應位置亦有白紋，後翅有三道灰色線紋約略與外緣平行。一道位於內側與外側白帶紋間，時常消退。兩道位於外側白帶之外側。雄蝶於後翅背面前緣附近具銀灰色性標。緣毛黑白相間。

生態習性 Behaviors

一年一世代蝶種，一般於闊葉林樹冠上活動。成蝶會吸食腐敗物與吸水。

雌、雄蝶之區分 Distinctions between sexes

雌蝶缺少雄蝶後翅背面側所具有的性標，使後翅背面內側白帶向前延伸跨越Rs脈，雄蝶則因性標的存在而使白帶止於Rs脈。雄蝶前足跗節癒合、被長毛，雌蝶則分節、疏被毛。

近似種比較 Similar species

本種翅腹面底色特殊、翅基缺乏淺色紋、後翅外側有兩道灰色線紋的特點足供辨識。

分布 Distribution	棲地環境 Habitats	幼蟲寄主植物 Larval hostplants
在臺灣地區棲息於臺灣本島中海拔地帶。臺灣以外已知分布於雲南及緬甸北部。	常綠闊葉林。	尚無正式報告，幼蟲以殼斗科Fagaceae植物為寄主植物。

31~37mm

3000
2000
1000
0

1000~2000m

100%

1cm ♂

1cm ♀

蛺蝶科

環蛺蝶屬

變異 Variations	豐度／現狀 Status	附記 Remarks
翅背面白色帶紋、條紋泛黃色之程度富個體變異。	數量稀少。	本種的臺灣亞種之亞種名係紀念模式標本的採集者、著名日籍學者江崎悌三教授。

蓮花環蛺蝶

Neptis hesione podarces Nire

▌模式產地：*hesione* Leech, 1890：四川；*podarces* Nire, 1920：臺灣。

英　文　名	Hesione's Sailor
別　　　名	花蓮三線蝶

形態特徵 Diagnostic characters

　　雌雄斑紋相似。軀體背側黑褐色、有虹彩狀金屬光澤，腹側白色。前翅近三角形，前緣、外緣略呈弧形。後翅近圓形，外緣翅脈端略突出而略作鋸齒狀。翅背面底色黑褐色，翅面有明顯的帶紋、條紋及斑點，呈泛黃之白色。前翅中室內有一白條，末端延伸入 M_2 室。白色中央斑列鮮明而作弧形排列，其外側有一條灰黃色線紋。後翅內側與外側各有一白色帶紋，前者幅度遠寬於後者。外側帶外側有一模糊灰黃色線紋。翅腹面底色為紅褐色，其上於翅背面白紋相應位置亦有白紋，後翅內側帶外側鑲暗褐色邊，外側白帶作蓮座狀，兩者間有一列紅褐色斑點。前後翅亞外緣有一道灰白色線紋。後翅翅基附近有斑駁淺色紋。雄蝶於後翅背面前緣附近具灰色性標。緣毛黑白相間。

生態習性 Behaviors

　　一年一世代之蝶種，一般於闊葉林樹冠上及林緣活動。成蝶會吸食腐敗物與吸水。

雌、雄蝶之區分 Distinctions between sexes

　　雌蝶缺少雄蝶後翅背面側所具有的灰色性標。雄蝶前足跗節癒合、被長毛，雌蝶則分節、疏被毛。

近似種比較 Similar species

　　本種翅腹面斑紋特殊，尤其是後翅腹面的蓮座形斑紋。辨識容易。

分布 Distribution	棲地環境 Habitats	幼蟲寄主植物 Larval hostplants
在臺灣地區棲息於臺灣本島低、中海拔地帶。臺灣以外分布於華東、華中與華西地區。	常綠闊葉林。	尚無正式報告，幼蟲以桑科Moraceae榕屬*Ficus*植物為寄主植物。

25~30mm

300~2000m

100%

蛺蝶科

環蛺蝶屬

1cm

♂

1cm

♀

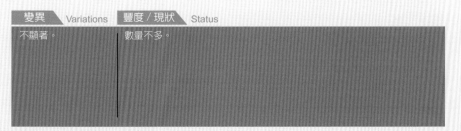

變異 Variations	豐度 / 現狀 Status
不顯著。	數量不多。

槭環蛺蝶

Neptis philyra splendens Murayama

模式產地：*philyra* Ménétriès, 1859：阿穆爾；*splendens* Murayama, 1941：臺灣。

英 文 名	Long-streak Sailor
別 名	三線蝶、啡環蛺蝶

特有亞種

蛺蝶科

環蛺蝶屬

形態特徵 Diagnostic characters

　　雌雄斑紋相似。軀體背側黑褐色、有虹彩狀金屬光澤，腹側白色。前翅近三角形，前緣略呈弧形、外緣中央略凹入。後翅近圓形，外緣翅脈端略突出而略作鋸齒狀。翅背面底色黑褐色，翅面有明顯的帶紋、條紋及斑點，呈泛黃之白色。前翅中室內有一白條，末端延伸入 M_2 室。白色中央斑列鮮明而形成一前一後兩弧形列，亞外緣有數只白斑排成一列。後翅內側與外側各有一白色帶紋，外側帶翅脈明顯覆黑褐色鱗而呈切割狀。翅腹面底色為褐色，其上於翅背面白紋相應位置亦有白紋，白紋外側鑲暗褐色邊。前、後翅亞外緣有模糊灰色線紋成斷線狀排列。後翅翅基附近有白色紋。雄蝶於後翅背面前緣附近具灰色性標。緣毛黑白相間。

生態習性 Behaviors

　　一年一世代之蝶種，一般於闊葉林林緣活動。成蝶會吸食腐敗物與吸水。

雌、雄蝶之區分 Distinctions between sexes

　　雌蝶缺少雄蝶後翅背面側所具有的性標。雄蝶前足跗節癒合、被長毛，雌蝶則分節、疏被毛。

近似種比較 Similar species

　　在臺灣地區與本種最相似的種類是鑲紋環蛺蝶，但後者於前翅有兩只亞前緣白色小紋、後翅白斑鑲黑褐色細邊、後翅內側與外側白帶間有淺色線紋，此等特徵本種均無。

分布 Distribution	棲地環境 Habitats	幼蟲寄主植物 Larval hostplants
在臺灣地區棲息於臺灣本島低、中海拔地帶。臺灣以外分布於華南、華西南、華中、華東北、朝鮮半島、西伯利亞東部、日本等地區。	常綠闊葉林。	無患子科Sapindaceae（原先為槭樹科Aceraceae）的青楓*Acer serrulatum*。利用部位為葉片。

30~34mm

3000
2000
1000
0

500~2000m

100%

1cm

♂

1cm

♀

變異 Variations	豐度／現狀 Status
翅面白色斑紋大小有個體變異，前翅M₂室白紋有時消失。	通常數量不多。

鑲紋環蛺蝶

 特有亞種

Neptis philyroides sonani Murayama

▌模式產地：*philyroides* Staudinger, 1887：普利摩斯克（濱海省）；
sonani Murayama, 1941：臺灣。

英 文 名	False Long-streak Sailor
別　　名	楚南三線蝶、朝鮮環蛺蝶、韓國三線蝶、朝鮮環蛺蝶

蛺蝶科

環蛺蝶屬

形態特徵 Diagnostic characters

　　雌雄斑紋相似。軀體背側黑褐色、有虹彩狀金屬光澤，腹側白色。前翅近三角形，前緣、外緣略呈弧形。後翅近圓形，外緣翅脈端略突出而略作鋸齒狀。翅背面底色黑褐色，翅面有明顯的帶紋、條紋及斑點，呈泛黃之白色。前翅中室內有一白條，末端延伸入M_2室。白色中央斑列鮮明而形成一前一後兩弧形列，前緣有兩只白色亞前緣紋。後翅內側與外側各有一白色帶紋，內側帶前寬後窄，外側帶翅脈明顯覆黑褐色鱗而呈切割狀，亞外緣有一列白色斷線列。翅腹面底色為淺黃褐色，其上於翅背面白紋相應位置亦有白紋，白紋外側鑲暗褐色邊。後翅內側與外側白色帶紋間有一暗色線紋。前、後翅亞外緣有模糊白色線紋成斷線狀排列。後翅翅基附近有淺色紋。雄蝶於後翅背面前緣附近具灰色性標。緣毛黑白相間。

生態習性 Behaviors

　　一年一世代之蝶種，一般於闊葉林林緣活動。成蝶會吸食腐敗物與吸水。

雌、雄蝶之區分 Distinctions between sexes

　　雌蝶缺少雄蝶後翅背面側所具有的性標。雄蝶前足跗節癒合、被長毛，雌蝶則分節、疏被毛。

近似種比較 Similar species

　　在臺灣地區與本種最相似的種類是槭環蛺蝶，但本種翅腹面底色

分布 Distribution	棲地環境 Habitats	幼蟲寄主植物 Larval hostplants
在臺灣地區棲息於臺灣本島低、中海拔地帶。臺灣以外分布於華南、華西南、華中、朝鮮半島、西伯利亞東部等地區。	常綠闊葉林。	樺木科Betulaceae的阿里山千金榆 *Carpinus kawakamii*。利用部位為葉片。

29~33 mm

3000
2000
1000
0
400~2500m

較淺、前翅有亞前緣白色小紋、後
翅白斑鑲黑褐色細邊、後翅內側與

外側白帶間有淺色線紋等特徵足以
辨識。

100%

1cm

♂

1cm

♀

變異 Variations	豐度 / 現狀 Status	附記 Remarks
不顯著。	通常數量不多。	本種的臺灣亞種之亞種名係紀念對臺灣蝶類研究貢獻卓著之日籍研究者楚南仁博。

167

奇環蛺蝶

Neptis ilos nirei Nomura

▌模式產地：*ilos* Fruhstorfer, 1909；阿穆爾；*nirei* Nomura, 1935；臺灣。

英　文　名	Ilos's Sailor
別　　　名	黃斑三線蝶、伊洛環蛺蝶

形態特徵 Diagnostic characters

　　雌雄斑紋相似。軀體背側黑褐色，腹側白色。前翅近三角形，前緣、外緣略呈弧形。後翅近圓形，外緣翅脈端略突出而略作鋸齒狀。翅背面底色黑褐色，翅面有明顯的帶紋、條紋及斑點，呈泛黃之白色。前翅中室內有一白條，末端延伸入M_2室。白色中央斑列鮮明，前段成一斜列，後段形成一弧形列，中央斑列外側有一條模糊的灰黃色細線紋。亞外緣有數只白斑排成一列。後翅內側與外側各有一白色帶紋，內側帶較寬，外側帶色調黯淡。翅腹面底色為紅褐色，但有部分呈淺黃褐色。於翅背面白紋相應位置亦有白紋。後翅內側與外側白色帶紋間有一淺黃褐色線紋，但於M_3脈兩側減退。後翅翅基附近

有一白條。雄蝶於後翅背面前緣附近具灰色及米黃色性標。緣毛黑白相間。

生態習性 Behaviors

　　一年一世代之蝶種，一般於闊葉林林緣及樹冠活動。成蝶會吸食腐敗物與吸水。

雌、雄蝶之區分 Distinctions between sexes

　　雌蝶缺少雄蝶後翅背面所具有的性標。雄蝶前足跗節癒合、被長毛，雌蝶則分節、疏被毛。

近似種比較 Similar species

　　棲息在臺灣地區的環蛺蝶中僅有本種翅腹面底色呈紅褐色與黃褐色交雜的圖案，不難辨識。

分布 Distribution	棲地環境 Habitats	幼蟲寄主植物 Larval hostplants
在臺灣地區棲息於臺灣本島低、中海拔地帶。臺灣以外分布於華西南、華東北、西伯利亞東部等地區。	常綠闊葉林。	尚未明悉。

30~35mm

3000
2000
1000
0

1000~2500m

100%

♂

1cm

♀

1cm

蛺蝶科

環蛺蝶屬

變異 Variations	豐度／現狀 Status	附記 Remarks
有些個體翅面白紋泛黃色。	通常數量不多。	本種的臺灣亞種之亞種名係紀念日籍研究者仁禮景雄。

黑星環蛺蝶

特有亞種

Neptis pryeri jucundita Fruhstorfer

▌模式產地：*pryeri* Butler, 1871；上海；*jucundita* Fruhstorfer, 1908；臺灣。

英 文 名	Pryer's Glider
別　　名	星三線蝶、鏈環蛺蝶

形態特徵 Diagnostic characters

雌雄斑紋相似。軀體背側黑褐色，腹側白色。前翅近三角形，前緣略呈弧形、外緣明顯呈弧形。後翅近圓形，外緣翅脈端略突出而略作鋸齒狀。翅背面底色黑褐色，翅面有明顯的白色帶紋、條紋及斑點。前翅中室內有一白條，末端延伸入M_2室，白條為四道黑線截斷。白色中央斑列鮮明而形成一前一後兩弧形列，其外側亦鑲白色短紋列，亞外緣有數只白斑排成一列。後翅內側與外側各有一白色帶紋，內側帶彎曲成弧形，兩條帶紋均因翅脈處明顯覆黑褐色鱗而呈切割狀。翅腹面底色為紅褐色，其上於翅背面白紋相應位置亦有白紋，後翅外側帶外側鑲黑褐色邊。前、後翅亞外緣有白色線紋呈斷線狀排列。前、後翅翅基附近均有黑色碎斑，尤以後翅為著。雄蝶於後翅背面前緣附近具灰色性標。緣毛黑白相間。

生態習性 Behaviors

多世代性蝶種。一般於明亮場所活動。成蝶會吸食腐敗物與吸水。

雌、雄蝶之區分 Distinctions between sexes

雌蝶缺少雄蝶後翅背面所具有的性標。雄蝶前足跗節癒合、末端尖，雌蝶則分節、末端鈍。

近似種比較 Similar species

本種前、後翅翅基附近有黑色碎斑的特點足以與棲息在臺灣地區的其他環蛺蝶作區分。

分布 Distribution	棲地環境 Habitats	幼蟲寄主植物 Larval hostplants
在臺灣地區棲息於臺灣本島低、中海拔地帶。臺灣以外分布於華南、華西南、華西、朝鮮半島、西伯利亞東部、日本等地區。	常綠闊葉林。	薔薇科Rosaceae之笑靨花 *Spiraea prunifolia*。利用部位為葉片。

25~29mm

3000
2000
1000
0

500~2500m

100%

1cm

♂

1cm

♀

變異　Variations	豐度／現狀　Status	附記　Remarks
翅面白色斑紋大小、形狀富變異。	通常數量不多。	福田等（2008）認為臺灣族群可以視為特有種，此說有待檢討。福田、美ノ谷（2009）根據翅面白斑發達的特徵，將花東地區族群處理為獨立亞種，稱為ssp. *sioulinensis* Fukuda & Minotani（2009）（模式產地：臺灣花蓮），是否有此必要，尚待進一步研究。

金環蛺蝶屬 *Pantoporia* Hübner, 1819

模式種 Type Species | *Papilio hordonia* Stoll, [1790]，即金環蛺蝶*Pantoporia hordonia*（Stoll, [1790]）。

形態特徵與相關資料 Diagnosis and other information

　　中、小型蛺蝶。複眼光滑。觸角細長。雄蝶前足跗節短小、被毛、癒合，雌蝶則修長、不被毛、分節。翅形左右長、前後短。前翅R$_2$脈從R$_5$脈基部發出，後翅肩脈末端分岔。翅面底色呈黑褐色，上具黃色或橙色帶紋，腹面底色彩較淺，斑紋較複雜。雄蝶前翅腹面後側及後翅背面前側有性標。前、後翅中室均開放。卵表密生短棘，幼蟲體表具稀疏棘刺。

　　本屬有16種，分布於東洋區及澳洲區。

　　棲息於森林及林緣等環境。成蝶有訪花性，也會吸食死屍、糞便等腐敗物。

　　寄主植物為豆科Fabaceae植物。

　　臺灣地區有一種。

· *Pantoporia hordonia rihodona*（Moore, 1878）（金環蛺蝶）

金環蛺蝶

Pantoporia hordonia rihodona (Moore)

▎模式產地：*hordonia* Stoll, [1790]：印度；*rihodona* Moore, 1878：海南。

英 文 名	Common Lascar
別　　名	金蟠蛺蝶、金三線蝶

形態特徵 Diagnostic characters

　　雌雄斑紋相似。軀體背側黑褐色、有虹彩狀金屬光澤，腹側白色。前翅近三角形，前緣前端呈弧形。後翅近扇形，外緣翅脈端略突出而略作波狀。翅背面底色黑褐色，翅面有明顯的橙黃色帶紋、條紋及斑點。前翅中室內有一橙黃條，末端延伸入M$_2$及M$_3$室，前側有兩小缺刻。橙黃色中央斑列鮮明而作弧形排列，亞外緣有約略與外緣平行之暗橙色線。後翅內側與外側各有一橙黃色帶紋，前者幅度寬於後者。外側帶外側有一不鮮明暗色細線紋。翅腹面底色為紅褐色，其上於翅背面橙黃紋相應位置有黃

分布 Distribution	棲地環境 Habitats	幼蟲寄主植物 Larval hostplants
在臺灣地區棲息在臺灣本島低、中海拔地帶。臺灣以外分布於華南、華西南、南亞、中南半島、巽他陸塊、小巽他列島等地區。	常綠闊葉林。	在臺灣地區之已知寄主包括豆科Fabaceae之藤相思 *Acacia merrillii*、合歡 *Albizia julibrissin*、楹樹 *A. chinensis*及摩鹿加合歡 *A. falcata*等。利用部位是葉片。

22~27mm

3000
2000
1000
0

0~1600m

紋，後翅內側帶及外側帶間及外側帶外側有淺紫色細帶紋。外緣線為一淺黃色線紋。翅基處有斑駁淺黃色與淺紫色紋。腹面淺色紋內有不均勻的紅褐色細波紋。雄蝶於後翅背面前緣附近具銀灰色性標。緣毛黑白相間。

生態習性 Behaviors

多世代性蝶種。成蝶一般於林緣活動。成蝶會吸食腐敗物與吸水。幼蟲會將葉柄咬傷，使羽葉外側下垂乾枯藉以隱身。

雌、雄蝶之區分 Distinctions between sexes

雌蝶缺少雄蝶後翅背面所具有的性標。雄蝶前足跗節癒合、被長毛，雌蝶則分節、疏被毛。

近似種比較 Similar species

本種翅背面斑紋排列與盛蛺蝶屬及雙色帶蛺蝶雌蝶相似，但翅形與翅腹面斑紋差別明顯，辨識並不困難。

100%

♂

1cm

♀

1cm

變異 Variations	豐度／現狀 Status	附記 Remarks
翅背面黃色帶紋寬窄富個體變異。	中南部部分地區數量較多，北部地區則頗為少見。	本種過去在北部地區非常罕見，但近年來觀察記錄漸多，是否與氣候變化或是寄主植物栽種有關尚無定論。

線蛺蝶屬 *Limenitis* Fabricius, 1807

模式種 Type Species | *Papilio populi* Linnaeus, [1790]，即楊樹線蛺蝶 *Limenitis populi*（Linnaeus, [1790]）。

形態特徵與相關資料 Diagnosis and other information

中、大型蛺蝶。複眼光滑。觸角細長，達前翅長1／2～2／3。雄蝶前足跗節被毛、癒合、末端尖，雌蝶則不被毛、分節、末端鈍。翅面底色呈黑褐色，上具白色帶紋、斑點，腹面底色彩較淺，斑紋較複雜，常綴有黑色、紅色之斑點、線紋。前翅中室封閉、後翅中室開放。卵表密生短棘，幼蟲體表背側具數對柱狀突起。

本屬應用範圍大小尚有不同意見，部分作者細分出 *Ladoga* Moore, [1898]、*Parathyma* Moore, [1898]、*Basilarchia* Scudder, 1872等屬。川副、若林（1976）指出此等分類單元之交尾器構造與脈相基本相同。

本屬依不同意見，所包含之種類數亦有異，狹義與廣義之場合種類數從6種至20種以上，分布於舊北區、新北區及東洋區。

棲息於森林及林緣等環境。成蝶有訪花性，也會吸食死屍、糞便等腐敗物。

寄主植物為楊柳科Salicaceae、樺木科Betulaceae、薔薇科Rosaceae、殼斗科Fagaceae、榆科Ulmaceae、田麻科Tiliaceae、鼠李科Rhamnaceae、忍冬科Caprifoliaceae等植物。

臺灣地區有一種。

・*Limenitis sulpitia tricula* Fruhstorfer, 1908（殘眉線蛺蝶）

殘眉線蛺蝶*Limenitis sulpitia tricula*（桃園縣復興鄉巴陵，550m，2011.05.20.）。

Key to species of the genus *Limenitis* and *Athyma* in Taiwan

❶ 後翅腹面翅基位置有5枚黑褐色斑點 .... *Limenitis sulpitia*（殘眉線蛺蝶）

　　後翅腹面翅基位置有黑褐色鏤空紋或白色條紋 .... **❷**

❷ 前翅腹面中室淺色條完整 .... **❸**

　　前翅腹面中室淺色條為暗色線紋截斷 .... **❺**

❸ 前翅腹面R_5室端部有一白色小眼紋 .... *Athyma jina*（寬帶蛺蝶）

　　前翅腹面R_5室端部白色紋線形或點狀 .... **❹**

❹ 後翅腹面內側帶明顯較外側帶寬 .... *Athyma fortuna*（幻紫帶蛺蝶）

　　後翅腹面內側帶與外側帶約略等寬 .... *Athyma cama*（雙色帶蛺蝶）

❺ 後翅腹面外側帶內有暗色點列 .... **❻**

　　後翅腹面外側帶內無暗色點列 .... **❼**

❻ 翅腹面底色淺橙黃色；後翅腹面外側帶暗色點列偏內側 ....

　　... *Athyma perius*（玄珠帶蛺蝶）

　　翅腹面底色深褐色；後翅腹面外側帶暗色點列偏置中 ....

　　... *Athyma asura*（白圈帶蛺蝶）

❼ 後翅腹面基部有黑褐色鏤空紋 .... *Athyma selenophora*（異紋帶蛺蝶）

　　後翅腹面基部無黑褐色鏤空紋 .... *Athyma opalina*（流帶蛺蝶）

（由於線蛺蝶與帶蛺蝶關係近緣而形態相似，因此包括在本檢索表中）

殘眉線蛺蝶

Limenitis sulpitia tricula Fruhstorfer

▌模式產地：*sulpitia* Cramer, 1779；中國；*tricula* Fruhstorfer, 1908；臺灣。

英 文 名	Five-dot Sergeant
別　　名	殘鍔線蛺蝶、臺灣星三線蝶

形態特徵 Diagnostic characters

雌雄斑紋相似。軀體背側黑褐色，腹側白色，體側常有一模糊白色縱線。前翅近直角三角形，前緣略呈弧形。後翅近圓形，外緣翅脈端略突出而略作波狀。翅背面底色黑褐色，翅面有明顯的白色帶紋、條紋及斑點。前翅中室內有一眉形白條，近末端常有一黑色斷裂或殘缺。白色中央斑列鮮明而作折線狀排列，前段形成平行短線，後段為一列白色斑紋。亞外緣有約略與外緣平行之白色點列。後翅內側與外側各有一白色紋列，內側紋列呈帶狀，外側紋列則為一列白色短條。翅腹面底色主要為紅褐色，其上於翅背面白紋相應位置亦有白紋。後翅兩白紋列間有一列暗褐色斑點。外側白紋列內端有暗色小點列。前、後翅外緣有白短線紋列。後翅翅基處有五枚黑褐色小斑點。緣毛黑白相間。

生態習性 Behaviors

多世代性蝶種。成蝶有訪花性，也會吸食腐敗物與吸水。冬季時三齡幼蟲以葉片作越冬巢於巢內休眠。

雌、雄蝶之區分 Distinctions between sexes

雌蝶翅形較圓。雄蝶前足跗節癒合、被長毛，雌蝶則分節、疏被毛。

近似種比較 Similar species

與帶蛺蝶屬各種體型、斑紋類似，但帶蛺蝶屬後翅翅基缺少本種具有之五枚黑褐色小斑點。

分布 Distribution	棲地環境 Habitats	幼蟲寄主植物 Larval hostplants
在臺灣地區主要見於臺灣本島低、中海拔地帶。外島馬祖地區亦有發現，應屬不同亞種。臺灣以外分布於華南、華西南、華南、華東、中南半島等地區。	常綠闊葉林、荒地、都市林。	忍冬科Caprifoliaceae之忍冬（金銀花）*Lonicera japonica*。

29~33mm

0~1000m

110%

♂

1cm

♀

1cm

蛺蝶科

線蛺蝶屬

<table>
<tr><td>變異 Variations</td><td>豐度／現狀 Status</td><td>附記 Remarks</td></tr>
<tr><td>高溫期個體白斑有縮減的傾向，甚至有大部分消失的情形。</td><td>中、北部地區數量多，南臺灣罕見。</td><td>文獻中常見的另一種臺灣地區線蛺蝶記錄，即 *Limenitis formosicola* Matsumura（臺灣線蛺蝶、北投單帶蛺蝶、北投一文字蝶），已為Hsu et al.（2005）證明其模式標本實為日本本州特有之日本線蛺蝶 *Limenitis glorifica*（Fruhstorfer, 1909）（模式產地：日本）的個體，疑係標籤有誤或外來之偶產個體，因此應自臺灣蝶類資源清單上刪除。</td></tr>
</table>

帶蛺蝶屬 *Athyma* Westwood, [1850]

模式種 Type Species | *Papilio leucothoe* Linnaeus, 1758，該分類單元現在被視為係*Papilio perius* Linnaeus, 1758（即玄珠帶蛺蝶*Athyma perius*（Linnaeus, 1758））之同物異名。

形態特徵與相關資料 Diagnosis and other information

中型蛺蝶。複眼光滑或被毛。雄蝶前足跗節被毛、癒合、末端尖，雌蝶則不被毛、分節、末端鈍。觸角細長，達前翅長2／3。翅面底色呈黑褐色，上具白色帶紋、斑點，腹面底色彩常較淺，斑紋較複雜，常綴有黑色、紅色之斑點、線紋。前翅中室開放或封閉、後翅中室開放。卵表密生短棘，幼蟲體表背側具明顯棘刺。部分種類有明顯雌雄二型性。

本屬約有15種，分布於東洋區及澳洲區。

棲息於森林及林緣等環境。成蝶有訪花性，也會吸食死屍、糞便等腐敗物。

寄主植物為大戟科Euphorbiaceae、茜草科Rubiaceae、木犀科Oleaceae、小檗科Berberidaceae、杜鵑花科Ericaceae、冬青科Aquifoliaceae、忍冬科Caprifoliaceae等植物。

臺灣地區有七種。

・*Athyma perius perius*（Linnaeus, 1758）（玄珠帶蛺蝶）
・*Athyma opalina hirayamai*（Matsumura, 1935）（流帶蛺蝶）
・*Athyma asura baelia*（Fruhstorfer, 1908）（白圈帶蛺蝶）
・*Athyma jina sauteri*（Fruhstorfer, 1912）（寬帶蛺蝶）
・*Athyma fortuna kodahirai*（Sonan, 1938）（幻紫帶蛺蝶）
・*Athyma selenophora laela*（Fruhstorfer, 1908）（異紋帶蛺蝶）
・*Athyma cama zoroastes*（Butler, 1877）（雙色帶蛺蝶）

檢索表請參見線蛺蝶屬。

燈稱花葉上之白圈帶蛺蝶卵Egg of *Athyma asura baelia* on *Ilex asprella*（新北市三峽區五寮尖，500m，2008.06.19.）。

燈稱花上之白圈帶蛺蝶老熟幼蟲Full-grown larva of *Athyma asura baelia* on *Ilex asprella*（臺北市北投區七星山，900m，2011.08.04.）。

白圈帶蛺蝶蛹Pupa of *Athyma asura baelia*（臺北市北投區陽明山竹仔湖，500m，2011.08.15.）。

雙色帶蛺蝶雌蝶Female *Athyma cama zoroastes*（南投縣仁愛鄉惠蓀林場，700m，2012.05.14.）。

風箱樹葉上之異紋帶蛺蝶幼蟲Larva of *Athyma selenophora laela* on *Cephalanthus naucleoides*（新北市新店區翡翠水庫，200m，2012.04.25.）。

交配中的異紋帶蛺蝶*Athyma selenophora laela* in copulation（南投縣仁愛鄉惠蓀林場，700m，2012.05.14.）。

玄珠帶蛺蝶

Athyma perius perius (Linnaeus)

▌模式產地：*perius* Linnaeus, 1758：廣東。

英 文 名│ Common Sergeant

別　　名│白三線蝶

形態特徵 Diagnostic characters

　　雌雄斑紋相似。軀體背側黑褐色、有虹彩狀金屬光澤，頭部及前胸被橙色毛，胸部有白點，腹部有白色細環；腹側白色而有縱走黑色點列。複眼光滑。前翅近直角三角形，前緣呈弧形。後翅近圓形，外緣翅脈端突出而作波狀。翅背面底色黑褐色，翅面有明顯的白色帶紋、條紋及斑點。前翅中室內有一白條，為黑褐色細帶截為四段。白色中央斑列鮮明而作折線狀排列。亞外緣有約略與外緣平行、但呈彎曲排列之白色點列。後翅內側與外側各有一白色紋列，內側紋列呈帶狀，外側紋列則為一列白斑，外側紋列內緣有黑色斑點列。翅腹面底色主要為明亮的淺橙黃色，其上於翅背面白紋相應位置亦有白紋，部分白紋鑲黑邊。後翅外側白紋列內緣黑色斑點列鮮明。前、後翅外緣有白色波狀線。後翅翅基處有小白紋，其前側有一黑色眉形紋。緣毛黑白相間。

生態習性 Behaviors

　　多世代性蝶種。成蝶有訪花性，也會吸食腐敗物與吸水。幼蟲前期有以絲纏繞糞粒作成棒狀「糞塔」藉以隱藏之習性。

雌、雄蝶之區分 Distinctions between sexes

　　雌蝶翅形較圓。雄蝶前足跗節癒合、被長毛，在雌蝶則分節、疏被毛。

分布 Distribution	棲地環境 Habitats	幼蟲寄主植物 Larval hostplants
在臺灣地區主要見於臺灣本島低、中海拔地帶，北部產地少。離島綠島、澎湖、蘭嶼及外島金門、馬祖地區亦曾有發現。臺灣以外分布於華西南、華南、華東、南亞、中南半島、蘇門答臘、爪哇、小巽他群島等地區。	常綠闊葉林、海岸林、灌叢、荒地、都市林。	大戟科Euphorbiaceae之各種饅頭果屬*Glochidion*植物，包括裏白饅頭果*G. acuminatum*、菲律賓饅頭果*G. philippicum*、細葉饅頭果*G. rubrum*、錫蘭饅頭果*G. zeylanicum*等。利用部位為葉片。

28~33mm

3000
2000
1000
0

0~1200m

蛺蝶科

帶蛺蝶屬

近似種比較 Similar species

本種翅腹面底色呈明亮的淺橙黃色，與其他帶蛺蝶之深褐色底色迴異。後翅腹面外側帶內緣有鮮明黑色斑點列的特點亦是本種特徵。

100%

♂

1cm

♀

1cm

變異 Variations	豐度 / 現狀 Status	附記 Remarks
翅面白色斑紋大小及帶紋寬窄富個體變異。	中、南部地區數量多，北部少見。	由於幼蟲食性雷同，玄珠帶蛺蝶有時與雙色帶蛺蝶混棲，但玄珠帶蛺蝶偏好較為明亮、乾燥的棲地，雙色帶蛺蝶則主要棲息在較有遮蔭、潮溼的棲地。

流帶蛺蝶 特有亞種

Athyma opalina hirayamai (Matsumura)

▌模式產地：*opalina* Kollar, [1844]；北印度；*hirayamai* Matsumura, 1935；臺灣。

| 英 文 名 | Himalayan Sergeant／Hill Sergeant |
| 別　　名 | 虯眉帶蛺蝶、平山三線蝶 |

形態特徵 Diagnostic characters

雌雄斑紋相似。軀體背側黑褐色、有虹彩狀金屬光澤，於腹部前端有一白環；腹側白色。複眼疏被毛。前翅近直角三角形，前緣呈弧形。後翅近三角形。翅背面底色黑褐色，翅面有明顯的白色帶紋、條紋及斑點，其邊緣多少模糊。前翅中室內有一灰白條，為黑褐色帶截為數段，外端斑格外大型而作子彈形。白色中央斑列鮮明而作折線狀排列。亞外緣有模糊白斷線紋列。後翅內側與外側各有一白色紋列，內側紋列呈帶狀，其於中室端常有一小黑斑，外側紋列則為一列白斑。外側紋列略較內側紋列細。翅腹面底色主要為紅褐色，其上於翅背面白紋相應位置亦有白紋。前、

後翅外緣有模糊白線。後翅翅基處有眉毛或鐮刀狀白紋，其前側鑲黑色眉形紋。由翅基沿內緣有一片灰白鱗。緣毛黑白相間。

生態習性 Behaviors

世代數不明。成蝶有訪花性，也會吸食腐敗物與吸水。

雌、雄蝶之區分 Distinctions between sexes

雌蝶翅形較圓。雄蝶前足跗節癒合、被長毛，雌蝶分節、疏被毛。

近似種比較 Similar species

在臺灣地區，與本種斑紋最類似的種類是異紋帶蛺蝶雌蝶，但本種後翅腹面基部附近無黑褐色鑲

分布 Distribution	棲地環境 Habitats	幼蟲寄主植物 Larval hostplants
在臺灣地區主要見於臺灣本島中海拔地帶。臺灣以外分布於華西、喜馬拉雅、中南半島北部等地區。	常綠闊葉林。	尚未見正式報告。

26~29mm

400~2500m

空紋、前翅腹面M_2室基部白紋大而鮮明，異紋帶蛺蝶雌蝶則後翅腹

面基部有黑褐色鏤空紋、前翅腹面M_2室基部白紋小而模糊。

100%

1cm

♂

1cm

♀

變異 Variations	豐度／現狀 Status	附記 Remarks
後翅內側帶於中室端之小黑斑大小變化頗著，有時完全消失。	數量頗少。	本種的臺灣亞種之亞種名係紀念日籍研究者平山修次郎。 分類單元*Athyma eupolia* Murayama & Shimonoya, 1962（木生帶蛺蝶）（模式產地：臺灣）現在被認為是本種之同物異名。

白圈帶蛺蝶

特有亞種

Athyma asura baelia (Fruhstorfer)

▌模式產地：*asura* Moore, 1857；喜馬拉雅西部；*baelia* Fruhstorfer, 1908；臺灣。

英 文 名	Studded Sergeant
別　　名	珠履帶蛺蝶、白圈三線蝶

形態特徵 Diagnostic characters

雌雄斑紋相似。軀體背側黑褐色、有虹彩狀金屬光澤，於腹部前端有一白環；腹側白色，有縱走黑褐色細線紋。複眼光滑。前翅近直角三角形，前緣呈弧形，外緣中央凹入。後翅近橢圓形。翅背面底色黑褐色，翅面有明顯的白色帶紋、條紋及斑點。前翅中室內有一白色細條，其外端有一半圓形游離白斑。白色中央斑列鮮明而作折線狀排列，其外側有約略與外緣平行之白色短線列。後翅內側與外側各有一白色紋列，內側紋列呈直帶狀，外側紋列則為一列呈弧形排列之白斑，白斑內有明顯黑色斑點而呈圈狀。翅腹面底色主要為紅褐色，其上於翅背面白紋相應位置亦有白紋。前、後翅外側均有白色圈狀紋列，沿翅外緣則有白色破線。後翅翅基處有白條，其前側鑲黑色眉形紋。由翅基沿內緣有一片灰白鱗。緣毛黑白相間。

生態習性 Behaviors

多世代性蝶種。成蝶有訪花性，也會吸食腐敗物與吸水。幼蟲前期有以絲纏繞糞粒作成棒狀「糞塔」藉以隱藏之習性。

雌、雄蝶之區分 Distinctions between sexes

雌蝶翅形較圓。雄蝶前足跗節癒合、被長毛，雌蝶分節、疏被毛。

近似種比較 Similar species

後翅外側紋列所形成弧形排列之白色圈紋列是本種之獨特特徵。

分布 Distribution	棲地環境 Habitats	幼蟲寄主植物 Larval hostplants
在臺灣地區主要見於臺灣本島低、中海拔地帶。臺灣以外分布於華西、華南、喜馬拉雅、北印度、中南半島、巽他陸塊、爪哇等地區。	常綠闊葉林。	冬青科Aquifoliaceae之臺灣糊樗*Ilex ficoidea*、朱紅水木*I. micrococca*、燈稱花*I. asprella*、鐵冬青*I. rotunda*等植物。

30~39mm

200~1800m

100%

1cm

♂

♀

1cm

蛺蝶科

帶蛺蝶屬

變異 Variations	豐度 / 現狀 Status	附記 Remarks
高溫期個體翅面白紋有減退的傾向。	一般數量不多。	雖然本種的幼蟲寄主植物冬青類植物在北臺灣分布普遍而數量豐富，本種在北臺灣的發生卻頗不穩定，有的年分數量不少，其他年分卻全無蹤影。

185

寬帶蛺蝶

特有亞種

Athyma jina sauteri (Fruhstorfer)

▌模式產地：*jina* Moore, 1857；大吉嶺；*sauteri* Fruhstorfer, 1912；臺灣。

英 文 名	Sikkim Sergeant／Bhutan Sergeant
別　　名	玉杵帶蛺蝶、寬帶三線蝶

形態特徵 Diagnostic characters

　　雌雄斑紋相似。軀體背側黑褐色、有虹彩狀金屬光澤，於腹部前端有一模糊白環；腹側白色。複眼疏被毛。前翅近直角三角形，前緣呈弧形，外緣中央凹入。後翅近橢圓形。翅背面底色黑褐色，翅面有明顯的白色帶紋、條紋及斑點。前翅中室內有一白色棒狀紋。白色中央斑列鮮明而作弧形排列，其外側另有數只小白紋。後翅內側與外側各有一白色紋列，內側紋列呈帶狀，外側紋列則為一列呈弧形排列之白斑。翅腹面底色主要為紅褐色，其上於翅背面白紋相應位置亦有白紋。前翅外側小白斑於R_5室端部內有暗色紋而呈人眼狀。沿翅外緣有白色短線點列。後翅翅基處沿前緣有眉毛狀白紋。緣毛黑白相間。

生態習性 Behaviors

　　多世代性蝶種。成蝶有訪花性，也會吸食腐敗物與吸水。幼蟲前期有以絲纏繞糞粒作成棒狀「糞塔」藉以隱藏之習性。冬季以幼蟲態在越冬巢內休眠過冬。

雌、雄蝶之區分 Distinctions between sexes

　　雌蝶翅形較圓。雄蝶前足跗節癒合、被長毛，雌蝶分節、疏被毛。

近似種比較 Similar species

　　前翅腹面R_5室端部之人眼形小紋是本種最獨特之特徵。

分布 Distribution	棲地環境 Habitats	幼蟲寄主植物 Larval hostplants
在臺灣地區主要見於臺灣本島中海拔地帶。臺灣以外分布於華西、華南、喜馬拉雅等地區。	常綠闊葉林。	尚未有正式報告，幼蟲寄主植物為忍冬科 Caprifoliaceae 忍冬屬 *Lonicera* 植物，利用部位為葉片。

28~33mm

3000
2000
1000
0

500~2500m

100%

1cm

♂

1cm

♀

變異 Variations	豐度／現狀 Status	附記 Remarks
不顯著。	數量頗少。	本種的臺灣亞種之亞種名係紀念對臺灣自然史研究貢獻重大之德籍研究者紹達（梭德）Hans Sauter。

幻紫帶蛺蝶

Athyma fortuna kodahirai (Sonan)

▌模式產地：*fortuna* Leech, 1889；江西；*kodahirai* Sonan, 1938；臺灣。

英 文 名	Chinese Sergeant
別 名	幸福帶蛺蝶、拉拉山三線蝶

形態特徵 Diagnostic characters

雌雄斑紋相似。軀體背側黑褐色、有虹彩狀金屬光澤；腹側白色。複眼疏被毛。前翅近直角三角形，前緣呈弧形，外緣中央凹入。後翅近橢圓形。翅背面底色黑褐色，翅面有明顯的白色帶紋、條紋及斑點。前翅中室內有一白色棒狀紋。白色中央斑列鮮明而作弧形排列，近翅頂處有兩只小白紋。後翅內側與外側各有一白色紋列，內側紋列呈帶狀，外側紋列則為一列呈弧形排列之白斑。翅腹面底色主要為紅褐色，其上於翅背面白紋相應位置亦有白紋。沿翅外緣有模糊白色細線紋。後翅翅基處沿Sc+R$_1$脈有眉毛狀白紋。雄蝶翅背面帶有紫色色調。緣毛黑白相間。

生態習性 Behaviors

一年一世代蝶種。成蝶有訪花性，也會吸食腐敗物與吸水。幼蟲前期有以絲纏繞糞粒作成棒狀「糞塔」藉以隱藏之習性。冬季以幼蟲態在越冬巢內休眠過冬。

雌、雄蝶之區分 Distinctions between sexes

雌蝶翅形較圓，翅面缺少雄蝶具有之紫色色調。雄蝶前足跗節癒合、被長毛，雌蝶分節、疏被毛。

近似種比較 Similar species

在臺灣地區與本種斑紋最類似之種類是寬帶蛺蝶，兩者的前翅中室白紋均為棒狀紋。然而，本種前翅腹面R$_5$室端部無人眼形小紋。另外，本種後翅腹面基部眉形白紋沿Sc+R$_1$脈延伸，寬帶蛺蝶則沿翅前緣延伸。

分布 Distribution	棲地環境 Habitats	幼蟲寄主植物 Larval hostplants
在臺灣地區主要見於臺灣本島中海拔地帶。臺灣以外分布於華中、華西、華南等地區。	常綠闊葉林。	幼蟲寄主植物為忍冬科Caprifoliaceae的呂宋莢蒾 *Viburnum luzonicum*。利用部位為葉片。

32~38mm

400~2000m

1cm

♂

95%

1cm

♀

變異 Variations	豐度 / 現狀 Status	附記 Remarks
不顯著。	數量稀少。	本種的幼蟲寄主植物是廣布全臺灣山區的常見植物，本種卻產地、數量均少，原因不明。

異紋帶蛺蝶

 特有亞種

Athyma selenophora laela (Fruhstorfer)

▌模式產地：*selenophora* Kollar, [1844]：北印度；*laela* Fruhstorfer, 1908：臺灣。

英 文 名	Staff Sergeant
別　　名	小單帶蛺蝶、小一文字蝶、新月帶蛺蝶、玉花蝶

形態特徵 Diagnostic characters

雌雄斑紋相異。軀體背側黑褐色，雌蝶於胸部前側有白色斑點、腹部前側有一白環；腹側白色。雄蝶觸角末端黃褐色。複眼疏被毛。前翅近直角三角形，前緣呈弧形，外緣中央凹入，以雄蝶為著。後翅近扇形。翅背面底色黑褐色，翅面有明顯的白色帶紋、條紋及斑點。雌蝶前翅中室內有一白色條紋，為黑褐色細帶截為數段。白色中央斑列鮮明而作折線狀排列，亞外緣有約略與外緣平行、但呈彎曲排列之白色短線列。後翅內側與外側各有一白色紋列，內側紋列呈帶狀，外側紋列則為一列呈弧形排列之白斑。翅腹面底色主要為深褐色，其上於翅背面白紋相應位置亦有白紋。沿翅外緣有白色線紋。後翅內側帶與外側帶間有暗色帶。後翅翅基處有黑褐色鏤空紋及白條，白條前側鑲黑色眉形紋。雄蝶翅背面僅於前、後翅分別有一與外緣平行的白色短帶，前翅白帶前方有三只模糊白色小紋。翅腹面除了白色短帶外，於外側有兩道白色線紋。緣毛黑白相間。

生態習性 Behaviors

多世代性蝶種。成蝶有訪花性，也會吸食腐敗物與吸水。幼蟲前期有以絲纏繞糞粒作成棒狀「糞塔」藉以隱藏之習性。

雌、雄蝶之區分 Distinctions between sexes

本種雌雄異型，區分容易。雌蝶翅紋呈典型的線蛺蝶型，於翅面構成數條白色帶紋，雄蝶則翅背面

分布 Distribution	棲地環境 Habitats	幼蟲寄主植物 Larval hostplants
在臺灣地區主要見於臺灣本島低、中海拔地帶，離島龜山島及澎湖亦有記錄。臺灣以外分布遍及菲律賓以外之東洋區全域。	常綠闊葉林、海岸林。	茜草科Rubiaceae之毛玉葉金花*Mussaenda pubescens*、臺灣鉤藤*Uncaria hirsuta*、鉤藤（嘴葉鉤藤）*U. rhynchophylla*、水金京*Wendlandia formosana*、水錦樹*W. uvariifolia*、風箱樹*Cephalanthus naucleoides*等。利用部位為葉片。

中央斑帶形成一鮮明白帶，其他斑紋則大部分減退、消失。雄蝶前足跗節癒合、被長毛，雌蝶分節、疏被毛。

近似種比較 Similar species

與本種雄蝶斑紋最類似之種類是雙色帶蛺蝶，但本種前翅之白帶可及 M_3 室，雙色帶蛺蝶則否。本種後翅白帶近直線狀，雙色帶蛺蝶則明顯向內彎曲。本種觸角末端呈黃褐色，雙色帶蛺蝶則呈黑褐色。與本種雌蝶最類似的則是流帶蛺蝶。

蛺蝶科

帶蛺蝶屬

低溫型（乾季型）

♂

1cm

♀

1cm

90%

191

高溫型（雨季型）

90%

1cm

1cm

變異 Variations	豐度／現狀 Status	附記 Remarks
雨季／高溫期個體白色帶紋較狹窄。	目前數量尚多。	本種在秋季常可發現白紋消失的「異常型」，其形成疑與幼蟲期歷經高溫高溼之夏季環境條件有關。

蛺蝶科

帶蛺蝶屬

雙色帶蛺蝶

Athyma cama zoroastres (Butler)

▌模式產地：*cama* Moore, 1857；北印度；*zoroastres* Butler, 1877；臺灣。

英 文 名	Orange Staff Sergeant
別　　名	臺灣單帶蛺蝶、臺灣一文字蝶

形態特徵 Diagnostic characters

雌雄斑紋相異。軀體背側黑褐色、有虹彩狀金屬光澤，於腹部前端有一白環；腹側白色。觸角末端深褐色。前翅近直角三角形，前緣呈弧形，雄蝶外緣中央凹入。後翅近扇形。翅背面底色黑褐色，翅面有明顯的白色或黃色帶紋、條紋及斑點。雌蝶前翅中室內有一黃色戟狀條紋，前側有數只牙狀細小突起。黃色中央斑列鮮明而作折線狀排列，亞外緣有約略與外緣平行之模糊黃灰色線紋，其前端於R_5室內有一黃色斑點。後翅內側與外側各有一黃色帶紋，內側紋列近直帶狀，外側紋帶則作弧形排列。亞外緣有模糊黃灰色弧形線紋。翅腹面底色主要為黃褐色，其上於翅背面黃紋相應位置有黃白紋。沿翅外緣有淺紫色及棕色線紋。後翅內側帶與外側帶間有紅棕色帶。後翅翅基處有白條，白條前側鑲黑色眉形紋。雄蝶翅背面僅於前、後翅分別有一白色短帶，前翅白帶前方有三只白色小紋，近翅頂處另有一黃色小紋。翅面外側有兩條黃灰色線紋。翅腹面除了白色短帶外，於外側有兩道淺紫色帶紋。中室戟狀條紋亦呈淺紫色。緣毛黑白相間。

生態習性 Behaviors

多世代性蝶種。成蝶有訪花性，也會吸食腐敗物與吸水。幼蟲前期有以絲纏繞糞粒作成棒狀「糞塔」藉以隱藏之習性。

分布 Distribution	棲地環境 Habitats	幼蟲寄主植物 Larval hostplants
在臺灣地區主要見於臺灣本島低、中海拔地帶，離島龜山島亦有記錄。臺灣以外分布於華西、華南、華東、喜馬拉雅、中南半島及北婆羅洲等地區。	常綠闊葉林、海岸林。	大戟科Euphorbiaceae之各種饅頭果屬*Glochidion*植物之葉片，如裏白饅頭果*G. acuminatum*、菲律賓饅頭果*G. philippicum*、細葉饅頭果*G. rubrum*等。利用部位為葉片。

1 2 3 4 5 6 7 8 9 10 11 12

蛺蝶科

帶蛺蝶屬

雌、雄蝶之區分 Distinctions between sexes

本種雌雄異型，區分容易。雌蝶翅紋呈典型的線蛺蝶型，於翅面構成數條黃色帶紋，雄蝶則翅背面中央斑帶形成一鮮明白帶，其他斑紋則大部分減退、消失。雄蝶前足跗節癒合、被長毛，雌蝶分節、疏被毛。

近似種比較 Similar species

在臺灣地區與本種雌蝶翅背面斑紋類似之種類包括盛蛺蝶屬及金環蛺蝶，但本種翅腹面有白色帶紋、條紋，後兩者則否。與本種雄蝶斑紋最類似之種類則是異紋帶蛺蝶，但本種前翅之白帶不及於M_3室、後翅白帶明顯向內彎曲、觸角末端呈黑褐色等特徵足供辨識。

高溫型（雨季型）

 1cm

♂

100%

♀

 1cm

低溫型（乾季型）

1cm

100%

♂

1cm

♀

變異 Variations	豐度／現狀 Status	附記 Remarks
雨季／高溫期個體翅腹面色調較深。	目前數量尚多。	本種種小名常被誤拼為 *zoroastes*。 分類單元 *Athyma tayalica* Murayama & Shimonoya, 1966（泰雅帶蛺蝶）（模式產地：臺灣）現在被認為是本種之乾季／低溫型。 本種在秋季常可發現白、黃紋消失的「異常型」，其形成疑與幼蟲期歷經高溫高溼之夏季環境條件有關。

俳蛺蝶屬 *Parasarpa* Moore, [1898]

模式種 Type Species | *Limenitis zayla* Doubleday, [1848]，即雙色俳蛺蝶 *Parasarpa zayla*（Doubleday, [1848]）。

形態特徵與相關資料 Diagnosis and other information

中、大型蛺蝶。複眼被毛。觸角修長，達前翅長1／2～2／3。雄蝶前足側面被長毛、跗節癒合，雌蝶則前足不被毛、跗節分節。翅面底色呈黑褐色，上具白、黃色帶紋，腹面底色彩較淺，斑紋較複雜，前、後翅中室及翅基綴有鏤空紋。前翅中室封閉、後翅中室開放。卵表密生短棘，幼蟲體表背側具數對柱狀突起。

本屬有3種，分布於東洋區。

棲息於森林及林緣等環境。成蝶有訪花性，也會吸食死屍、糞便等腐敗物。

寄主植物為忍冬科Caprifoliaceae等植物。

臺灣地區有一種。

・*Parasarpa dudu jinamitra*（Fruhstorfer, 1908）（紫俳蛺蝶）

紫俳蛺蝶

Parasarpa dudu jinamitra (Fruhstorfer)

▌模式產地：*dudu* Westwood, [1850]；阿薩密[斯合特]；*jinamitra* Fruhstorfer, 1908；臺灣。

英 文 名	White Commodore
別 名	丫紋俳蛺蝶、紫單帶蛺蝶、紫一文字蝶

形態特徵 Diagnostic characters

雌雄斑紋相似。軀體背側黑褐色、有虹彩狀金屬光澤，腹側白色。前翅近直角三角形，前緣略呈弧形。後翅近橢圓形，外緣翅脈端略突出而略作波狀。翅背面底色黑褐色，翅面有明顯的白色帶紋，前翅白帶前段細小而邊緣參差不齊，後段粗大而邊緣平整，前段向內側傾斜，後段則與外緣平行。後翅白帶形成一明顯直白帶。前翅有四枚小白點由翅頂附近向後趨近白帶。翅外側有暗色斑點列。前翅中室及翅基有暗色鏤空紋，內有橙色紋。後翅臀區附近有橙色紋。翅腹面底色呈斑駁之褐色與淺紫色，於翅背面白紋、白帶相應位置亦有白斑，白帶外側鑲暗色邊。翅外側有模糊矢狀紋列。前、後翅中室及翅基有黑褐色鏤空紋，前翅者內呈深褐色，後翅者內呈白色。前翅翅頂有一橙色紋。緣毛褐、白色。

生態習性 Behaviors

多世代性蝶種。成蝶飛行敏捷迅速，有訪花性，也會吸食腐敗物與吸水。冬季時幼蟲以葉片作越冬巢於內休眠。

雌、雄蝶之區分 Distinctions between sexes

雌蝶後翅肛角較圓鈍，雄蝶則較尖銳。雄蝶前足跗節癒合、被毛、末端尖，雌蝶分節、平滑、末端鈍。

近似種比較 Similar species

在臺灣地區沒有斑紋類似的種類。

分布 Distribution	棲地環境 Habitats	幼蟲寄主植物 Larval hostplants
在臺灣地區主要見於臺灣本島低、中海拔地帶。離島龜山島亦有發現。臺灣以外分布於華南、華西南、喜馬拉雅、中南半島、蘇門答臘等地區。	常綠闊葉林。	忍冬科Caprifoliaceae之忍冬（金銀花）*Lonicera japonica*。

24~39mm

1 2 3 4 5 6 7 8 9 10 11 12

3000
2000
1000
0

0~2500m

90%

♂

1cm

♀

1cm

變異 Variations	豐度／現狀 Status
乾季／低溫期個體白斑較寬、腹面底色較淺。	中、北部地區數量較多，南臺灣少見。

瑙蛺蝶屬

Abrota Moore, 1857

模式種 Type Species | 瑙蛺蝶 *Abrota ganga* Moore, 1857。

形態特徵與相關資料 Diagnosis and other information

　　中、大型蛺蝶。體粗壯。複眼光滑。觸角長度約前翅長1／2。雄蝶前足跗節密被毛、癒合，雌蝶則不被毛、分節。雌雄二型性非常顯著，翅背面底色呈黑褐色，雄蝶具有橙色瑪瑙模樣紋路，雌蝶則有白色帶紋及斑點。腹面底色彩較淺，雄蝶橙色而雌蝶淺褐色，斑紋較複雜，前、後翅中室及翅基綴有鏤空紋。前翅中室封閉、後翅中室開放。卵表密生短棘，幼蟲體表側面具成對羽狀分支突起。

　　雖然雌蝶斑紋與帶蛺蝶、環蛺蝶屬相似，本屬之成、幼蟲形態特徵均顯示本屬與翠蛺蝶屬近緣。

　　本屬是單種屬，分布於東洋區。

　　棲息於森林及林緣等環境。成蝶吸食腐果、死屍等腐敗物。

　　已知寄主植物為殼斗科Fagaceae及金縷梅科Hamamelidaceae植物。

　　唯一代表種臺灣有分布，並且是原生固有種。

・*Abrota ganga formosana* Fruhstorfer, 1908（瑙蛺蝶）

瑙蛺蝶雌蝶 Female *Abrota ganga formosana*（南投縣仁愛鄉惠蓀林場，700m，2010.10.16.）。

Key to species of the genus *Abrota* and *Euthalia* in Taiwan

❶ 翅腹面有矢狀紋列 .... *Abrota ganga*（瑙蛺蝶）

翅腹面無矢狀紋列 ....**❷**

❷ 翅腹面鏤空紋內有紅紋 .... *Euthalia irrubescens*（紅玉翠蛺蝶）

翅腹面鏤空紋內無紅紋 ....**❸**

❸ 前、後翅均有鮮明白帶 ....**❹**

翅面帶紋黃色或後翅白帶縮減 ....**❺**

❹ 後翅中央白帶外緣界限明顯，並向後延伸入CuA$_2$室內 ....
.... *Euthalia insulae*（窄帶翠蛺蝶）

後翅中央白帶外緣界限模糊，向後延伸僅及CuA$_2$脈 ....
.... *Euthalia formosana*（臺灣翠蛺蝶）

❺ 後翅中央有連續白帶 .... *Euthalia malapana*（馬拉巴翠蛺蝶）

後翅中央有連續黃斑或不連續白點 .... *Euthalia kosempona*（甲仙翠蛺蝶）

瑙蛺蝶 特有亞種

Abrota ganga formosana Fruhstorfer

▌模式產地：*ganga* Moore, 1857；印度；*formosana* Fruhstorfer, 1908；臺灣。

英 文 名	Sergeant-Major

別 名	雄紅三線蝶、婀蛺蝶、大吉嶺橙蛺蝶

蛺蝶科
瑙蛺蝶屬

形態特徵 Diagnostic characters

　　雌雄斑紋迴異。軀體背側於雄蝶呈橙色，於雌蝶呈黑褐色，腹側白色。前翅近直角三角形，前緣呈弧形。後翅近橢圓形，外緣翅脈端略突出而略作波狀。翅背面底色黑褐色，雄蝶翅面有橙色瑪瑙模樣紋路，內有黑褐色線紋、斑點。雌蝶翅面有明顯的白色帶紋、條紋及斑點。前翅中室內有一內鑲黑斑點之白條，其外側有一眉形紋。白色中央斑列作折線狀排列。亞外緣有模糊白斷線紋列。後翅內側與外側各有一白色帶紋，內側紋列較鮮明，外側紋列較內側紋列細。翅腹面底色於雄蝶主要呈橙色，而雌蝶主要呈淺褐色，上有暗褐色線紋及斑紋，翅面中央有一暗色線由前翅翅頂延伸至後緣中央，並貫穿後翅內側。翅外側有矢狀紋列。前、後翅中室及翅基有黑褐色鏤空紋。前翅翅頂有一橙色紋。緣毛褐色。

生態習性 Behaviors

　　一年一世代蝶種。成蝶飛行快速、有力，會吸食腐果。雄蝶會吸水。卵數十個成一群聚產於寄主成熟葉葉背，幼蟲前期有聚集性。

雌、雄蝶之區分 Distinctions between sexes

　　雌蝶翅面橙色而有黑褐色紋，雌蝶則褐底白紋，兩者差異明顯。雄蝶前足跗節癒合、被毛，雌蝶則分節、平滑。

近似種比較 Similar species

　　在臺灣地區沒有斑紋類似的種類。

分布 Distribution	棲地環境 Habitats	幼蟲寄主植物 Larval hostplants
在臺灣地區主要見於臺灣本島低、中海拔地帶。臺灣以外分布於華南、華西、華東、喜馬拉雅、中南半島等地區。	常綠闊葉林。	金縷梅科Hamamelidaceae之秀柱花*Eustigma oblongifolium*；殼斗科Fagaceae之青剛櫟*Quercus glauca*、赤皮*Q. gilva*等植物。

31~44mm

1 2 3 4 5 6 7 8 9 10 11 12

400~1500m

1cm

75%

♂

1cm

♀

變異　Variations	豐度／現狀　Status	附記　Remarks
雄蝶翅背面黑褐色紋及雌蝶翅背面白紋形狀富個體變異。	一般數量不多。	本種雌蝶斑紋與帶蛺蝶、環蛺蝶類相似，此類斑紋可能有干擾捕食性天敵掠食效率的效果。

翠蛺蝶屬

Euthalia Hübner, [1819]

模式種 Type Species | *Papilio rubentina* Cramer, [1777]，即紅斑翠蛺蝶
Euthalia rubentina（Cramer, [1777]）。

形態特徵與相關資料 Diagnosis and other information

中、大型蛺蝶。體粗壯。複眼光滑。雄蝶前足跗節密被毛、癒合，雌蝶則不被毛、分節。觸角長度約前翅長1／2。翅背面底色多呈褐色，翅面常有白色、紅色、藍色斑紋。腹面底色彩較淺，前、後翅中室及翅基綴有鏤空紋。前翅中室開放或封閉、後翅中室開放。部分種類雌雄二型性顯著。卵表密生短棘，幼蟲體表側面具成對羽狀分支突起。

窄帶翠蛺蝶*Euthalia insulae*（桃園縣復興鄉四稜，1000m，2010.07.02.）。

本屬涵蓋範圍目前仍有許多不同意見，與*Tanaecia* Butler, 1869、*Bassarona* Moore, 1897、*Dophla* Moore, 1880、*Lexia* Boisduval,1832、*Euthaliopsis* van de Polle, 1896等許多屬級分類單元之關係有待釐清。另外，非洲區有數個種類繁多的屬級分類單元在成、幼蟲形態上均與翠蛺蝶類似，不過系統發育分析卻發現東洋區與非洲區分類單元分別成一單系群，顯示兩者分化年代久遠。

本屬成員超過100種，分布於東洋區。

主要棲息於森林及林緣等環境。成蝶吸食腐果、死屍等腐敗物。

寄主植物包括殼斗科Fagaceae、大戟科Euphorbiaceae、棕櫚科Arecaceae、桑寄生科Loranthaceae、漆樹科Anacardiaceae及柿樹科Ebenaceae等植物。

臺灣地區有五種。

- *Euthalia irrubescens fulguralis*（Matsumura, 1909）（紅玉翠蛺蝶）
- *Euthalia kosempona* Fruhstorfer, 1908（甲仙翠蛺蝶）
- *Euthalia malapana* Shirôzu & Chung, 1958（馬拉巴翠蛺蝶）
- *Euthalia formosana* Fruhstorfer, 1908（臺灣翠蛺蝶）
- *Euthalia insulae* Hall, 1930（窄帶翠蛺蝶）

檢索表請參見瑙蛺蝶屬。

紅玉翠蛺蝶

Euthalia irrubescens fulguralis (Matsumura)

▌模式產地：*irrubescens* Grose-Smith, 1893：中國；*fulguralis* Matsumura, 1909：臺灣。

英 文 名	Red Baron
別 名	閃電蝶、紅裙邊翠蛺蝶

形態特徵 Diagnostic characters

雌雄斑紋相似。軀體黑褐色，頭部複眼後方有紅紋。下唇鬚腹側亦有紅紋。前翅近直角三角形，前緣呈弧形，外緣中央向內凹入。後翅外緣翅脈端略突出而作波狀，於雄蝶近橢圓形，於雌蝶近圓形。翅背面底色褐色，基半部明顯暗色。外側淺色部分於前翅偏黃褐色調，於後翅則帶藍紫色調。各翅室內有一黑褐色條紋呈放射狀延伸，於前翅條紋呈線狀，於後翅條紋外端膨大。前翅中室內有兩紅色短條，後翅臀區附近有紅紋。翅腹面底色較淺，各翅室內亦有一黑褐色條紋呈放射狀延伸，但於外端有紅紋。前翅基半部明顯暗色。前、後翅中室內有兩紅色短條。後翅翅基附近有黑褐色鏤空紋，內有紅紋。緣毛褐色。

生態習性 Behaviors

多世代性蝶種。成蝶飛行快速，會吸食腐果。雄蝶會吸水。

雌、雄蝶之區分 Distinctions between sexes

雌蝶後翅肛角較圓鈍，雄蝶則較尖銳。雄蝶前足跗節癒合、被毛、末端尖，雌蝶分節、平滑、末端鈍。

近似種比較 Similar species

在臺灣地區沒有斑紋類似的種類。

分布 Distribution	棲地環境 Habitats	幼蟲寄主植物 Larval hostplants
在臺灣地區主要見於臺灣本島低、中海拔地帶。臺灣以外分布於華南、華西等地區。	常綠闊葉林。	大葉桑寄生*Taxillus liquidambaricolus*、忍冬葉桑寄生*T. lonicerifolius*、蓮花池桑寄生*T. tsaii*等桑寄生科Loranthaceae植物。利用部位為成熟葉片。

蛺蝶科

翠蛺蝶屬

100%

♂

1cm

♀

1cm

紅玉翠蛺蝶幼蟲Larva of *Euthalia irrubescens fulguralis*（花蓮縣秀林鄉迴頭灣，700m，2011.10.07.）。

變異 Variations	豐度 / 現狀 Status	附記 Remarks
不顯著。	數量稀少。	本種曾因斑紋與黑紫蛺蝶*Sasakia funebris*（Leech, 1891）（模式產地：四川）相似而被置於紫蛺蝶屬內。

甲仙翠蛺蝶

Euthalia kosempona Fruhstorfer

▍模式產地：*kosempona* Fruhstorfer, 1908；臺灣。

英文名	Kosempo Duke
別　名	黃翅翠蛺蝶、連珠綠蛺蝶

形態特徵 Diagnostic characters

雌雄斑紋迥異。軀體背側褐色，腹側黃白色或淺黃綠色。前翅近直角三角形，前緣呈弧形，外緣中央向內凹入。翅形近圓形，外緣翅脈端突出而作波狀。翅背面底色呈深綠色，雄蝶中央斑列為一串淺黃褐色之斑紋，前翅翅頂附近有2～3枚同色小紋。前翅中室內有兩鑲黑邊之淺黃褐色短條。翅外緣有模糊淺黃褐色紋列。雌蝶前翅中央斑列形成鮮明之白帶斜貫翅面中央，後翅僅於前側有兩只小白斑。前翅翅頂附近有2～3枚白色小紋。翅腹面底色於雄蝶呈淺黃褐色，雌蝶呈淺黃綠色。翅面斑紋類似背面，雌蝶後翅中央形成一串白色點列。翅外側有暗色紋列。後翅翅基附近有黑褐色鏤空紋。緣毛黑白相間。

生態習性 Behaviors

一年一世代蝶種。成蝶飛行快速、有力，會吸食腐果。雄蝶會吸水。

雌、雄蝶之區分 Distinctions between sexes

雌雄斑紋差異明顯，雄蝶主要呈淺黃褐色，雌蝶則有白色斑帶及斑點。雄蝶前足跗節癒合、被毛，雌蝶則分節、平滑。

近似種比較 Similar species

在臺灣地區僅有馬拉巴翠蛺蝶與本種雌蝶類似。本種前翅CuA_2室沒有白斑，馬拉巴翠蛺蝶則有兩只小白紋。本種後翅中央斑帶形成一列不連續之白斑點，馬拉巴翠蛺蝶則為一連續白帶。另外，馬拉巴翠蛺蝶前翅翅端呈尖角狀，本種則否。

分布 Distribution	棲地環境 Habitats	幼蟲寄主植物 Larval hostplants
在臺灣地區主要見於臺灣本島低、中海拔地帶。臺灣以外分布於中國大陸南部及越南北部。	常綠闊葉林。	殼斗科Fagaceae之青剛櫟*Quercus glauca*及捲斗櫟*Q. pachyloma*等植物。利用部位為成熟葉片。

| 1 | 2 | 3 | 4 | 5 | 6 | 7 | 8 | 9 | 10 | 11 | 12 |

35~43mm

200~2500m

1cm

♂

75%

1cm

♀

變異 Variations	豐度 / 現狀 Status	附記 Remarks
翅面白、黃色帶紋寬窄及斑紋大小富個體變異。	一般數量不多。	本種種小名*kosempona*意指南臺灣高雄縣甲仙地區。 本種曾被認為是褐蓓翠蛺蝶*E. hebe* Leech,1891（模式產地：湖北）的亞種，（例如Shirôzu, 1992），但Yokochi（2011）指出兩者不同種且均分布於中國大陸南部。

馬拉巴翠蛺蝶

特有種

Euthalia malapana Shirôzu & Chung

▌模式產地：*malapana* Shirôzu & Chung, 1958：臺灣。

英 文 名	Malapa Duke
別　　名	仁愛綠蛺蝶、馬拉巴綠一文字蝶

蛺蝶科
翠蛺蝶屬

形態特徵 Diagnostic characters

雌雄斑紋相似。軀體背側橄欖綠色，腹側淺黃白色。前翅近直角三角形，前緣呈弧形，外緣中央向內凹入並使翅頂呈尖角狀。翅形近圓形，外緣翅脈端突出而略作波狀。翅背面底色呈深綠色，前翅中央斑列形成鮮明之白、黃帶斜貫翅面中央，並於CuA_2室有兩只小白紋。後翅形成一連續白曲帶。前翅翅頂附近有2枚白色小紋。翅腹面底色呈淺黃綠色。翅面斑紋類似背面。前翅外側有明顯暗色紋列，後翅則有模糊暗色線。後翅翅基附近有黑褐色鏤空紋。緣毛黑白相間。

生態習性 Behaviors

一年一世代蝶種。成蝶飛行快速、有力，會吸食腐果。

雌、雄蝶之區分 Distinctions between sexes

雌蝶體型明顯大於雄蝶。雄蝶中央斑帶偏黃色為主，雌蝶則偏白色。雄蝶前足跗節癒合、被毛，雌蝶則分節、平滑。

近似種比較 Similar species

在臺灣地區僅有甲仙翠蛺蝶雌蝶與本種類似。本種前翅CuA_2室有兩只小白紋，甲仙翠蛺蝶雌蝶則無白斑。本種後翅中央斑帶形成一連續白色曲帶，甲仙翠蛺蝶雌蝶則為不連續之白斑點。本種前翅翅端呈尖角狀，甲仙翠蛺蝶則否。

分布 Distribution	棲地環境 Habitats	幼蟲寄主植物 Larval hostplants
在臺灣地區主要見於臺灣本島中海拔地帶。	常綠闊葉林。	尚未知曉。

41~49mm

3000
2000
1000
0

1000~1600m

1 2 3 4 5 6 **7** 8 9 10 11 12

70%

♂

1cm

♀

變異 Variations	豐度／現狀 Status	附記 Remarks
不顯著。	本種是臺灣地區最稀有的蝴蝶之一。	本種種小名*malapana*意指中臺灣南投縣仁愛鄉馬拉巴（力行村）。

臺灣翠蛺蝶

Euthalia formosana Fruhstorfer

▍模式產地：*formosana* Fruhstorfer, 1908；臺灣。

英文名	Formosan Duke
別　　名	臺灣綠一文字蝶、臺灣綠蛺蝶、高砂綠一文字蝶

形態特徵 Diagnostic characters

雌雄斑紋相似。軀體背側棕褐或橄欖色，腹側淺黃白色。口吻淺黃褐色。前翅近直角三角形，前緣呈弧形，外緣中央向內凹入。翅形近扇形，外緣翅脈端突出而略作波狀。翅背面底色呈帶有橄欖綠、紫色味的灰褐色，翅中央斑列形成鮮明之黃白色帶貫穿翅面中央，其外緣界限模糊。翅外側有暗色帶紋。前翅翅頂附近有3枚白色小紋。翅腹面底色呈淺褐色。翅面斑紋類似背面。前翅外側有明顯暗色紋帶，後翅則有模糊暗色線。後翅翅基附近有黑褐色鏤空紋。緣毛黑白相間。

生態習性 Behaviors

一年一世代蝶種。成蝶翔姿雄壯優雅，好於闊葉林內活動，喜吸食腐果、樹液，並會至溼地吸水。成蝶常停棲於林床植被上或樹冠上。卵數個至數十個成一群聚產於寄主成熟葉葉背，幼蟲前期有聚集性。

雌、雄蝶之區分 Distinctions between sexes

雄蝶前翅M_1室白斑小於M_2室白斑，雌蝶則前翅M_1室白斑大於M_2室白斑。雌蝶體型通常大於雄蝶。雄蝶前足跗節癒合而被長毛，雌蝶則分節而無長毛。

近似種比較 Similar species

在臺灣地區與本種最近似的種類是窄帶翠蛺蝶，後者除了翅面中央白帶通常較狹窄之外，其中央白帶外緣通常界限明顯，而本種則中

分布 Distribution	棲地環境 Habitats	幼蟲寄主植物 Larval hostplants
主要見於臺灣本島低海拔地帶。	常綠闊葉林。	殼斗科Fagaceae之青剛櫟*Quercus glauca*、錐果櫟*Q. longinux*、三斗石櫟*Lithocarpus hancei*及大戟科Euphorbiaceae之粗糠柴*Mallotus philippensis*等闊葉喬木。利用部位為成熟葉片。

蛺蝶科

翠蛺蝶屬

央白帶外緣通常界限模糊。另外，窄帶翠蛺蝶後翅中央白帶向後延伸入CuA$_2$室中央，本種則向後延伸僅及CuA$_2$脈或略越過CuA$_2$脈。

♂

1cm

75%

♀

1cm

變異 Variations	豐度／現狀 Status	附記 Remarks
翅面中央白帶寬窄及翅底色色調多變異。有的個體翅背面帶有紫色光澤。	目前數量尚多。	本種種小名*formosana*即為「臺灣」之意。

窄帶翠蛺蝶

特有亞種

Euthalia insulae Hall, 1930

▌模式產地：*insulae* Hall, 1930：臺灣。

英 文 名	Narrow-Banded Duke
別　　名	杉谷一文字蝶、「西藏綠蛺蝶」、「西藏翠蛺蝶」

形態特徵 Diagnostic characters

雌雄斑紋相似。軀體背側棕褐或橄欖色，腹側淺黃白色。口吻淺綠色。前翅近直角三角形，前緣呈弧形，外緣中央略向內凹入。翅形近扇形，外緣翅脈端突出而作波狀。翅背面底色呈帶有橄欖綠色的灰褐色，常部分帶紫色色調。翅中央斑列形成鮮明之黃白色、白色帶貫穿翅面中央，其外緣界限明顯且常呈波狀。翅外側有暗色帶紋。前翅翅頂附近有2枚白色小紋。翅腹面底色呈淺褐色。翅面斑紋類似背面。前翅外側有明顯暗色紋帶，後翅則有模糊暗色線。後翅翅基附近有黑褐色鏤空紋。緣毛黑白相間。

生態習性 Behaviors

一年一世代蝶種。成蝶翔姿雄壯優雅，好於闊葉林內活動，喜吸食腐果、樹液。成蝶常停棲於林床植被上或樹冠上。卵數個成一小群聚產於寄主成熟葉葉背，幼蟲前期有聚集性。

雌、雄蝶之區分 Distinctions between sexes

雌蝶體型通常大於雄蝶。雄蝶前足跗節癒合、被毛、末端尖，雌蝶分節、平滑、末端鈍。

近似種比較 Similar species

在臺灣地區與本種最近似的種類是臺灣翠蛺蝶，後者翅面中央白帶通常較寬闊、中央白帶外緣界限模糊，而且臺灣翠蛺蝶後翅中央白帶不像本種般深入CuA_2室。

分布 Distribution	棲地環境 Habitats	幼蟲寄主植物 Larval hostplants
在臺灣地區主要見於臺灣本島低、中海拔地帶。臺灣以外分布於華東、華南及華西南地區。	常綠闊葉林。	殼斗科Fagaceae之赤皮*Quercus gilva*及青剛櫟*Q. glauca*等植物。利用部位為成熟葉片。

36~48mm

3000
2000
1000
0

200~3000m

1 2 3 4 5 6 7 8 9 10 11 12

70%

1cm

♂

1cm

♀

變異 Variations	豐度/現狀 Status	附記 Remarks
翅面中央白帶外緣波狀程度多變異。	一般數量不多。	本種長期被視為西藏翠蛺蝶*Euthalia thibetana*（Poujade, 1885）（模式產地：四川[藏區]）之臺灣產亞種。小岩屋（1996）指出兩者雄蝶交尾器結構迥異，且於大陸各地混棲。 另外，村山、下野谷（1963）曾將本種在烏來地區發現之個體視為獨立亞種ssp.*uraiana* Murayama & Shimononya 1963（模式產地：臺灣），應無此必要。

絲蛺蝶屬 *Cyrestis* Borisduval, 1831

模式種 Type Species | *Papilio thyonneus* Cramer, [1779]，即絲蛺蝶 *Cyrestis thyonneus*（Cramer, [1779]）。

形態特徵與相關資料 Diagnosis and other information

中型蛺蝶。複眼光滑。下唇鬚長，第3節長度超過第2節長度一半以上。觸角長度超過前翅長1／2。雄蝶前足跗節細、密被毛、癒合，雌蝶則末端膨大、不被毛、分節。前翅中室短於前翅長1／2。足纖細。前、後翅中室均封閉。後翅M_3脈末端突出呈指狀或尾狀，臀區突出呈葉狀。翅背面底色呈白色或淺褐色，上有暗色線紋。幼蟲頭部背側有一對角狀突起，軀體於第2及第10腹節背側各有一角狀突起。

非洲區之 *Azania* Martin, 1903及東洋區的 *Chersonesia* Distant, 1883與本屬近緣，部分研究者認為應置於本屬內。

本屬種類數依不同作者意見而有差異，少者有13種，多者超過20種，主要分布於東洋區及澳洲區。

棲息於森林及林緣等環境。成蝶吸食花蜜、腐果、死屍等腐敗物。有溼地吸水習性。

寄主植物為桑科Moraceae榕屬*Ficus*植物。

臺灣地區有一種。

• *Cyrestis thyodamas formosana* Fruhstorfer, 1898（網絲蛺蝶）

網絲蛺蝶左前足（左雄右雌）

跗節(tarsus)

榕樹上之網絲蛺蝶蛹 Pupa of *Cyrestis thyodamas formosana* on *Ficus microcarpa*（臺北市文山區師大分部，2010.03.06.）。

網絲蛺蝶

Cyrestis thyodamas formosana Fruhstorfer

▌模式產地：*thyodamas* Doyère, [1840]：北印度；*formosana* Fruhstorfer, 1898：臺灣。

英 文 名	Common Mapwing
別　　名	地圖蝶、石牆蝶、石崖蝶、崖胥、石垣蝶

形態特徵 Diagnostic characters

雌雄斑紋相似。軀體背側呈前段近色，後段淺橙色，上有三道黑褐色縱線，腹側白色。前翅近直角三角形，於臀區有缺刻，前緣呈弧形，外緣略呈波狀。後翅翅形奇特，前緣外側凹入，M_3脈末端突出呈指狀，臀區有兩葉狀突，外緣於翅脈末端突出。翅背面底色白色或黃白色，翅面上有許多黑褐色細線紋及淺黃褐色、灰色、桃紅色斑紋，後翅外側有暗色粗條紋，條紋外側鑲有圈紋。翅腹面底色較淺，後翅外側亦有暗褐色粗條紋及圈紋。緣毛白色混有褐色。

生態習性 Behaviors

多世代性蝶種。成蝶飛行輕快、飄忽，會吸食花蜜、腐果，也會吸水。休息及避敵時翅膀平攤。

雌、雄蝶之區分 Distinctions between sexes

雌蝶翅面色調常較淺，但是可靠的鑑別有賴檢視腹端及前足構造。雄蝶前足跗節被毛而末端尖，雌蝶則平滑、末端鈍而棘狀構造發達。

近似種比較 Similar species

在臺灣地區沒有斑紋類似的種類。

分布 Distribution	棲地環境 Habitats	幼蟲寄主植物 Larval hostplants
在臺灣地區廣泛分布於臺灣本島平地至中海拔地帶，馬祖地區有不同亞種之記錄。臺灣以外分布於華南、華西、華東、喜馬拉雅、阿富汗、印度、中南半島、日本等地區。	常綠闊葉林、海岸林、都市林。	桑科Moraceae榕屬*Ficus*之多種植物，包括大葉雀榕*Ficus caulocarpa*、天仙果*F. formosana*、澀葉榕*F. irisana*、正榕*F. microcarpa*、薜荔*F. pumila*、珍珠蓮*F. sarmentosa*、白肉榕*F. virgata*、山豬枷*F. tinctoria*、菲律賓榕*F. ampelas*、假枇杷*F. erecta*、大冇榕*F. septica*等。利用部分主要為幼葉。

26~34mm

0~2500m

高溫期（雨季型）

80%

1cm

♂

♀

1cm

變異 Variations	豐度／現狀 Status	附記 Remarks
高溫期／雨季個體暗色紋較發達。部分個體底色泛黃色。	目前數量尚多。	本種的黃色型個體出現頻率不高，其形成成因尚不明瞭。 馬祖地區記錄者暗色紋較不發達、翅面線紋較細，屬於亞種 ssp. *chinensis* Martin, 1903（模式產地：華西／華南）。

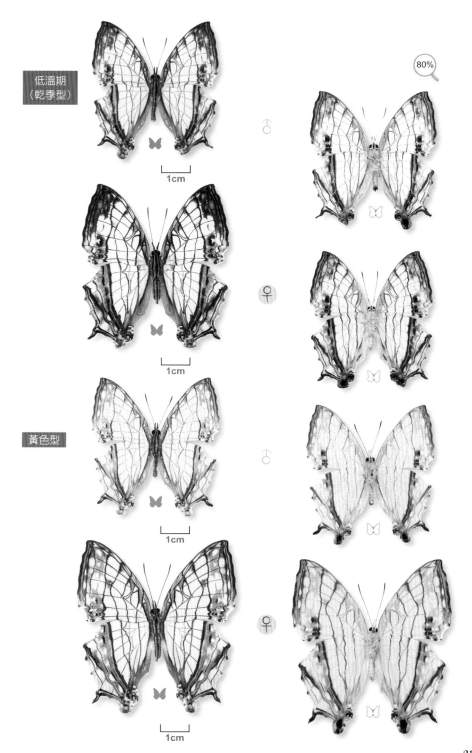

低溫期
（乾季型）

80%

1cm

1cm

黃色型

1cm

1cm

217

流星蛺蝶屬 *Dichorragia* Butler, [1869]

模式種 Type Species | *Adolias nesimachus* Boisduval, [1846]，即流星蛺蝶 *Dichorragia nesimachus*（Boisduval, [1846]）。

形態特徵與相關資料 Diagnosis and other information

中型蛺蝶。複眼密被毛。下唇鬚第3節長度為第2節長度一半。觸角長度於雄蝶超過前翅長1／2，於雌蝶短於前翅長1／2。前翅中室短於前翅長1／2。雄蝶前足跗節密被毛，雌蝶則不被毛而末端具爪。前、後翅中室均封閉。翅背面底色黑褐色，上綴白色斑點及線紋。幼蟲頭部背側有一對棒狀突起。

本屬種類數依不同作者意見有1~3種之分，分布於東洋區、澳洲區及舊北區東端。

棲息於森林及林緣等環境。成蝶喜吸食腐果、死屍等腐敗物。

寄主植物為清風藤科Sabiaceae植物。

臺灣地區有一種。

· *Dichorragia nesimachus formosanus* Fruhstorfer, 1909（流星蛺蝶）

爪
(claw)

流星蛺蝶雌蝶左前足

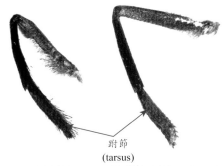

跗節
(tarsus)

流星蛺蝶左前足（左雄右雌）

流星蛺蝶

特有亞種

Dichorragia nesimachus formosanus Fruhstorfer

▌模式產地：*nesimachus* Doyère, [1840]：北印度；*formosanus* Fruhstorfer, 1909：臺灣。

英 文 名	Constable
別 名	流墨蛺蝶、電蛺蝶

形態特徵 Diagnostic characters

　　雌雄斑紋相似。軀體呈黑褐色，腹側於腹部有白色小點。下唇鬚第2節外側有白紋。前翅近直角三角形，前緣呈弧形。後翅外緣翅脈端突出而略作波狀。後翅近圓形。翅背面底色黑褐色，翅面上有許多白色及淺藍色斑點及短線紋。翅外側有「V」形紋形成之紋列，其內側有黑色斑點列，外側另有白色小白點列。翅面內側布滿藍、紫色小點。前翅亞前緣中央有數道白色短線。翅腹面底色較淺，白紋較鮮明。翅內側斑點較稀疏而色調較淺。前翅中室內有兩條淺色短條。後翅外側黑色斑點列明顯。緣毛黑白相間。

生態習性 Behaviors

　　多世代性蝶種。成蝶飛行敏捷、快速，會吸食花蜜、腐果。幼蟲會將葉片咬成連綴之碎片狀，形成簾狀構造。

雌、雄蝶之區分 Distinctions between sexes

　　雌蝶體型較大，翅形較圓。雄蝶前足跗節癒合、被毛、末端尖、無爪，雌蝶則分節、平滑、末端鈍、有爪。

近似種比較 Similar species

　　在臺灣地區沒有斑紋類似的種類。

分布 Distribution	棲地環境 Habitats	幼蟲寄主植物 Larval hostplants
在臺灣地區廣泛分布於臺灣本島低、中海拔地帶，離島龜山島亦有觀察記錄。臺灣以外分布於華南、華西、華東、喜馬拉雅、中南半島、日本、朝鮮半島、東南亞等地區。	常綠闊葉林。	在臺灣地區以山豬肉*Meliosma pinnata*、綠樟*M. squamulata*、筆羅子*M. simplicifolia*、紫珠葉泡花樹*M. callicarpifolia*等清風藤科Sabiaceae植物為幼蟲寄主植物。取食部位是葉片。

31~44mm

200~2500m

1cm

90%

♂

1cm

♀

變異 Variations	豐度／現狀 Status
高溫期／雨季個體體型較大，翅面白紋較不鮮明。	一般數量不多。

絹蛺蝶屬

Calinaga Moore, 1857

模式種 Type Species ｜ 絹蛺蝶*Calinaga buddha* Moore, 1857。

形態特徵與相關資料 Diagnosis and other information

中型蛺蝶。複眼密被毛。前胸環生橙色長毛。下唇鬚被毛，在第一、二節向外伸展，第三節則平伏；第三節短，形如毛筆頭。雄蝶前足細小、跗節癒合，雌蝶則粗大，分節而末端具爪。觸角長度僅及前翅長1／3。前、後翅中室均封閉。後翅卵形。翅面半透明，上有黑褐色及淺褐色紋。幼蟲頭部背側有一對密生細毛之棒狀突起。

本屬種類數依不同作者意見可分為2~7種，分布於東洋區。

棲息於森林及林緣等環境。成蝶吸食糞便、腐果、死屍等腐敗物。

寄主植物為桑科Moraceae植物。

臺灣地區有一種。

· *Calinaga buddha formosana* Fruhstorfer, 1908（絹蛺蝶）

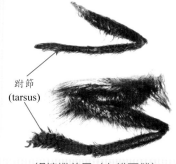

跗節
(tarsus)

絹蛺蝶前足（上雄下雌）

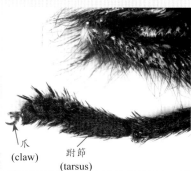

爪
(claw)
跗節
(tarsus)

絹蛺蝶雌蝶前足放大圖

縱稜
(carina)
絹蛺蝶雄蝶觸角腹面

縱稜
(carina)
絹蛺蝶雄蝶觸角腹面（放大）

下唇鬚
(labial palpus)

絹蛺蝶頭部腹面觀

絹蛺蝶 特有亞種

Calinaga buddha formosana Fruhstorfer

▌模式產地：*buddha* Moore, 1857；錫金；*formosana* Fruhstorfer, 1908；臺灣。

英 文 名	Orange Freak
別　　名	黃頸蛺蝶、首環蝶、頸輪蝶、黃頭仔

形態特徵 Diagnostic characters

雌雄斑紋相似。軀體呈黑褐色，胸部前側有橙紅色毛環。前翅翅形近三角形，前緣、外緣呈弧形，翅頂圓鈍。後翅近卵形。翅背面大部分呈暗褐色，翅面形成帶光澤之半透明淡青白色斑紋，近翅基處呈線條狀，外半部則呈斑點狀。中室內半透明淡青白色斑內有一黑條橫切。翅腹面斑紋類似背面，但底色較翅背面淺色。緣毛淺褐色。

生態習性 Behaviors

一年一世代性蝶種。成蝶飛行緩慢，嗜食動物糞汁及死屍等腐敗物。幼蟲前期有製造糞塔之習性，後期則吐絲在葉表做成厚絲墊形成憩座。冬季以蛹態休眠越冬。

雌、雄蝶之區分 Distinctions between sexes

雄蝶前足跗節癒合、末端尖、無爪，雌蝶則分節、末端鈍、有爪。

近似種比較 Similar species

臺灣地區分布的蝶類中斑紋和本種類似者有絹斑蝶類及斑鳳蝶，但這些蝶種均無本種胸部擁有的橙色環帶。

吸食糞便的絹蛺蝶*Calinaga buddha formosana* feeding upon animal feces（新北市烏來區福山村，400m，2010.03.19.）。

分布 Distribution	棲地環境 Habitats	幼蟲寄主植物 Larval hostplants
在臺灣地區分布於臺灣本島全島低、中海拔地區。其他分布區域包括華東、華南、華西、喜馬拉雅、中南半島等地區。	常綠闊葉林。	桑科Moraceae的小葉桑*Morus australis*。取食部位是葉片。

40~47mm

70%

1cm

1cm

變異 Variations	豐度 / 現狀 Status	附記 Remarks
翅面上半透明淺青白色斑紋大小、形狀多變化。	目前數量尚多。	部分研究者認為本分類單元應視為臺灣特有種。

223

貓蛺蝶屬

Timelaea Lucas, 1883

模式種 Type Species | *Melitaea* (?) *maculata* Bremer & Grey, [1852]，即貓蛺蝶 *Timelaea maculata*（Bremer & Grey, [1852]）。

形態特徵與相關資料 Diagnosis and other information

中小型蛺蝶。複眼光滑。中室長度僅及前翅長度1／3。雄蝶前足跗節密被毛、癒合、末端尖，雌蝶則不被毛、分節、末端鈍而略膨大。前、後翅中室均開放。翅面底色白、黃色，上有黑色斑點。幼蟲體蛞蝓狀，頭頂有一對分枝突起。

本屬約有3種，分布於東洋區及舊北區東部。

棲息於森林，成蝶會訪花及吸食腐果。

幼蟲寄主植物為朴樹科Celtidaceae植物。

在臺灣地區有一種。

• *Timelaea albescens formosana* Fruhstorfer, 1908（白裳貓蛺蝶）

白裳貓蛺蝶 *Timelaea albescens formosana*（新北市新店區獅頭山，300m，2009.05.22.）。

白裳貓蛺蝶 特有亞種

Timelaea albescens formosana Fruhstorfer, 1908

▋模式產地：*albescens* Oberthur, 1886：中國；*formosana* Fruhstorfer, 1908：臺灣。

英 文 名	White-banded Leopard Cat
別 名	豹紋蝶、豹斑蛺蝶、豹紋斑蝶、豹紋斑蛺蝶

形態特徵 Diagnostic characters

　　雌雄斑紋相似。軀體背側呈淺黃褐色，中央隱約有一黑褐色縱線，腹側呈白色。前翅近三角形，前緣作弧形，外緣略呈弧形。後翅接近扇形，外緣稍呈波狀。翅背面底色橙黃色，雌蝶有時基半部泛白色。翅面布滿黑褐色斑點，中室內有四枚黑褐色圓斑。翅腹面斑紋類似翅背面而黑褐色斑點較小，後翅內側有一塊白斑，其餘翅面底色橙黃色。緣毛黃、褐相間。

生態習性 Behaviors

　　多世代性蝶種。成蝶喜在林緣、林床活動。成蝶飛翔活潑，會訪花、吸食腐敗物及吸水。幼蟲停棲於葉背，冬季時幼蟲將葉片背面的一部分吐以厚絲，使其向下彎曲形成窩狀越冬巢，於其中越冬。

雌、雄蝶之區分 Distinctions between sexes

　　雌蝶翅形較圓。雄蝶前足跗節癒合、被長毛、末端尖，雌蝶則分節、平滑、末端鈍。

近似種比較 Similar species

　　在臺灣地區無類似種。

分布 Distribution	棲地環境 Habitats	幼蟲寄主植物 Larval hostplants
在臺灣地區分布於臺灣本島低、中海拔地區。臺灣地區以外分布於華北、華東、華中、華西等地區。	常綠闊葉林、海岸林等。	朴樹科Celtidaceae之石朴 *Celtis formosana*、沙楠子樹*C. biondii*及朴樹*C. sinensis*等。取食部位是葉片。

蛺蝶科

貓蛺蝶屬

22~31mm

1 2 3 4 5 6 7 8 9 10 11 12

0~1000m

100%

1cm ♂

1cm ♀

變異 Variations	豐度／現狀 Status	附記 Remarks
翅面黑褐色斑點大小、形狀多變化。	目前數量尚多。	本種之臺灣族群過去多被認為是貓蛺蝶*Timelaea maculata* Bremer & Grey, 1852（模式產地：北京）的亞種，直到Okano & Okanao（1984）才明確指出臺灣所產的貓蛺蝶應為白裳貓蛺蝶。

226

鎧蛺蝶屬 *Chitoria* Moore, [1896]

模式種 Type Species | *Apatura sordida* Moore, [1866]，即斜帶鎧蛺蝶 *Chitoria sordida*（Moore, [1866]）。

形態特徵與相關資料 Diagnosis and other information

中型蛺蝶。複眼光滑。雄蝶前足跗節被長毛、癒合，雌蝶則不被毛、分節。前、後翅中室均開放。雌雄同型之種類翅面底色暗褐色，上有白紋。雌雄異型之種類則雄蝶翅面底色淺黃褐色，上有黑褐色紋；雌蝶翅面底色暗褐色，上有白紋。幼蟲頭頂有一對分枝突起。

金鎧蛺蝶雌蝶Female *Chitoria chrysolora* （臺東縣延平鄉紅葉，500m，2011.11.25.）。

本屬與閃蛺蝶屬*Apatura* Fabricius, 1807近緣，部分研究者認為應視為同屬。

本屬約有7種，分布於東洋區及舊北區東部。

棲息於森林，成蝶會吸食腐果、樹液。

幼蟲寄主植物為朴樹科Celtidaceae植物。

在臺灣地區有兩種。

· *Chitoria chrysolora*（Fruhstorfer, 1908）（金鎧蛺蝶）
· *Chitoria ulupi arakii*（Naritomi, 1959）（武鎧蛺蝶）

臺灣地區
檢索表   鎧蛺蝶屬

Key to species of the genus *Chitoria* in Taiwan

❶ 後翅腹面中央線紋直線狀；雄蝶翅腹面底色泛綠色；雌蝶翅腹面底色泛銀白色 .... *ulupi*（武鎧蛺蝶）

後翅腹面中央線紋前端明顯向外側曲折；雄蝶翅腹面底色無綠色調；雌蝶翅腹面底色不泛銀白色 .... *chrysolora*（金鎧蛺蝶）

金鎧蛺蝶

Chitoria chrysolora (Fruhstorfer)

蛺蝶科

鎧蛺蝶屬

模式產地：*chrysolora* Fruhstorfer, 1908；臺灣。

| 英 文 名 | Yellow Emperor／Formosan Emperor |
| 別　　名 | 臺灣小紫蛺蝶 |

形態特徵 Diagnostic characters

雌雄斑紋相異。軀體背側於雄蝶呈淺黃褐色，腹側呈黃白色；於雌蝶呈暗褐色，腹側呈白色。下唇鬚背側褐色，腹側白色。前翅近三角形，前緣略作弧形，外緣中央凹入，雄蝶翅頂突出。後翅接近三角形，外緣稍呈波狀。翅背面底色於雄蝶呈橙黃色，翅面於前、後翅CuA_1室內均有一黑褐色斑點，前翅翅頂附近、沿外緣及前緣中央有黑褐色斑紋。後翅沿外緣有黑褐色紋列。翅腹面底色較淺而缺乏暗色紋，前、後翅CuA_1室內亦有一黑褐色斑點，後翅斑點外鑲暗色圈紋而內有一白點，形成眼狀紋。後翅中央有一褐色線由臀區附近向前延伸至前緣中央，其前端向外側曲折。雌蝶翅背面底色暗褐色，中央斑帶白色或黃色，前翅外側亦有數只白、黃斑。前、後翅CuA_1室內亦各有一黑褐色斑點。翅腹面底色呈橄欖色，外側色彩較深。中央斑帶內側鑲暗色邊。緣毛黑白相間。

生態習性 Behaviors

一年至少有兩世代。成蝶喜在林緣活動。成蝶飛翔快速敏捷，好吸食樹液及腐果。雌蝶將卵粒於葉背成片產下形成卵塊。幼蟲有群聚性並停棲於葉背。冬季以非休眠性小幼蟲越冬。

雌、雄蝶之區分 Distinctions between sexes

雌、雄蝶斑紋、色彩迥異，雄蝶底色橙黃而有黑紋，雌蝶則底色暗褐而有白、黃帶，容易區分。

近似種比較 Similar species

在臺灣地區與本種類似者為

分布 Distribution	棲地環境 Habitats	幼蟲寄主植物 Larval hostplants
分布於臺灣本島低、中海拔地區。	常綠闊葉林等。	朴樹科Celtidaceae之石朴*Celtis formosana*、沙楠子樹*C. biondii*及朴樹*C. sinensis*等。取食部位是葉片。

31~35mm

0~2500m

武鎧蛺蝶，本種後翅腹面中央線紋前端明顯向外側曲折，武鎧蛺蝶則否。本種雄蝶翅腹面底色缺乏武鎧蛺蝶之綠色調；雌蝶翅腹面底色缺乏武鎧蛺蝶具有之銀白色光澤。

75%

♂

1cm

♀

1cm

黃帶型

♀

1cm

變異 Variations	豐度／現狀 Status	附記 Remarks
雌蝶翅面中央帶紋有白帶型及黃帶型之分，而以黃帶型較少見。	目前數量尚多。	本種於馬祖地區曾有記錄，但後續觀察未能核實，本書仍視本種為臺灣本島特有之蝶種。

武鎧蛺蝶

特有亞種

Chitoria ulupi arakii (Naritomi)

模式產地：*ulupi* Doherty, 1889；印度；*arakii* Naritomi, 1959；臺灣。

英 文 名	Tawny Emperor
別　　名	蓬萊小紫蛺蝶、荒木小紫蛺蝶

形態特徵 Diagnostic characters

雌雄斑紋相異。軀體背側於雄蝶呈淺黃褐色，腹側呈黃白色；於雌蝶呈暗褐色，腹側呈白色。下唇鬚背側褐色，腹側白色。前翅近三角形，前緣略作弧形，外緣中央凹入，雄蝶翅頂明顯突出。後翅接近三角形，外緣稍呈波狀。翅背面底色於雄蝶呈帶綠色味之橙黃色，翅面於前、後翅CuA$_1$室內均有一黑褐色斑點，但後者細小。前翅翅頂附近、沿外緣及前緣中央有明顯黑褐色斑紋。後翅沿外緣有黑褐色紋列。翅腹面底色較淺而缺乏暗色紋，前、後翅CuA$_1$室內亦有一黑褐色斑點，後者亦細小。後翅中央有一褐色直線由臀區附近向前延伸至前緣中央。雌蝶翅背面底色暗褐色，中央斑帶白色，前翅外側亦有數只白斑。前、後翅CuA$_1$室內亦各有一黑褐色斑點。翅腹面底色呈泛銀白色之淺橄欖綠色。中央斑帶內側鑲暗色邊。緣毛黑白相間。

生態習性 Behaviors

一年可能只有一代。成蝶喜在林緣活動。成蝶飛翔快速敏捷，會吸食樹液。

雌、雄蝶之區分 Distinctions between sexes

雌、雄蝶斑紋、色彩迥異，雄蝶底色為泛綠之橙黃色而有黑紋，雌蝶則底色暗褐而有白帶，容易辨識。

分布 Distribution	棲地環境 Habitats	幼蟲寄主植物 Larval hostplants
分布於臺灣本島中海拔地區。臺灣以外分布於華西、華中、華東、阿薩密、朝鮮半島等地區。	常綠闊葉林。	在臺灣地區缺乏可靠記錄，無疑是以朴樹科Celtidaceae植物為幼蟲寄主。

31~39mm

1000~2500m

蛺蝶科

鎧蛺蝶屬

近似種比較 Similar species

在臺灣地區與本種類似者為金鎧蛺蝶，本種後翅腹面中央線紋呈直線狀而前端不向外側曲折、雄蝶翅腹面底色泛綠色、雌蝶翅腹面底色具有之銀白色光澤等特徵均可與金鎧蛺蝶作區別。另外，本種雄蝶翅頂突出較明顯、翅背面黑褐色斑紋較發達亦有助辨識。

1cm

85%

1cm

變異 Variations	豐度／現狀 Status	附記 Remarks
雄蝶翅面黑褐色紋及雌蝶翅面白紋形狀、大小富個體變異。	數量稀少。	本種雖然形態及習性類似金鎧蛺蝶，但本種垂直分布偏高，不出現於低山丘陵地，金鎧蛺蝶卻以低山丘陵地數量最豐富。

白蛺蝶屬

Helcyra C. Felder, 1860

模式種 Type Species | 新幾內亞白蛺蝶*Helcyra chionippe* C. Felder, 1860。

形態特徵與相關資料 Diagnosis and other information

中型蛺蝶。複眼光滑。雄蝶前足跗節被長毛、癒合，雌蝶則不被毛、分節。觸角長，長度超過前翅長度1／2。觸角鞭節錘部膨大而呈鏟狀。前、後翅中室均開放。下唇鬚長，第3節細小。翅面底色於背面呈白色或黑褐色，腹面白色，上有黑色斑點、斑紋、橙色紋列。幼蟲蛞蝓狀，頭頂有一對細長分枝突起。

本屬依不同作者意見可分為4~9種，分布於東洋區及澳洲區西北部。

棲息於森林，成蝶會吸食腐果、樹液。

幼蟲寄主植物為朴樹科Celtidaceae植物。

在臺灣地區有兩種。

- *Helcyra plesseni*（Fruhstorfer, 1913）（普氏白蛺蝶）
- *Helcyra superba takamukui* Matsumura, 1919（白蛺蝶）

臺灣地區
檢索表　　　　　　　　　　　　　　　　白蛺蝶屬

Key to species of the genus *Helcyra* in Taiwan

❶ 翅背面底色暗褐色；翅腹面橙色紋列明顯 .... *plesseni*（普氏白蛺蝶）

　　翅背面底色白色；翅腹面橙色紋列不明顯 .... *superba*（白蛺蝶）

白蛺蝶雌蝶觸角

普氏白蛺蝶

Helcyra plesseni (Fruhstorfer)

▊模式產地：*plesseni* Fruhstorfer, 1913：臺灣。

英 文 名	Plessen's Emperor
別 名	國姓小紫蛺蝶、臺灣白蛺蝶

形態特徵 Diagnostic characters

雌雄斑紋相似。軀體背側褐色，腹側白色。下唇鬚亦背側褐色，腹側白色。前翅近三角形，前緣作弧形。後翅接近扇形，外緣呈波狀，M_3脈末端最為突出。翅背面底色呈褐色。翅面於前、後翅有鮮明白色帶紋，於前翅M_3脈截為兩列。外側有一白點。前、後翅外側有黑褐色斑點列，其外側有模糊白線紋。翅腹面底色為泛青色之白色，於翅背面白帶位置亦有白帶，白帶外側有橙色帶，橙色帶內有由黑紋與白紋組成之斑紋紋列。沿外緣有黑褐色線紋。緣毛於前翅主要呈褐色，後翅則黑白相間。

生態習性 Behaviors

多世代性蝶種。成蝶在林緣活動。成蝶飛翔快速敏捷，好吸食樹液及腐果。冬季時幼蟲吐絲強化葉片與細枝之連繫而於枯葉上越冬。

雌、雄蝶之區分 Distinctions between sexes

雌蝶翅形較圓、翅背面色調較淺、翅面白帶較寬。雄蝶前足跗節癒合、被長毛、末端尖，雌蝶則分節、平滑、末端鈍。

近似種比較 Similar species

在臺灣地區僅白蛺蝶與本種較為相似，但白蛺蝶翅面為白色，且翅腹面外側缺少鮮明的橙色紋列。

分布 Distribution	棲地環境 Habitats	幼蟲寄主植物 Larval hostplants
分布於臺灣本島低、中海拔地區。	常綠闊葉林。	朴樹科Celtidaceae之沙楠子樹*Celtis biondii*。取食部位是葉片。

28~32mm

100%

300~1500m

蛺蝶科

白蛺蝶屬

1cm

♂

1cm

♀

變異 Variations	豐度/現狀 Status	附記 Remarks
翅面白帶及翅腹面橙色帶紋寬窄有個體變異。	一般數量甚少。	本種之種小名係紀念德籍學者 Victor Baron von Plessen。

白蛺蝶 特有亞種

Helcyra superba takamukui Matsumura

▍模式產地：*superba* Leech, 1890；四川；*takamukui* Matsumura, 1919；臺灣。

英 文 名	Superb Emperor／White Emperor
別 名	傲白蛺蝶

形態特徵 Diagnostic characters

雌雄斑紋相似。軀體背側呈泛白色之灰色，腹側呈白色。下唇鬚背側褐色，腹側白色。前翅近三角形，前緣作弧形。後翅接近扇形，外緣呈波狀，M_3脈末端最為突出。翅背面底色呈白色。翅面於前翅外端呈黑褐色，其內有兩白點。中室端有黑褐色紋。前、後翅外側有黑褐色斑點列，於前翅前側沒入前翅黑褐色區。後翅沿外緣有白紋及黑褐色斑紋組成之花邊。前、後翅翅基附近有暗色陰影。翅腹面底色呈銀白色而缺乏黑褐色紋，翅面外側有由黑褐色及橙黃色小紋組成的彎曲紋列，其內側有淡黑色細帶。沿外緣有黑褐色線紋。緣毛白色。

生態習性 Behaviors

多世代性蝶種。成蝶在林緣活動。成蝶飛翔快速敏捷，好吸食樹液及腐果。冬季時幼蟲吐絲強化葉片與細枝之連繫而於枯葉上越冬。

雌、雄蝶之區分 Distinctions between sexes

雌蝶翅形較圓。雄蝶前足跗節癒合、被長毛、末端尖，雌蝶則分節、平滑、末端鈍。

近似種比較 Similar species

在臺灣地區僅普氏白蛺蝶與本種略為相似，但普氏白蛺蝶翅面為黑褐色，且翅腹面外側有鮮明的橙色紋列，不難分辨。

分布 Distribution	棲地環境 Habitats	幼蟲寄主植物 Larval hostplants
分布於臺灣本島低、中海拔地區。臺灣以外分布於華東、華南及華西地區。	常綠闊葉林。	朴樹科Celtidaceae之沙楠子樹*Celtis biondii*。取食部位是葉片。

蛺蝶科

白蛺蝶屬

28~37mm

300~1500m

1cm

1cm

100%

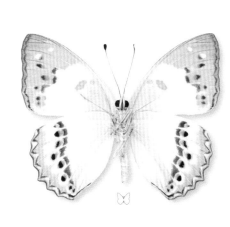

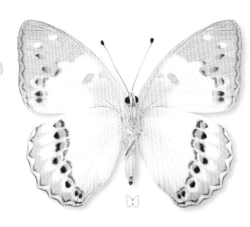

變異 Variations	豐度／現狀 Status	附記 Remarks
後翅斑紋排列富個體變異。	一般數量不多。	部分研究者認為*takamukui*可視為臺灣特有種。

燦蛺蝶屬

Sephisa Moore, 1882

模式種 Type Species | *Limenitis dichroa* Kollar, [1844]，即準燦蛺蝶
Sephisa dichroa（Kollar, [1844]）。

形態特徵與相關資料 Diagnosis and other information

中型蛺蝶。複眼光滑。觸角長，末端圓鈍。雄蝶前足跗節被長毛、癒合、末端尖，雌蝶則不被毛、分節、末端截斷狀。前、後翅中室均開放。下唇鬚長，第3節細小。翅面底色呈黑褐色、橙色或白色，上有白色、黃色、藍色、黑色斑點。幼蟲頭頂有一對分枝突起。

本屬有4種，分布於東洋區。

棲息於森林，成蝶會吸食腐果、樹液。

幼蟲寄主植物為殼斗科Fagaceae植物。

在臺灣地區有兩種。

- *Sephisa chandra androdamas* Fruhstorfer, 1908（燦蛺蝶）
- *Sephisa daimio* Matsumura, 1910（臺灣燦蛺蝶）

臺灣地區
檢索表

燦蛺蝶屬

Key to species of the genus *Sephisa* in Taiwan

❶ 翅面底色黑褐色，後翅腹面亞外緣斑列橙色 .... *chandra*（燦蛺蝶）

翅面底色橙色及白色，後翅腹面亞外緣斑列白色 .... *daimio*（臺灣燦蛺蝶）

下唇鬚第3節
(3rd segment of labial palpus)

燦蛺蝶雄蝶頭部側面

237

燦蛺蝶

Sephisa chandra androdamas Fruhstorfer

▌模式產地：*chandra* Moore, [1858]：錫金；*androdamas* Fruhstorfer, 1908：臺灣。

英 文 名	Eastern Courtier
別　　名	帥蛺蝶、黃斑蛺蝶、黃胡麻斑蛺蝶

形態特徵 Diagnostic characters

雌雄斑紋相異。軀體呈黑色，腹面密布白點、白紋。下唇鬚背側褐色，腹側白色。前翅近三角形，前緣作弧形，外緣中央凹入，於雄蝶尤其明顯。後翅接近扇形，外緣呈波狀，臀區略為突出。翅背面底色呈黑褐色。雄蝶於翅面有許多橙色斑點及斑塊，前翅外側有鮮明白色斜紋列，翅頂附近另有白色小斑點。翅腹面斑紋更加鮮明，並加綴許多淺藍色及淺藍紫色小斑點。雌蝶橙色斑不如雄蝶發達，翅面密布白色、淺藍色、淺藍紫色及橙色斑點及條紋。緣毛黑白相間。

生態習性 Behaviors

多世代性蝶種。成蝶在林緣活動，雄蝶常於山頂作領域占有。成蝶飛翔快速敏捷，好吸食樹液及腐果。雌蝶將卵產入寄主植物上的象鼻蟲或蛾類幼蟲捲成的蟲巢內，幼蟲有群聚性。

雌、雄蝶之區分 Distinctions between sexes

雌、雄蝶斑紋差異明顯，雄蝶翅面有鮮明、大面積的橙色紋，雌蝶則各色斑點散布翅面，有如繁星。

近似種比較 Similar species

在臺灣地區僅臺灣燦蛺蝶與本種略為相似，但臺灣燦蛺蝶後翅腹面有發達之白紋，本種則否。事實上，由於兩者斑紋差別很大，區別十分容易。

分布 Distribution	棲地環境 Habitats	幼蟲寄主植物 Larval hostplants
在臺灣地區分布於臺灣本島低、中海拔地區。臺灣以外分布於華東、華南、華西、喜馬拉雅及中南半島等地區。	常綠闊葉林。	殼斗科Fagaceae之青剛櫟*Quercus glauca*及赤皮*Q. gilva*。取食部位是成熟葉片。

1 2 3 4 5 6 7 8 9 10 11 12

34~47mm

200~2500m

75%

1cm ♂

1cm ♀

變異 Variations	豐度 / 現狀 Status	附記 Remarks
斑紋個體變異豐富，尤其是雌蝶。	一般數量不多。	本種的垂直分布一般低於同屬的臺灣燦蛺蝶，數量豐富的棲地通常低於海拔1000公尺。

239

臺灣燦蛺蝶

特有種

Sephisa daimio Matsumura

┃模式產地：*daimio* Matsumura, 1910：臺灣。

英 文 名	Formosan Courtier
別 名	白裙黃斑蛺蝶、臺灣帥蛺蝶

形態特徵 Diagnostic characters

　　雌雄斑紋相異。軀體背側呈黑褐色，腹側白色，足有黑褐色線紋。下唇鬚背側褐色，腹側白色。前翅近三角形，前緣作弧形，外緣中央凹入，於雄蝶較明顯。後翅接近扇形，外緣呈波狀。翅背面底色呈黑褐色，雄蝶上綴許多橙色斑點、斑塊，雌蝶則除了橙色紋外翅基附近尚有白紋。翅腹面橙黃色鱗布滿翅面，使翅面看來橙底黑紋。後翅基半部及亞外緣有鮮明白紋。緣毛除後翅肛角處呈白色外，其餘呈黑褐色。

生態習性 Behaviors

　　一年一世代蝶種。成蝶在樹冠及林緣活動。成蝶飛翔快速敏捷，好吸食樹液及腐果。

雌、雄蝶之區分 Distinctions between sexes

　　雌蝶翅背面於翅基附近有白紋，雄蝶則否。

近似種比較 Similar species

　　在臺灣地區僅燦蛺蝶與本種較相似，但燦蛺蝶後翅腹面無發達之白紋，且翅面橙色紋不如本種發達。

分布 Distribution	棲地環境 Habitats	幼蟲寄主植物 Larval hostplants
分布於臺灣本島中海拔地區。	常綠闊葉林。	尚無正式報告，幼蟲以殼斗科 Fagaceae植物為食。

33~37mm

500~2500m

95%

1cm

♂

1cm

♀

變異　Variations	豐度／現狀　Status	附記　Remarks
斑紋個體變異豐富。	一般數量不多。	本種的垂直分布一般高於同屬的燦蛺蝶，數量豐富的棲地通常高於海拔1000公尺。

紫蛺蝶屬

Sasakia Moore, 1896

模式種 Type Species | *Diadema charonda* Hewitson, [1863]，即大紫蛺蝶
Sasakia charonda（Hewitson, [1863]）。

形態特徵與相關資料 Diagnosis and other information

　　大型蛺蝶。複眼光滑。觸角長，末端圓鈍。雄蝶前足跗節被長毛、癒合，雌蝶則不被毛、明顯分節。前、後翅中室均開放。幼蟲頭頂有一對粗壯分枝突起。

　　本屬與脈蛺蝶屬*Hestina* Westwood, 1850近緣，兩者翅脈相雷同。

　　本屬有2種，分布於東洋區與舊北區交會地帶兩邊。

　　主要棲息於森林，成蝶會吸食腐果、樹液。

　　幼蟲寄主植物為朴樹科Celtidaceae植物。

　　在臺灣地區有一種。

・*Sasakia charonda formosana* Shirôzu（大紫蛺蝶）

大紫蛺蝶越冬幼蟲Overwintering larva of *Sasakia charonda formosana*（桃園縣復興鄉大曼，700m，2010.03.06.）。

大紫蛺蝶 特有亞種

Sasakia charonda formosana Shirôzu

▍模式產地：*charonda* Hewitson, [1863]：日本；*formosana* Shirôzu, 1963：臺灣。

英文名｜Empress

蛺蝶科

紫蛺蝶屬

形態特徵 Diagnostic characters

　　雌雄斑紋相似。口吻呈黃褐色。軀體背側呈褐色，腹面呈黃白色。下唇鬚亦背側褐色，腹側白色。前翅近三角形，前緣作弧形，外緣中央凹入。後翅接近扇形，外緣呈波狀。翅背面底色呈黑褐色，其上布滿黃白色及白色斑點，有一黃白色線紋從前翅翅基延伸入CuA_2室。後翅CuA_2室外側有一桃紅色斑紋。雄蝶於前翅基半部及後翅基部附近有藍紫色金屬光澤斑塊。翅腹面於前翅前端及後翅整體布滿污黃色鱗，翅面中央有帶狀陰影，沿外緣有暗褐色細線紋。斑紋排列與背面相似。緣毛黑白相間色。

生態習性 Behaviors

　　一年一世代性蝶種。成蝶好在林緣活動。成蝶好吸食樹液及腐果。冬季幼蟲於落葉下休眠越冬。

雌、雄蝶之區分 Distinctions between sexes

　　雌蝶缺乏雄蝶翅背面具有之藍紫色金屬光澤斑塊，且通常體型較大。

近似種比較 Similar species

　　在臺灣地區無類似種。

分布　Distribution	棲地環境　Habitats	幼蟲寄主植物　Larval hostplants
在臺灣地區分布於臺灣本島中、北部低、中海拔地區。臺灣以外分布於中國大陸東南半壁、越南北部、朝鮮半島、日本等地區。	常綠闊葉林。	朴樹科Celtidaceae之朴樹*Celtis sinensis*。取食部位是葉片。

46~61mm

400~2000m

1cm

♂

60%

1cm

♀

變異 Variations	豐度／現狀 Status	附記 Remarks
斑紋個體變異豐富。	數量稀少。本種現被列為保育類一類「瀕臨絕種野生動物」。	本種由於成蝶易受腐果誘引，商業性採集對其族群量可產生重大衝擊，現今的分布範圍與數量均遠不如昔。

脈蛺蝶屬

Hestina Westwood, 1850

模式種 Type Species | *Papilio assimilis* Linnaeus, 1758，即紅斑脈蛺蝶
Hestina assimilis（Linnaeus, 1758）。

形態特徵與相關資料 Diagnosis and other information

中型蛺蝶。複眼光滑。觸角長，末端圓鈍。雄蝶前足跗節被長毛、癒合、末端尖，雌蝶則不被毛、分節、末端鈍。前、後翅中室均開放。翅面於翅脈處明顯黑化。幼蟲頭頂有一對粗壯分枝突起。

本屬成員翅紋與斑蝶類相似，被認為與之有擬態關係存在。

本屬與*Hestinalis* Bryk, 1938及*Euripus* Doubleday, 1848等近緣，其間關係有待探討。

本屬因不同研究者對屬涵蓋範圍見解有異，因而成員物種數有數種至十餘種不等，主要分布於東洋區，亦及舊北區東端及澳洲區西端等地域。

主要棲息於森林，成蝶會吸食腐果、樹液。

幼蟲寄主植物為朴樹科Celtidaceae植物。

在臺灣地區有一種。

· *Hestina assimilis formosana*（Moore, [1896]）（紅斑脈蛺蝶）

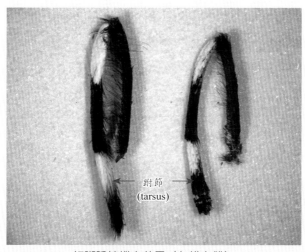

← 跗節
(tarsus)

紅斑脈蛺蝶右前足（左雄右雌）

紅斑脈蛺蝶

Hestina assimilis formosana (Moore)

▌模式產地：*assimilis* Linnaeus, 1758：廣東；*formosana* Moore, [1896]：臺灣。

英 文 名	Red Ring Skirt
別　　名	紅星斑蛺蝶

形態特徵　Diagnostic characters

雌雄斑紋相似。口吻呈橙色。軀體背側呈黑褐色，上有白色斑點、線紋及條紋。頭部前側有白紋。足具白色斑點及條紋。前翅近三角形，前緣作弧形，外緣中央凹入。後翅接近扇形，外緣呈波狀，後翅外緣後段凹入。翅背面底色呈黑褐色，其上布滿淡青色條紋及斑點。後翅外側有一列紅色斑紋。翅腹面斑紋與背面相似而更加鮮明。緣毛黑褐色。

生態習性　Behaviors

多世代性蝶種。成蝶好在林緣活動，雄蝶常於山頂作領域占有。成蝶好吸食樹液及腐果。冬季幼蟲於寄主植物枝、葉上休眠越冬。

雌、雄蝶之區分　Distinctions between sexes

雌、雄蝶斑紋近似，分辨有賴檢查腹端及前足構造。雄蝶前足跗節癒合、被長毛、末端尖，雌蝶則分節、平滑、末端鈍而棘狀構造明顯。

近似種比較　Similar species

在臺灣地區無類似種，雖然斑紋與青斑蝶屬有些相似，但青斑蝶屬蝶種缺乏本種後翅具有之紅斑。

分布　Distribution	棲地環境　Habitats	幼蟲寄主植物　Larval hostplants
在臺灣地區分布於臺灣本島低、中海拔地區。金門與馬祖地區之族群屬於不同亞種。臺灣以外分布於中國大陸東南半壁、越南北部、朝鮮半島、日本奄美大島等地區。	常綠闊葉林、都市林。	朴樹科Celtidaceae之石朴*Celtis formosana*及朴樹*C. sinensis*。取食部位是葉片。

36~48mm

0~2000m

80%

♂

1cm

♀

1cm

變異 Variations	豐度／現狀 Status	附記 Remarks
斑紋個體變異豐富，而且常能發現翅面淡青色條紋及斑點消退的黑化型個體。	一般數量不多。	金門與馬祖地區的紅斑脈蛺蝶翅面斑紋偏黃白色，後翅紅紋內的黑斑及其外側的黃白斑均較細小，屬於指名亞種。 本種的指名亞種近年藉由人為因素侵入日本本州中部地區，立足成功且分布範圍不斷擴大。

金門產指名亞種

80%

1cm

♀

石朴葉上之紅斑脈蛺蝶幼蟲Larva of *Hestina assimilis formosana* on *Celtis formosana*
（臺北市北投區陽明大學，2009.06.29.）。

尾蛺蝶屬

Polyura Billberg, 1820

模式種 Type Species | *Papilio pyrrhus* Linnaeus, 1758，即尾蛺蝶
Polyura pyrrhus（Linnaeus, 1758）。

形態特徵與相關資料 Diagnosis and other information

　　中、大型蛺蝶。體粗壯。複眼光滑。雄蝶前足跗節被毛、癒合、末端尖，雌蝶則不被毛、分節、末端鈍。前翅中室封閉、後翅中室開放。後翅多於M₃及CuA₂脈末端有明顯尾突。幼蟲頭頂有兩對粗壯分枝突起。

　　本屬有26種，分布於東洋區與澳洲區。

　　主要棲息於森林，成蝶會吸食腐果、樹液、糞便、屍體。

　　幼蟲寄主植物包括豆科Fabaceae、榆科Ulmaceae、鼠李科Rhamnaceae、朴樹科Celtidaceae、薔薇科Rosaceae、金絲桃科Clusiaceae等植物。

　　在臺灣地區有兩種。

- *Polyura eudamippus formosana*（Rothschild, 1899）（雙尾蛺蝶）
- *Polyura narcaea meghaduta*（Fruhstorfer, 1908）（小雙尾蛺蝶）

臺灣地區
檢索表　　　　　　　　　　　尾蛺蝶屬

Key to species of the genus *Polyura* in Taiwan

❶ 前翅腹面R₅室內側有黑色短線紋；前翅腹面外側條紋鑲黑色波狀重線；後翅背面外側有內鑲白點及藍色弦月紋之暗色寬帶.... *eudamippus*（雙尾蛺蝶）
　前翅腹面R₅室內側有黑色短線紋；前翅腹面外側條紋鑲紅褐色條帶；後翅背面外側僅有暗色細條 .... *narcaea*（小雙尾蛺蝶）

墨點櫻桃葉上之雙尾蛺蝶幼蟲Larva of *Polyura eudamippus formosana* on *Laurocerasus phaeosticta*（新北市淡水區陽明山二子坪，800m，2011.07.06.）。

雙尾蛺蝶 特有亞種

Polyura eudamippus formosana (Rothschild)

▌模式產地：*eudamippus* Doubleday, 1843：北印度；*formosana* Rothschild, 1899：臺灣。

英文名	Great Nawab
別　名	雙尾蝶、大二尾蛺蝶

形態特徵 Diagnostic characters

　　雌雄斑紋相似。軀體背側呈褐色，腹側白色而有黑褐色紋。下唇鬚背側褐色，腹側白色。頭部及前胸有白色斑點。前翅近三角形，前緣作弧形，外緣內凹。後翅接近扇形，外緣呈波狀，於M_3及CuA_2脈末端有匕狀尾突。翅背面底色呈黃白色。前翅外半部有黑褐色寬帶，其內於內側有較大點列，外側有較小點列。前翅前緣中央有一黑褐色條紋延伸至M_2室而與外側黑褐色寬帶相連。翅基附近有黑褐色紋，並有一黑褐色條紋延伸入M_3室。後翅外側有內鑲白點及藍色弦月紋之暗色寬帶，其外側有黃綠及藍綠色紋並延伸入尾突內。翅基亦有黑褐色紋。翅腹面底色淺而泛銀白色。前翅外側有兩道橄欖色條紋，內側有一「Y」字形條紋。前翅中室內有兩只黑褐色斑點。後翅內側與外側各有一橄欖色條紋。外側條紋鑲黑色波狀重線，其外側有黑色點列。沿外緣有橄欖色及淺黃褐色邊。緣毛黑褐色而部分呈白色。

生態習性 Behaviors

　　多世代性蝶種。成蝶於林緣活動。成蝶飛翔有力而快速，好吸食腐果、樹液、死屍、污物、糞便等。冬季以蛹態休眠越冬。

雌、雄蝶之區分 Distinctions between sexes

　　與雄蝶相較，雌蝶體型通常較大、後翅兩尾突分開角度略大。

分布 Distribution

在臺灣地區分布於臺灣本島低、中海拔地區。臺灣以外分布於華東、華南、華西、喜馬拉雅及中南半島等地區。

棲地環境 Habitats

常綠闊葉林。

36~46mm

0~1500m

近似種比較 Similar species

在臺灣地區僅小雙尾蛺蝶與本種近似。雙尾蛺蝶前翅背面基部有大面積的黑褐色部分，小雙尾蛺蝶則缺乏或面積很小。雙尾蛺蝶前翅背面於中室外側有一條黑褐色條紋，小雙尾蛺蝶則無。雙尾蛺蝶後翅背面外側的暗色帶寬廣，內有白點及藍色弦月紋，小雙尾蛺蝶則僅有暗色細條。雙尾蛺蝶前翅腹面於R_5及M_1室內各有一個黑色小斑點，小雙尾蛺蝶則否。雙尾蛺蝶前翅腹面於中室內有兩只黑色斑點，在小雙尾蛺蝶則兩斑點癒合成一線狀或桿狀紋。

60%

♂

1cm

♀

1cm

幼蟲寄主植物 Larval hostplants	變異 Variations	豐度／現狀 Status
寄主植物包括豆科Fabaceae之頜垂豆 Archidendron lucidurn、老荊藤 Milletia reticulata、阿勒勒 Senna fistula；鼠李科Rhamnaceae之光果翼核木 Ventilago leiocarpa、小葉鼠李 Rhamnus parvifolia；薔薇科Rosaceae之墨點櫻桃 Laurocerasus phaeosticta、榆科Ulmaceae之櫸木 Zelkova serrata等植物。	斑紋個體變異豐富。高溫期個體黑色紋擴大。	一般數量不多。

小雙尾蛺蝶

Polyura narcaea meghaduta (Fruhstorfer)

▌模式產地：*narcaea* Hewitson, 1854：華北；*meghaduta* Fruhstorfer, 1908：臺灣。

英 文 名	China Nawab
別　　名	二尾蛺蝶、姬雙尾蝶、小型雙尾蝶、姬二尾蝶

形態特徵 Diagnostic characters

雌雄斑紋相似。軀體背側呈褐色，腹側白色而有黑褐色紋。下唇鬚背側褐色，腹側白色。頭部及前胸有黃白色斑點。前翅近三角形，前緣作弧形，外緣內凹。後翅接近扇形，外緣呈波狀，於 M_3 及 CuA_2 脈末端有匕狀尾突。翅背面底色呈黃白色。前翅有外半部黑褐色帶紋，其內於內側有明顯黃白斑列，外側有模糊小點列。翅基附近有少許黑褐色紋，並有一黑褐色條紋由中室端及後緣延伸入 M_3 室。後翅外側有兩條暗色帶，外側者內鑲黑褐色圈紋帶，內側者為一暗色條，有藍綠色紋分布臀區附近並延伸入尾突內。翅腹面底色淺而泛銀白色。前翅外側有兩道黃褐色條紋，內側有一「Y」字形條紋。沿前緣有一褐色條。前翅中室內有一黑褐色細條。後翅內側、外側及外緣各有一暗色條紋，內側及外緣條紋黃褐色，外側條紋紅褐色。外側及外緣條間有黑色點列。緣毛黑褐色。

生態習性 Behaviors

多世代性蝶種。成蝶於林緣活動。成蝶飛翔有力而快速，好吸食腐果、樹液、死屍、污物、糞便等。冬季以蛹態休眠越冬。

雌、雄蝶之區分 Distinctions between sexes

雌蝶後翅背面黑褐色紋較不發達、後翅兩尾突分開角度較大，雄蝶則黑褐色紋較發達、後翅兩尾突近於平行。

分布 Distribution	棲地環境 Habitats	幼蟲寄主植物 Larval hostplants
在臺灣地區分布於臺灣本島低、中海拔地區，離島蘭嶼也曾有記錄。臺灣以外分布於華東、華南、華西、華中、阿薩密及中南半島北部等地區。	常綠闊葉林。	寄主植物包括朴樹科Celtidaceae之山黃麻*Trema orientalis*、石朴*Celtis formosana*；豆科Fabaceae之合歡*Albizza julibrissin*、臺灣馬鞍樹（島槐）*Maackia taiwanensis*等植物。

近似種比較 Similar species

　　在臺灣地區僅雙尾蛺蝶與本種近似。本種前翅背面基部黑褐色部分小、前翅背面於中室外側無黑褐條紋、後翅背面外側的暗色帶成一細條、前翅腹面於 R_5 及 M_1 室無黑色小斑點等特徵足以區分。

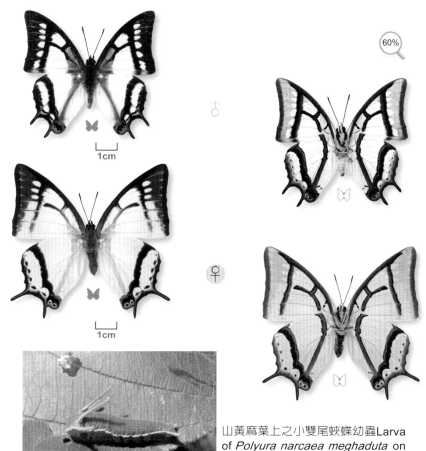

60%

♂

1cm

♀

1cm

山黃麻葉上之小雙尾蛺蝶幼蟲Larva of *Polyura narcaea meghaduta* on *Trema orientalis*（桃園縣復興鄉四稜，1000m，2010.09.21.）。

變異 Variations	豐度／現狀 Status
斑紋個體變異豐富。	一般數量不多。

箭環蝶屬 *Stichophthalma* C. & R. Felder, 1862

模式種 Type Species | *Thaumantis howqua* Westwood, 1851，即箭環蝶 *Stichophthalma howqua* （Westwood, 1851）。

形態特徵與相關資料 Diagnosis and other information

　　大型環蝶。體壯碩。複眼光滑。雄蝶前足跗節被長毛、癒合，雌蝶則不被毛、分節。前翅中室封閉、後翅中室開放。翅面底色黃色或紅褐色，翅背面沿外緣有黑褐色箭形紋。雄蝶於後翅背面 $Sc+R_1$ 室基部有性標，於中室基部有毛束。

　　本屬有9種，分布於主要分布於東洋區。

　　主要棲息於森林、竹林，成蝶會吸食腐果、樹液。

　　幼蟲寄主植物為禾本科Poaceae及棕櫚科Arecaceae植物。

　　在臺灣地區有一種。

· *Stichophthalma howqua formosana* Fruhstorfer, 1908（箭環蝶）

箭環蝶左前足（左雄右雌）

箭環蝶蛹 Pupa of *Stichophthalma howqua formosana*（南投縣魚池鄉蓮華池，500m，2009.05.17.）。

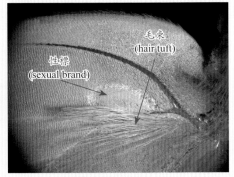

箭環蝶雄蝶左後翅背面

箭環蝶

Stichophthalma howqua formosana Fruhstorfer

▎模式產地：*howqua* Westwood, 1851：上海；*formosana* Fruhstorfer, 1908：臺灣。

英 文 名	Vietnamese Junglequeen
別　　名	環紋蝶

形態特徵 Diagnostic characters

　　雌雄斑紋相似。軀體背側呈橙黃色，腹側呈淺橙黃色。前翅近直角三角形，前緣明顯作弧形，外緣稍呈弧形。後翅接近卵形。翅背面底色呈橙黃色至黃褐色，沿外緣有黑褐色寬箭形紋帶，前翅翅頂附近有黑褐色紋。翅基附近有黑褐色紋。翅腹面底色呈橙黃色至深黃褐色。翅中央偏外側有一串橙色環紋，環紋中心有白色小點。翅面內側有兩道黑褐色線紋，前翅中室端有一黑褐色短線。沿外緣有黑褐色重線。臀區有一黑褐色紋。雄蝶於後翅背面 Sc+R$_1$ 室基部有黃褐色性標，中室基部有黃色毛束。緣毛黃色。

生態習性 Behaviors

　　一年一世代蝶種。成蝶於林緣、林間、竹林內活動。成蝶飛翔優雅而緩慢，好吸食腐果、樹液等。雌蝶於葉背將卵聚產成塊。

雌、雄蝶之區分 Distinctions between sexes

　　雌蝶翅面底色通常較暗，且缺乏雄蝶後翅翅基附近具有之第二性徵。雄蝶前足跗節癒合、被長毛、末端尖，雌蝶則分節、不具長毛、末端鈍。

近似種比較 Similar species

　　在臺灣地區無近似種。

分布 Distribution	棲地環境 Habitats	幼蟲寄主植物 Larval hostplants
在臺灣地區分布於臺灣本島低、中海拔地區。臺灣以外分布於華東、華南、華西、阿薩密及中南半島等地區。	常綠闊葉林、竹林。	寄主植物包括棕櫚科Arecaceae之黃藤 *Calamus quiquesetinervius*、禾本科Poaceae之芒草 *Miscanthus sinensis* 及某些竹類植物。

50~63mm

200~2000m

蛺蝶科

箭環蝶屬

1cm

↑♂

55%

♀

1cm

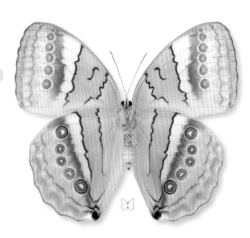

變異 Variations	豐度 / 現狀 Status
斑紋個體變異豐富，尤其雌蝶翅紋由橙黃色至黃褐色。	一般數量不多。

256

串珠環蝶屬

Faunis Hübner, 1819

模式種 Type Species | *Papilio eumeus* Drury, [1773]，即串珠環蝶
Faunis eumeus（Drury, [1773]）。

形態特徵與相關資料 Diagnosis and other information

中型環蝶。複眼疏被短毛。雄蝶前足跗節密被長毛、癒合，雌蝶則僅有伏貼鱗片、分節。前翅中室封閉、後翅中室開放。雄蝶前翅後緣基部有葉狀突，其腹面有特化鱗。此等特化鱗釋放之費洛蒙由後翅背面CuA_2室前側指向前方的毛束收集釋放。大部分種類於腹部$1A+2A$腹節背側有凹陷構造，該構造釋放之費洛蒙則由後翅背面CuA_2室後側指向後方的毛束收集釋放。翅面底色呈灰色或褐色，翅腹面中央偏外側有細小環紋或圓斑列。

本屬約有12種，主要分布於東洋區。

棲息於森林，成蝶會吸食腐果、樹液。

幼蟲寄主植物為菝葜科Smilacaceae、禾本科Poaceae植物、棕櫚科Arecaceae、鈴蘭科Convallariaceae、芭蕉科Musaceae植物、蘇鐵科Cycaceae等植物。

在臺灣地區原無分布，有一種於近年入侵成功並成功立足。

- *Faunis eumeus eumeus*（Drury, [1773]）（串珠環蝶）

特化毛
(specialized hairs)

串珠環蝶雄蝶右後翅背面特化毛

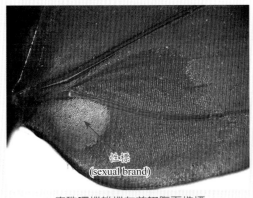

性標
(sexual brand)

串珠環蝶雄蝶左前翅腹面性標

毛束
(hair tuft)

串珠環蝶雄蝶左後翅背面毛束

串珠環蝶

Faunis eumeus eumeus (Drury)

▌模式產地：*eumeus* Drury, [1773]：中國。

| 英 文 名 | Large Faun |
| 別　　名 | 串珠環紋蝶 |

形態特徵 Diagnostic characters

雌雄斑紋相異。軀體呈紅褐色。前翅近直角三角形，前緣明顯呈弧形，翅頂頗圓，雄蝶前翅後緣基部有葉狀突，其腹面有特化鱗。後翅接近圓形。翅背面底色紅褐色，前翅有一黃色斜帶。翅腹面底色呈紅褐色，翅腹面中央偏外側有奶油色圓斑列。翅面於近翅基、中央及亞外緣各有一暗色線紋。雄蝶 CuA$_2$ 室前、後側具有之毛束呈褐色。緣毛褐色。

生態習性 Behaviors

多世代性蝶種。成蝶於林緣、林內活動。成蝶飛翔緩慢，好吸食腐果等。雌蝶於葉背將卵聚產成塊。

雌、雄蝶之區分 Distinctions between sexes

雌蝶前翅背面黃色斜帶較雄蝶鮮明、前翅後緣基部無葉狀突出、後翅背面翅基附近無毛束。

近似種比較 Similar species

在臺灣地區無近似種。

平柄菝葜上之串珠環蝶卵群A batch of ova of *Faunis eumeus eumeus* on *Heterosmilax japonica*（基隆市龍崗步道，2010.04.11.）。

分布 Distribution	棲地環境 Habitats	幼蟲寄主植物 Larval hostplants
目前在臺灣地區主要見於臺灣本島北部丘陵地。臺灣地區以外分布於華東、華南及中南半島等地區。	常綠闊葉林。	菝葜科Smilacaceae之平柄菝葜*Heterosmilax japonica*及仙茅科Hypoxidaceae之船子草*Molineria capitulata*等植物，亦曾於其他單子葉植物上發現其幼蟲。利用部位是葉片。

33~39mm

0~100m

1cm ♂

80%

1cm ♀

變異 Variations	豐度／現狀 Status	附記 Remarks
翅腹面奶油色斑點個體變異豐富。	數量頗多。	本種在臺灣最初係在1997年6月時任中華蝴蝶保育學會常務監事的陳光亮醫師於基隆地區發現，其後緩慢向外擴大分布，目前已見於臺北盆地東北面汐止地區。本種在臺灣地區發現之族群由李（1999）命名為亞種 ssp. *wangi*，但白水（2001）指出本種在臺灣應為外來種，本書從其說。由於最初發現本種的地點位於基隆港，本種可能係藉由船舶意外引入臺灣地區。

259

方環蝶屬 *Discophora* Boisduval, 1836

模式種 Type Species | *Papilio menetho* Fabricius, 1793，該分類單元現被視為是爪哇方環蝶*Discophora celinde* Stoll, [1790] 之同物異名。

形態特徵與相關資料 Diagnosis and other information

　　中型環蝶。複眼光滑。雄蝶前足密被長毛、癒合，雌蝶則僅被短毛、分節。前翅中室封閉、後翅中室開放。前翅翅頂及後翅臀區明顯呈角狀。雄蝶後翅背面中央有暗色性標。翅面底色呈灰色或褐色，翅腹面中央偏外側有細小環紋或圓斑列。

　　本屬約有12種，主要分布於東洋區。

　　棲息於森林，成蝶會吸食腐果、樹液。

　　幼蟲寄主植物為禾本科Poaceae竹亞科Bambusoideae植物。

　　在臺灣地區原無分布，有一種於近年入侵並成功立足。

・*Discophora sondaica tulliana* Stichel, 1905（方環蝶）

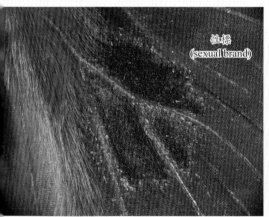

方環蝶雄蝶右後翅背面中央性標

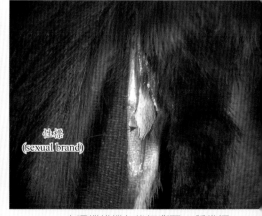

方環蝶雄蝶左後翅背面3A脈性標

方環蝶

Discophora sondaica tulliana Stichel

▌模式產地：*sondaica* Boisduval, 1773：爪哇；*tulliana* Stichel, 1905：北越。

英 文 名	Common Duffer
別　　名	鳳眼方環蝶

形態特徵 Diagnostic characters

雌雄斑紋相似。軀體背側呈褐色，腹側呈淺褐色。前翅近直角三角形，前緣明顯呈弧形。後翅接近四邊形，外緣略呈波狀，於M_3脈末端突出成角狀。翅背面底色褐色至深褐色，雄蝶於前翅有數列泛紫色之白色點列，雌蝶除了白色斑點列外在前、後翅另有數列黃色斑點列。翅腹面底色呈淺褐色、灰褐色、或黃褐色，Rs室中央有一小型眼狀紋，沿外緣有模糊波狀線。翅面中央有一暗色帶貫穿前、後翅，其內側翅面色調常較深。雄蝶於後翅背面中央有一黑色橢圓形性標。緣毛淺褐色。

生態習性 Behaviors

多世代性蝶種。成蝶於林緣、林內、竹林活動。成蝶主要於黃昏後活動，飛翔快速且受燈光誘引，好吸食腐果等腐敗物。雌蝶於葉背將卵聚產成塊，幼蟲捲葉成筒狀巢。

雌、雄蝶之區分 Distinctions between sexes

雌蝶翅背面斑紋較發達而有黃色斑點列，雄蝶則斑點較少而缺乏黃色斑點列。另外，雄蝶後翅背面中央有明顯暗色性標，雌蝶則否。雄蝶前足跗節癒合、被長毛、末端尖，雌蝶則分節、疏被毛、末端鈍。

近似種比較 Similar species

在臺灣地區無近似種。

分布 Distribution	棲地環境 Habitats	幼蟲寄主植物 Larval hostplants
目前在臺灣地區主要見於臺灣本島中、北部低海拔地區，金門地區亦有分布。臺灣地區以外分布於華東、華南、中南半島、北印度、西南印度、巽他陸塊、民答那峨等地區。	常綠闊葉林、竹林。	以禾本科Poaceae竹亞科Bambusoideae的各種竹類植物為幼蟲寄主，包括佛竹*Bambusa ventricosa*、蓬萊竹*B. multiplex*、刺竹*B. stenostachya*、金絲竹*B. vulgaris*等。利用部位是葉片。

80%

| 1 | 2 | 3 | 4 | 5 | 6 | 7 | 8 | 9 | 10 | 11 | 12 |

0~500m
- 3000
- 2000
- 1000
- 0

蛺蝶科

方環蝶屬

♂

1cm

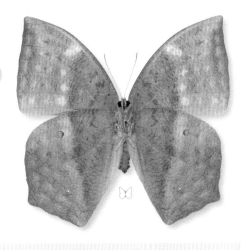

♀

1cm

變異 Variations　豐度／現狀 Status　附記 Remarks

變異 Variations	豐度／現狀 Status	附記 Remarks
低溫期個體前翅翅頂較尖、翅腹面底色較淺。	數量頗多。	本種原本在臺灣本島並無分布，1998年6月由陳光亮醫師於基隆港附近發現第一隻個體，疑係藉由船舶意外由金門或大陸華南地區入侵並立足（徐等，2003），其後在臺分布迅速擴大，目前遍及臺灣北半部各縣市，很有可能在不久的將來成為遍布全臺的物種。金門地區的族群咸信是當地固有族群。

波眼蝶屬 *Ypthima* Hübner, 1818

模式種 Type Species | 舒伯納波眼蝶*Ypthima huebneri* Kirby, 1871。

形態特徵與相關資料 Diagnosis and other information

　　小、中型眼蝶。複眼近光滑。下唇鬚第二節有長毛，第三節細而光滑。雄蝶前足明顯退化，腿節常退化而跗節常消失。前翅Sc脈基部明顯膨大。前、後翅中室封閉。翅腹面布滿細波紋，並多有數目不等之眼狀紋。翅面底色多呈褐色，部分種類有白斑。雄蝶翅背面有發香鱗，並常有性標。雄蝶交尾器缺少顎形突（ganthos／brachia）。

　　本屬依不同意見而有60～100種以上，分布於東洋區、非洲區、舊北區東部及澳洲區。

　　棲息於草原、灌叢及森林等各種環境，成蝶會訪花。

　　幼蟲寄主植物為禾本科Poaceae植物。

　　臺灣地區已記錄之種類達13種，其中一種目前分為兩亞種，另有一種分類地位有疑義。

- *Ypthima baldus zodina* Fruhstorfer, 1911（小波眼蝶）
- *Ypthima okurai* Okano, 1962（大藏波眼蝶）
- *Ypthima tappana* Matsumura, 1909（達邦波眼蝶）
- *Ypthima formosana* Fruhstorfer, 1908（寶島波眼蝶）
- *Ypthima conjuncta yamanakai* Sonan, 1938（白漪波眼蝶）
- *Ypthima angustipennis* Takahashi, 2000（狹翅波眼蝶）
- *Ypthima multistriata* Butler, 1883（密紋波眼蝶）
- *Ypthima esakii* Shirôzu, 1960（江崎波眼蝶）
- *Ypthima akragas* Fruhstorfer, 1911（白帶波眼蝶）
- *Ypthima wangi* Lee, 1998（王氏波眼蝶）
- *Ypthima praenubila kanonis* Matsumura, 1929（巨波眼蝶、北臺灣亞種）
- *Ypthima praenubila neobilia* Murayama, 1980（巨波眼蝶中、南臺灣亞種）
- *Ypthima norma posticalis* Matsumura, 1909（罕波眼蝶）
- *Ypthima wenlungi* Takahashi, 2007（文龍波眼蝶）

檢索表

波眼蝶屬

Key to species of the genus *Ypthima* in Taiwan

❶ 後翅腹面有5～6枚眼紋 ....❷

後翅腹面眼紋少於或等於4枚 ....❻

❷ 後翅腹面CuA$_2$室內眼紋兩枚 ....❸

後翅腹面CuA$_2$室內眼紋一枚 ....❹

❸ 後翅腹面有明顯白色細波紋.. *okurai*（大藏波眼蝶）

後翅腹面無白色細波紋.. *baldus*（小波眼蝶）

❹ 後翅腹面Rs室眼紋與M$_1$室眼紋大小相等；後翅腹面CuA$_2$室眼紋明顯偏外側
....*conjuncta*（白漪波眼蝶）

後翅腹面Rs室眼紋小於M$_1$室眼紋；後翅腹面M$_3$、CuA$_1$及CuA$_2$室眼紋在一

直線上 ....❺

❺ 後翅腹面白色細波紋細密；後翅外緣有角度 ... *angustipennis*（狹翅波眼蝶）

後翅腹面白色細波紋稀疏；後翅外緣圓弧狀 .... *formosana*（寶島波眼蝶）

❻ 後翅腹面有4枚眼紋 ....❼

後翅腹面有3枚眼紋 ....❽

❼ 後翅腹面中央有兩條暗色線紋；後翅腹面CuA$_2$室眼紋明顯偏外側...............
.... *tappana*（達邦波眼蝶）

後翅腹面中央僅一條或無暗色線；後翅腹面M$_3$、CuA$_1$及CuA$_2$室眼紋在一直

線上 ....*praenubila*（巨波眼蝶）

❽ 後翅腹面無帶紋.. *norma*（罕波眼蝶）

後翅腹面有帶紋 ....❾

❾ 後翅腹面帶紋白色、直帶狀...................................... *akragas*（白帶波眼蝶）

後翅腹面帶紋不呈直帶狀 ....❿

❿ 後翅腹面帶紋鈑手狀...⓫

後翅腹面帶紋非鈑手狀.. *wangi*（王氏波眼蝶）

⓫ 雄蝶前翅背面無明顯性標 .... *wenlungi*（文龍波眼蝶）

雄蝶前翅背面有明顯性標 ....⓬

⓬ 雄蝶前翅背面眼紋消退................................ *multistriata*（密紋波眼蝶）

雄蝶前翅背面眼紋明顯..*esakii*（江崎波眼蝶）

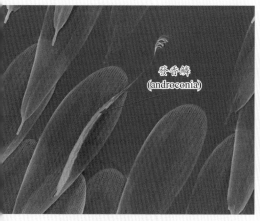

發香鱗
(androconia)

膨大翅脈
(swollen vein)

密紋波眼蝶雄蝶發香鱗

江崎波眼蝶右前翅翅基背面

前足
(foreleg)

江崎波眼蝶雄蝶胸部左側面

江崎波眼蝶雌蝶胸部左側面

性標
(sexual brand)

江崎波眼蝶左前翅背面性標

小波眼蝶

Ypthima baldus zodina Fruhstorfer

▎模式產地：*baldus* Fabricius, 1775；印度；*zodina* Fruhstorfer, 1911；臺灣。

英文名	Common Five-ring
別名	小波紋蛇目蝶、瞿眼蝶、擬六目蝶、鏈紋眼蝶

形態特徵 Diagnostic characters

雌雄斑紋相似。軀體背側呈褐色，腹側呈淺褐色。前翅近直角三角形，前緣、外緣呈弧形。後翅接近扇形。翅背面底色呈褐色，於內側及亞外緣各有一暗色曲線。前翅於中室外側有一明顯之眼紋，後翅於M_3、CuA_1室內各有一明顯之眼紋。翅腹面底色為褐色而有細密之白色或灰白色波狀細紋。前、後翅各有二道暗色條貫穿翅面。前翅有一枚明顯眼紋，位於翅背面眼紋之相應位置，後翅則有六枚眼紋，兩兩成一組而排成三列。緣毛淺褐色。

生態習性 Behaviors

多世代性蝶種。成蝶於林緣、林床活動。成蝶飛翔緩慢且會訪花。

雌、雄蝶之區分 Distinctions between sexes

雌蝶翅形較圓、翅背面底色較淺。雄蝶前足跗節消失，雌蝶則仍存在。

近似種比較 Similar species

在臺灣地區最類似的種類是大藏波眼蝶，該種曾被誤認為是小波眼蝶的冬季型。兩者最明顯的特徵是大藏波眼蝶的後翅腹面有細密之白色波狀紋，使翅面顏色偏白。

分布 Distribution	棲地環境 Habitats	幼蟲寄主植物 Larval hostplants
在臺灣地區見於臺灣本島低、中海拔地區，離島龜山島及蘭嶼亦有分布。馬祖地區亦曾有發現，應屬不同亞種。臺灣地區以外分布於東洋區大部分地區。	常綠闊葉林、海岸林、灌叢等。	兩耳草*Paspalum conjugatum*、毛馬唐*Digitaria radicosa*等禾本科Poaceae植物。利用部位是葉片。

17~22mm

高溫型
（雨季型）

♂

1cm

♀

1cm

100%

低溫型
（乾季型）

♂

1cm

♀

1cm

變異 Variations	豐度／現狀 Status	附記 Remarks
後翅背面除了基本具有的兩枚較大眼紋外，常有數目不等的較小眼紋。低溫期個體後翅腹面的眼紋減退，甚至幾近消失，後翅腹面的暗色線紋常擴大、有時形成一暗色寬帶。	數量豐富。	本種的低溫期個體因後翅腹面的眼紋減退，常被誤認為是罕波眼蝶，其實罕波眼蝶過去被稱為「無斑」的原因是由於其後翅背面的眼紋減退，有時消失，而其翅腹面則總是具有3枚眼紋，小波眼蝶則反之，眼紋減退總是見於腹面，後翅背面則不分季節均有明顯的眼紋。

267

大藏波眼蝶

Ypthima okurai Okano

┃模式產地：*okurai* Okano, 1962：臺灣。

英 文 名	Okura's Five-ring
別　　名	大藏波紋蛇目蝶

形態特徵 Diagnostic characters

　　雌雄斑紋相似。軀體背側呈褐色，腹側呈淺褐色。前翅近直角三角形，前緣、外緣呈弧形。後翅接近扇形。翅背面底色呈褐色，於亞外緣有一暗色弧線，翅面外側淺色。前翅於中室外側有一明顯之眼紋，後翅於M_3、CuA_1室內各有一明顯之眼紋。翅腹面底色為褐色而

高溫型（雨季型）

110%

♂

1cm

♀

1cm

分布 Distribution	棲地環境 Habitats	幼蟲寄主植物 Larval hostplants
分布於臺灣本島中海拔地區，北部地區已知棲地很少。	常綠闊葉林等。	野外寄主植物尚未明悉，無疑以禾本科 Poaceae 植物為寄主植物。

17~21mm

1200~2000m

有細密之白色及黃白色波狀細紋。後翅內側有一暗模糊色帶穿翅面。前翅有一枚明顯眼紋，位於翅背面眼紋之相應位置，後翅則有六枚眼紋，兩兩成一組而排成三列。緣毛淺褐色。

生態習性 Behaviors

多世代性蝶種。成蝶於林緣、林床活動。成蝶飛翔緩慢且會訪花。

雌、雄蝶之區分 Distinctions between sexes

雌蝶翅形較圓、翅背面底色較淺。

近似種比較 Similar species

在臺灣地區最類似的種類是小波眼蝶，小波眼蝶的高溫期個體翅腹面有兩道暗色線，很容易分辨。小波眼蝶的低溫期個體與本種相似，但本種後翅腹面色彩較白，小波眼蝶則為淺褐色。

低溫型（乾季型）

♂

1cm

♀

1cm

110%

變異 Variations	豐度／現狀 Status	附記 Remarks
低溫期個體後翅腹面的眼紋減退、變小。雄蝶前足跗節消失，雌蝶則仍存在。	一般數量稀少。	本種與亞洲大陸及日本廣布種北方小波眼蝶 Y. argus Butler, 1866（模式產地：北海道）近緣，有意見認為應視為其亞種。

蛺蝶科

波眼蝶屬

達邦波眼蝶

Ypthima tappana Matsumura

▋模式產地：*tappana* Matsumura, 1909：臺灣。

英 文 名	Tappan Four-ring
別 名	達邦波紋蛇目蝶、大波瞿眼蝶

蛺蝶科

波眼蝶屬

形態特徵 Diagnostic characters

雌雄斑紋相似。軀體背側呈褐色，腹側呈淺褐色。前翅近直角三角形，前緣、外緣呈弧形。後翅接近卵形。翅背面底色呈褐色，於亞外緣有一暗色弧線。前翅於中室外側有一明顯之眼紋，後翅於M_3、CuA_1室內各有一明顯之眼紋。翅腹面底色為褐色而有細密之白色波狀細紋。後翅有二道模糊暗色條貫穿翅面。前翅有一枚明顯眼紋，位於翅背面眼紋之相應位置，後翅則有四枚眼紋，中心點位於Rs、M_3、CuA_1及CuA_2室內，其中CuA_2室眼紋明顯偏向外側。緣毛淺褐色。

生態習性 Behaviors

多世代性蝶種。成蝶於林緣、林床活動。成蝶飛翔緩慢且會訪花，偏好於較陰暗潮溼的環境棲息。

雌、雄蝶之區分 Distinctions between sexes

雌蝶翅形較圓、翅背面底色較淺。雄蝶前足跗節消失，雌蝶則仍存在。

近似種比較 Similar species

在臺灣地區翅腹面有四枚眼紋的波眼蝶僅有本種及巨波眼蝶，巨波眼蝶體型明顯大於本種，且後翅腹面CuA_2室眼紋不偏外側。

分布 Distribution	棲地環境 Habitats	幼蟲寄主植物 Larval hostplants
在臺灣地區見於臺灣本島低、中海拔地區。臺灣地區以外分布於華東地區。	常綠闊葉林、海岸林等。	禾本科Poaceae的竹葉草*Oplismensus compositus*等植物。利用部位是葉片。

20~25mm

0~1200m

110%

蛺蝶科

波眼蝶屬

1cm

♂

1cm

♀

變異 Variations	豐度／現狀 Status	附記 Remarks
後翅背面除了基本具有的兩枚較大眼紋外，常有數目不等的較小眼紋。	一般數量不多。	本種的種小名*tappana*係指臺灣南部嘉義縣阿里山達邦地區。 本種長期被認為是臺灣特有種，但是近年已於華東地區發現其族群。

寶島波眼蝶 特有種

Ypthima formosana Fruhstorfer

▌模式產地：*formosana* Fruhstorfer, 1908：臺灣。

英　文　名	Formosan Five-ring
別　　　名	大波紋蛇目蝶、臺灣矍眼蝶

形態特徵 Diagnostic characters

　　雌雄斑紋相似。軀體背側呈褐色，腹側呈淺褐色。前翅近直角三角形，前緣、外緣呈弧形。後翅接近卵形。翅背面底色呈暗褐色，於亞外緣有一不明顯暗色弧線。前翅於中室外側有一明顯之眼紋，後翅於M_3、CuA_1室內常各有一明顯之眼紋。翅腹面底色為褐色而有細密之白色波狀細紋。前翅有一枚明顯眼紋，位於翅背面眼紋之相應位置，後翅則有五枚眼紋，中心點位於Rs、M_1、M_3、CuA_1及CuA_2室內，前兩枚與後三枚眼紋分為兩列，後三枚眼紋在一直線上。後翅中央有一暗色帶紋貫穿翅面。前翅緣毛淺褐色，後翅緣毛白色。

生態習性 Behaviors

　　多世代性蝶種。成蝶多於林緣活動。成蝶飛翔緩慢，會訪花。

雌、雄蝶之區分 Distinctions between sexes

　　雌蝶翅形較圓、翅背面底色較淺。雄蝶前足跗節消失，雌蝶則仍存在。

近似種比較 Similar species

　　在臺灣地區翅腹面有五枚眼紋的波眼蝶包括本種、白漪波眼蝶及狹翅波眼蝶，本種後翅外緣呈圓弧狀及翅面底色主要呈淺褐色的特徵可資區分。

分布 Distribution	棲地環境 Habitats	幼蟲寄主植物 Larval hostplants
分布於臺灣本島低、中海拔地區。	常綠闊葉林。	禾本科Poaceae的芒草*Miscanthus sinensis*等植物。利用部位是葉片。

23~27mm

100~1500m

110%

♂

1cm

♀

1cm

變異 Variations	豐度 / 現狀 Status	附記 Remarks
後翅背面眼紋大小、數目富變異。	目前數量尚多。	在臺灣地區翅腹面有五枚眼紋的波眼蝶中，本種的垂直分布海拔最低。

白漪波眼蝶

Ypthima conjuncta yamanakai Sonan

模式產地：*conjuncta* Leech, 1891；華中；*yamanakai* Sonan, 1938；臺灣。

英 文 名	Conjunctive Five-ring
別　　名	山中波紋蛇目蝶、山中瞿眼蝶

形態特徵 Diagnostic characters

雌雄斑紋相似。軀體背側呈黃褐色，腹側呈淺褐色。前翅近直角三角形，前緣、外緣呈弧形。後翅接近卵形。翅背面底色呈黃褐色，於亞外緣有一不明顯暗色弧線。前翅於中室外側有一明顯之眼紋，後翅於M_3、CuA_1室內常各有一明顯之眼紋。翅腹面底色為黃褐色而有細密之黃白色及白色紋。前翅有一枚明顯眼紋，位於翅背面眼紋之相應位置，後翅則有五枚眼紋，中心點位於Rs、M_1、M_3、CuA_1及CuA_2室內，前兩枚與後三枚眼紋分為兩列，後三枚眼紋中，CuA_2室眼紋偏向外側。後翅外側有發達之白紋。前翅緣毛淺褐色，後翅緣毛白色。

生態習性 Behaviors

可能是多世代性蝶種。成蝶多於林緣活動。成蝶飛翔緩慢，會訪花。

雌、雄蝶之區分 Distinctions between sexes

雌蝶翅形較圓、翅背面底色較淺。雄蝶前足跗節消失，雌蝶則仍存在。

近似種比較 Similar species

在臺灣地區翅腹面有五枚眼紋的波眼蝶包括本種、狹翅波眼蝶及寶島波眼蝶，本種翅面呈黃褐色、白漪波眼蝶後翅腹面CuA_2室眼紋明顯偏外側等特徵可資區別。

分布 Distribution	棲地環境 Habitats	幼蟲寄主植物 Larval hostplants
分布於臺灣本島中、高海拔地區。	常綠闊葉林。	野外寄主植物尚未明悉，無疑以禾本科Poaceae的植物為寄主植物。利用部位是葉片。

25~28mm

3000
2000
1000
0

1200~2500m

♂

1cm

110%

蛺蝶科

波眼蝶屬

♀

1cm

變異 Variations	豐度 / 現狀 Status	附記 Remarks
後翅背面眼紋數目、大小變異頗多。	一般數量不多。	本種在臺灣的亞種之亞種名係紀念對臺灣蝶類分布資料進行總整理的研究者山中正夫。部分研究者認為本分類單元可視為臺灣特有種。在臺灣地區翅腹面有五枚眼紋的波眼蝶中，本種的垂直分布海拔最高。

狹翅波眼蝶

 特有種

Ypthima angustipennis Takahashi

▎模式產地：*angustipennis* Takahashi, 2000；臺灣。

英 文 名	Taiwan Five-ring
別　　名	狹翅大波紋蛇目蝶

形態特徵 Diagnostic characters

雌雄斑紋相似。軀體背側呈褐色，腹側呈淺褐色。前翅近直角三角形，前緣、外緣呈弧形。後翅接近卵形。翅背面底色呈暗褐色，於亞外緣有一不明顯暗色弧線。前翅於中室外側有一明顯之眼紋，後翅於M_3、CuA_1室內常各有一明顯之眼紋。翅腹面底色為褐色而有細密之白色波狀細紋。前翅有一枚明顯眼紋，位於翅背面眼紋之相應位置，後翅則有五枚眼紋，中心點位於Rs、M_1、M_3、CuA_1及CuA_2室內，前兩枚與後三枚眼紋分為兩列，後三枚眼紋在一直線上。後翅中央有一暗色帶紋貫穿翅面。前翅緣毛淺褐色，後翅緣毛白色。

生態習性 Behaviors

多世代性蝶種。成蝶多於林緣活動。成蝶飛翔緩慢，會訪花。

雌、雄蝶之區分 Distinctions between sexes

雌蝶翅形較圓、翅背面底色較淺。雄蝶前足跗節消失，雌蝶則仍存在。

近似種比較 Similar species

在臺灣地區翅腹面有五枚眼紋的波眼蝶包括本種、白漪波眼蝶及寶島波眼蝶，白漪波眼蝶後翅腹面CuA_2室眼紋明顯偏外側，本種及寶島波眼蝶則否。與寶島波眼蝶相較，本種後翅外緣輪廓較有角度、翅面底色較白。

分布 Distribution	棲地環境 Habitats	幼蟲寄主植物 Larval hostplants
分布於臺灣本島中海拔地區。	常綠闊葉林。	禾本科Poaceae的臺灣蘆竹*Arundo formosana*等植物。利用部位是葉片。

23~25mm

1 2 3 4 5 6 7 8 9 10 11 12

3000
2000
1000
0
500~1500m

1cm

110%

♂

1cm

♀

蛺蝶科

波眼蝶屬

變異　Variations	豐度／現狀　Status	附記　Remarks
後翅背面眼紋數目、大小變異頗多。	目前數量尚多。	本種是臺灣地區新近記述的蝶種，由於與寶島波眼蝶相當類似，過去的寶島波眼蝶記錄中可能混有本種。事實上，除了檢查交尾器構造以外，目前缺乏可以確實區分兩種的翅紋特徵，不過本種的垂直分布海拔較高，不見於寶島波眼蝶會棲息的低地。

密紋波眼蝶

Ypthima multistriata Butler

蛺蝶科

波眼蝶屬

|模式產地：*multistriata* Butler, 1883：臺灣。

| 英 文 名 | Fine-banded Three-ring／Taiwan wave-eye |
| 別　名 | 臺灣波紋蛇目蝶、密紋璀眼蝶 |

形態特徵 Diagnostic characters

雌雄斑紋相似。軀體背側呈褐色，腹側呈灰白色。前翅近直角三角形，前緣、外緣呈弧形。後翅接近扇形。翅背面底色呈褐色，於亞外緣有一暗色弧線。前翅於中室外側有一眼紋，但於雄蝶多減退、消失。後翅於 CuA_1 室內有一明顯之眼紋。翅腹面底色為褐色而有細密之灰白、黃白色或白色波狀細紋。前翅外側有一枚明顯眼紋，後翅於 Rs、CuA_1、CuA_2 室各有一枚眼紋，大小由前向後遞減。後翅有鈑手狀灰白色帶紋。雄蝶於前翅背面有暗色性標。緣毛黃白色。

生態習性 Behaviors

多世代性蝶種。成蝶於林緣、林床活動。成蝶飛翔緩慢且會訪花。

雌、雄蝶之區分 Distinctions between sexes

雌蝶前翅背面眼紋鮮明、前翅背面無性標、翅形較圓、翅背面底色較淺。雄蝶前足跗節消失，雌蝶則仍存在。

近似種比較 Similar species

在臺灣地區後翅腹面具三枚眼紋的波眼蝶中，體型與斑紋和本種最類似的種類是江崎波眼蝶及王氏波眼蝶，本種雄蝶前翅眼紋減退，後二者則鮮明。雌蝶則事實上缺乏完全可靠的區分特徵。

分布　Distribution	棲地環境　Habitats	幼蟲寄主植物　Larval hostplants
在臺灣地區見於臺灣本島低、中海拔地區，離島蘭嶼曾有紀錄，但近年調查未能核實其存在。臺灣地區以外分布於中國大陸東南半壁、朝鮮半島及日本等地區。	常綠闊葉林、海岸林、灌叢等。	以禾本科Poaceae的棕葉狗尾草*Setaria palmifolia*、芒草*Miscanthus sinensis*植物等。利用部位是葉片。

16~22mm

0~2000m

1cm

♂

110%

1cm

♀

變異 Variations	豐度/現狀 Status	附記 Remarks
後翅腹面底色變異頗多，有時鈑手狀紋不清晰，其上眼紋數目亦常有變化。	數量豐富。	和近似種江崎波眼蝶及王氏波眼蝶相較，本種偏好較有遮蔭、潮溼的棲地。 離島蘭嶼曾有記錄，但是近年調查均無發現，是否真有分布存疑。

279

江崎波眼蝶 特有種

Ypthima esakii Shirôzu

▌模式產地：*esakii* Shirôzu, 1960；臺灣。

英 文 名	Esaki's Three-ring
別 名	江崎波紋蛇目蝶、江崎矍眼蝶

蛺蝶科

波眼蝶屬

形態特徵 Diagnostic characters

雌雄斑紋相似。軀體背側呈褐色，腹側呈淺褐色。前翅近直角三角形，前緣、外緣呈弧形。後翅接近扇形。翅背面底色呈褐色，於亞外緣有一暗色弧線。前翅於中室外側有一明顯眼紋。後翅於CuA_1室內有一明顯之眼紋。翅腹面底色為灰褐色而有細密之灰白、黃白色或白色波狀細紋。前翅外側有一枚明顯眼紋，後翅於Rs、CuA_1、CuA_2室各有一枚眼紋。後翅有鈑手狀灰白色帶紋。雄蝶於前翅背面有暗色性標。前翅緣毛淺褐色，後翅緣毛白色。

生態習性 Behaviors

多世代性蝶種。成蝶於開闊山坡及林緣活動。成蝶飛翔緩慢且會訪花。

雌、雄蝶之區分 Distinctions between sexes

雌蝶前翅背面眼紋鮮明、前翅背面無性標、翅形較圓、翅背面底色較淺。雄蝶前足跗節消失，雌蝶則仍存在。

近似種比較 Similar species

在臺灣地區後翅腹面具三枚眼紋的波眼蝶中，體型與斑紋和本種最類似的種類是密紋波眼蝶及王氏波眼蝶，本種的中、南臺灣族群Rs室眼紋與CuA_1室眼紋等大或較小，較易鑑定，北臺灣族群除了體型較大以外難以和王氏波眼蝶區分。

分布 Distribution	棲地環境 Habitats	幼蟲寄主植物 Larval hostplants
分布於臺灣本島低、中海拔地區。	崩塌地、開闊坡地等。	臺灣蘆竹*Arundo formosana*及芒草*Miscanthus sinensis*等禾本科Poaceae植物。利用部位是葉片。

110%

1 2 3 4 5 6 7 8 9 10 11 12

高溫型（雨季型）

1cm

♂

1cm

♀

蛺蝶科

波眼蝶屬

變異 Variations	豐度／現狀 Status	附記 Remarks
後翅腹面底色變異頗多。中、南臺灣族群翅色偏灰色、Rs室眼紋與CuA_1室眼紋等大或較小，北臺灣族群翅腹面底色偏白而背面底色黑褐、Rs室眼紋則比CuA_1室大型。	目前數量尚多。	本種偏好陽性環境而略有遮蔭的棲地，與王氏波眼蝶相似，而與偏好陰性環境的密紋波眼蝶不同。 本種種小名*esakii*係指已故日籍蝶類學者江崎悌三博士。

低溫型（乾季型）

1cm

110%

♂

1cm

♀

王氏波眼蝶

Ypthima wangi Lee

▍模式產地：*wangi* Lee, 1998：臺灣。

英文名	Wang's Three-ring
別　名	王氏波紋蛇目蝶

形態特徵 Diagnostic characters

雌雄斑紋相似。軀體背側呈褐色，腹側呈淺褐色。前翅近直角三角形，前緣、外緣呈弧形。後翅接近扇形。翅背面底色呈褐色，於亞外緣有一暗色弧線。前翅於中室外側有一明顯眼紋。後翅於 CuA_1 室內有一明顯之眼紋。翅腹面底色為褐色而有細密之灰白、黃白色或白色波狀細紋。前翅外側有一枚明顯眼紋，後翅於 Rs、CuA_1、CuA_2 室各有一枚眼紋，後兩者常相互靠近，甚至相連。後翅有灰白色帶紋。雄蝶於前翅背面有暗色性標。前翅緣毛淺褐色，後翅緣毛白色。

生態習性 Behaviors

多世代性蝶種。成蝶於開闊坡地及海岸附近草地活動。成蝶飛翔緩慢且會訪花。

雌、雄蝶之區分 Distinctions between sexes

雌蝶前翅背面眼紋鮮明、前翅背面無性標、翅形較圓、翅背面底色較淺。雄蝶前足跗節消失，雌蝶則仍存在。

近似種比較 Similar species

在臺灣地區後翅腹面具三枚眼紋的波眼蝶中，體型與斑紋和本種最類似的種類是江崎波眼蝶，尤其是其北部族群。本種的後翅腹面淺色鈑手狀紋較不清晰，常部分暗化而不成鈑手狀。

分布 Distribution	棲地環境 Habitats	幼蟲寄主植物 Larval hostplants
分布於臺灣本島東北部低海拔地區及離島龜山島。	近海礁岩地、開闊坡地等。	禾本科Poaceae的印度鴨嘴草*Ischaemum indicum*。利用部位是葉片。

19~23mm

0~900m

| 1 | 2 | 3 | 4 | 5 | 6 | 7 | 8 | 9 | 10 | 11 | 12 |

110%

♂

1cm

♀

1cm

變異 Variations	豐度／現狀 Status	附記 Remarks
後翅腹面眼紋大小變化大，CuA₁及CuA₂眼紋有時相連，此等眼紋相連的情形曾被認為是本種特徵，但事實上僅屬族群內變異。	目前數量尚多。	植村、小岩屋（2000）將王氏波眼蝶處理為密紋波眼蝶之同物異名。高橋、城內（2011）則依據生活史資料將之視為江崎波眼蝶之亞種，但由於北部山區有形態介於兩者之間的族群存在，生物種劃分有待進一步深入研究，本書暫時維持早先的處理。

白帶波眼蝶

Ypthima akragas Fruhstorfer

▌模式產地：*akragas* Fruhstorfer, 1911；臺灣。

英 文 名	White-banded Three-ring
別　　名	臺灣小波紋蛇目蝶

形態特徵 Diagnostic characters

　　雌雄斑紋相似。軀體背側呈褐色，腹側呈淺褐色。前翅近直角三角形，前緣、外緣呈弧形。後翅接近扇形。翅背面底色呈暗褐色，於亞外緣有一暗色弧線。前翅於中室外側常有一眼紋。後翅於CuA_1室內有一明顯之眼紋。翅腹面底色為灰褐色而有細密之黃白色及白色波狀細紋。前翅外側有一枚明顯眼紋，後翅於Rs、CuA_1、CuA_2室各有一枚眼紋，Rs室眼紋與後兩者間有一明顯白帶貫穿。雄蝶於前翅背面有暗色性標。前翅緣毛淺褐色，後翅緣毛白色。

生態習性 Behaviors

　　一年至少有兩世代，不過可能南部與北部的化性不同。成蝶於開闊山坡及林緣活動。成蝶飛翔緩慢且會訪花。

雌、雄蝶之區分 Distinctions between sexes

　　雌蝶前翅背面眼紋較鮮明、前翅背面無性標、翅形較圓、翅背面底色較淺。雄蝶前足跗節消失，雌蝶則仍存在。

近似種比較 Similar species

　　在臺灣地區後翅腹面具三枚眼紋的波眼蝶中以本種後翅腹面之白帶最為鮮明，而且呈直帶狀。

分布 Distribution	棲地環境 Habitats	幼蟲寄主植物 Larval hostplants
在臺灣地區分布於臺灣本島中、高海拔地區。臺灣以外分布於華西地區。	崩塌地、開闊坡地等。	目前已知自然狀況下之寄主植物是川上氏短柄草*Brachypodium kawakamii*等禾本科Poaceae植物。利用部位是葉片。

21~25mm

1200~2500m

110%

1cm

♂

1cm

♀

變異 Variations	豐度／現狀 Status	附記 Remarks
雄蝶前翅背面眼紋有時消失。	目前數量尚多。	本種長期被視為分布於華西及華西南地區的完璧波眼蝶 *Ypthima perfecta* Leech, 1892（模式產地：華西）之亞種，但Uemura & Koiwaya（2001）指出完璧波眼蝶與白帶波眼蝶應為不同種，且同時報告白帶波眼蝶於華西地區發現之族群，因此臺灣的族群應被視為指名（承名）亞種。

巨波眼蝶 特有亞種

Ypthima praenubila kanonis Matsumura /
Ypthima praenubila neobilia Murayama

▌模式產地：*praenubila* Leech, 1891：四川／江西；*kanonis* Matsumura, 1929：北臺灣；
　　　　　neobilia Murayama, 1980：中臺灣。

英 文 名	Great Four-ring
別　　名	鹿野波紋蛇目蝶、前霧瞿眼蝶

蛺蝶科

波眼蝶屬

形態特徵 Diagnostic characters

雌雄斑紋相似。軀體背側呈黑褐色，腹側呈淺褐色。前翅近直角三角形，前緣、外緣呈弧形。後翅接近卵形。翅背面底色呈暗褐色，於亞外緣有一暗色弧線。前翅於中室外側有一明顯之眼紋，後翅於 M_3、CuA_1 室內常各有一明顯之眼紋。翅腹面底色為褐色而有細密之黃白色及白色波狀細紋。前翅有一枚明顯眼紋，位於翅背面眼紋之相應位置，後翅則有四枚眼紋，中心點位於 Rs、M_3、CuA_1 及 CuA_2 室內，三枚眼紋約略在一直線上。後翅有一道界限模糊之白帶貫穿前側眼紋及後側三枚眼紋之間。前翅緣毛淺褐色，後翅緣毛白色。

生態習性 Behaviors

一年一世代蝶種。成蝶於林緣活動。成蝶飛翔緩慢。

雌、雄蝶之區分 Distinctions between sexes

雌蝶通常體型明顯大於雄蝶。雄蝶前翅背面有暗色性標。

近似種比較 Similar species

在臺灣地區翅腹面有四枚眼紋的波眼蝶僅有本種及達邦波眼蝶，本種體型明顯較大、翅背面色彩較黑，且後翅腹面 M_3、CuA_1 及 CuA_2 室眼紋排列成一直線。

分布 Distribution	棲地環境 Habitats	幼蟲寄主植物 Larval hostplants
在臺灣地區見於臺灣本島低、中海拔地區。臺灣地區以外分布於華東、華中、華南、華西等地區。	常綠闊葉林。	禾本科Poaceae的基隆短柄草*Brachypodium sylvaticum*等植物。利用部位是葉片。

287

26~33mm

50~1200m

蛺蝶科

波眼蝶屬

北部亞種

60%

♂

1cm

♀

1cm

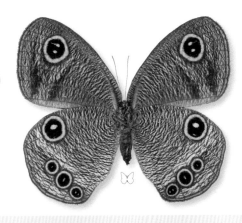

變異 Variations	豐度／現狀 Status	附記 Remarks
北臺灣族群之個體體型大於南臺灣族群之個體。後翅背面眼紋數目富變異。	一般數量稀少。	本種在臺灣的族群常被分為北臺灣及中南臺灣兩亞種，不過除了後者體型較小之外，兩者無甚差異，是否有分為兩亞種的必要有待進一步探討。本種的北臺灣亞種之亞種名係紀念著名的日籍自然史研究先驅鹿野忠雄博士。本種是臺灣地區最大型的波眼蝶屬蝴蝶。

288

中南部亞種

1cm

♂

♀

1cm

60%

罕波眼蝶 特有亞種

Ypthima norma posticalis Matsumura

▎模式產地：*norma* Westwood, 1851；福建；*posticalis* Matsumura, 1909；臺灣。

英 文 名	Small Three-ring
別　　名	無紋波紋蛇目蝶、無斑波紋蛇目蝶

形態特徵 Diagnostic characters

　　雌雄斑紋相似。軀體背側呈褐色，腹側呈淺白色。前翅近直角三角形，前緣、外緣呈弧形。後翅接近卵形。翅背面底色呈灰褐色，於前翅有一「U」字形暗色弧線，後翅外緣有一亞外緣暗色線。前翅於中室外側有一明顯眼紋。後翅常無紋，偶於CuA₁室內有一小眼紋。翅腹面底色為灰褐色而有緻密之灰白色波狀細紋。前翅外側有一枚明顯眼紋，後翅於Rs、CuA₁、CuA₂室各有一枚眼紋。緣毛淺褐色。

生態習性 Behaviors

　　應為多世代性蝶種。成蝶棲於開闊草地坡。成蝶飛翔緩慢。

雌、雄蝶之區分 Distinctions between sexes

　　雌蝶翅形較圓、翅背面底色較淺。雄蝶前足跗節消失，雌蝶則仍存在。

近似種比較 Similar species

　　在臺灣地區後翅腹面具三枚眼紋的波眼蝶中以本種體型最小、後翅腹面底色均勻而缺乏暗色或淺色帶紋。另外，後翅背面眼紋細小或消失亦是本種特徵。

分布 Distribution	棲地環境 Habitats	幼蟲寄主植物 Larval hostplants
在臺灣地區分布於臺灣本島北部低地。外島馬祖地區分布者屬於不同亞種。臺灣以外分布於華東、華南、華西南、中南半島、呂宋、蘇拉威西、摩鹿加群島、小巽他群島等地區。	開闊草地。	缺乏資料。

蛺蝶科

波眼蝶屬

200%

1cm

♂

1cm

♀

變異 Variations	豐度／現狀 Status	附記 Remarks
低溫／乾季個體後翅腹面眼紋較小。	臺灣本島族群已有70年沒有觀察記錄，很可能業已滅絕。	馬祖地區族群曾被處理為獨立亞種，稱為ssp. *matsuensis* Lee, 2000（模式產地：馬祖）。由於本種指名亞種模式產地就在與馬祖鄰近的福建福州地區，馬祖地區族群無疑應屬於指名亞種。 本種於臺灣本島昔日已知的棲地在臺北盆地北面的士林、北投一帶，其棲地消失疑與都市化有關。本書圖示之個體即為臺中農試所館藏之北投產的老標本。

文龍波眼蝶

特有種

Ypthima wenlungi Takahashi, 2007

▍模式產地：*wenlungi* Takahashi, 2007：臺灣。

英 文 名	Wenlung's Three-ring
別　名	文龍波紋蛇目蝶、文龍瞿眼蝶

形態特徵 Diagnostic characters

雌雄斑紋相似。軀體背側呈褐色，腹側呈淺褐色。前翅近直角三角形，前緣、外緣呈弧形。後翅接近扇形。翅背面底色呈褐色，於前翅有一模糊「U」字形暗色弧線。前翅於中室外側有一明顯眼紋。後翅於CuA_1室內有一明顯之眼紋，亞外緣有一暗色曲線。翅腹面底色為褐色而有細密之灰白色波狀細紋。前翅外側有一枚明顯眼紋，後翅於Rs、CuA_1、CuA_2室各有一枚眼紋，大小由前向後遞減。後翅有鈑手狀灰白色帶紋。緣毛褐色。

生態習性 Behaviors

目前資料不足，但可能屬多世代性蝶種。成蝶於林緣活動。成蝶飛翔緩慢。

雌、雄蝶之區分 Distinctions between sexes

雌蝶翅形較圓、翅背面底色較淺。雄蝶前足跗節消失，雌蝶則仍存在。

近似種比較 Similar species

在臺灣地區後翅腹面具三枚眼紋的波眼蝶中，斑紋和本種最類似的種類是密紋波眼蝶，但本種體型明顯較小且雄蝶前翅缺乏暗色性標。

分布 Distribution	棲地環境 Habitats	幼蟲寄主植物 Larval hostplants
目前已知棲地均位於臺灣本島南部中海拔地區。	常綠闊葉林。	野外寄主植物尚未明悉，無疑以禾本科Poaceae植物為寄主植物。

17~19mm

1200~1600m

1cm

♂

160%

1cm

♀

變異 Variations	豐度/現狀 Status	附記 Remarks
翅腹面有時鈑手狀紋不清晰。	數量少。	本種種小名係以已故的，長年從事南臺灣昆蟲相關產業之陳文龍先生為名。

古眼蝶屬 *Palaeonympha* Butler, 1871

模式種 Type Species | 古眼蝶*Palaeonympha opalina* Butler, 1871。

形態特徵與相關資料 Diagnosis and other information

中型眼蝶。複眼疏被短毛。下唇鬚第二節有長毛，第三節細而光滑。前足被長毛，在雄蝶退化而格外細小。前翅Sc脈基部明顯膨大。前、後翅中室封閉。翅背面底色褐色；腹面淺褐色，外側有銀色小斑點列及眼紋。雄蝶前翅背面有分枝狀性標。

本屬僅有一種，分布於東洋區與舊北區交會地帶，但與新世界分布之*Megisto* Hübner [1819] 屬形態、斑紋十分類似，而近年研究均顯示本屬分類上應屬於在美洲多樣性極高的釉眼蝶亞族Euptychiina。

棲息於森林及草坡等環境。

幼蟲寄主植物為莎草科Cyperaceae植物。

唯一代表種臺灣地區有分布。

・*Palaeonympha opalina macrophthalmia* Fruhstorfer, 1911（古眼蝶）

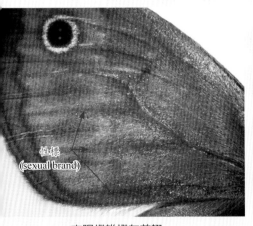

性標
(sexual brand)

古眼蝶雄蝶左前翅

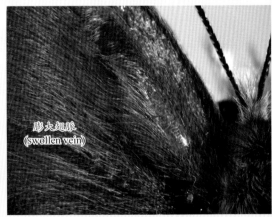

膨大翅脈
(swollen vein)

古眼蝶雄蝶左前翅翅基

古眼蝶 特有亞種

Palaeonympha opalina macrophthalmia Fruhstorfer

▋模式產地：*opalina* Butler, 1871：中國；*macrophthalmia* Fruhstorfer, 1911：臺灣。

英 文 名	Asian Wood Satyr
別　　名	銀蛇目蝶

形態特徵 Diagnostic characters

　　雌雄斑紋相似。軀體背側呈暗褐色，腹側呈淺褐色。前翅近直角三角形，前緣、外緣呈弧形。後翅接近扇形。翅背面生細毛，底色呈褐色，亞外緣有波狀暗色曲線。前翅以M_1室為中心有一明顯眼紋。後翅於CuA_1室內有一明顯之眼紋，M_1室內則有一模糊黑色圓斑。翅腹面底色為淺黃褐色而泛灰白色。翅面有兩道暗色細線貫穿翅面，外側線外翅面呈灰白色。前、後翅亞外緣均有兩條深褐色細線，外側線為圓滑曲線，內側線為波狀曲線。前翅以M_1室為中心有一明顯眼紋，其後方各翅室有橄欖形鏤空紋，部分並有銀色小斑點。後翅於M_1、CuA_1、CuA_2室各有一枚明顯眼紋，其他翅室內亦有模糊環紋。眼紋與環紋內均有銀色小斑。雄蝶於前翅背面沿中室後側外方及M_1、CuA_1、CuA_2脈形成分枝狀暗色性標。緣毛淺褐色或黃白色。

生態習性 Behaviors

　　一年一世代性蝶種。成蝶於林緣、林床活動。成蝶飛翔緩慢。

雌、雄蝶之區分 Distinctions between sexes

　　雌蝶前翅背面無性標。

近似種比較 Similar species

　　在臺灣地區沒有類似種。

分布 Distribution	棲地環境 Habitats	幼蟲寄主植物 Larval hostplants
在臺灣地區見於臺灣本島低、中海拔地區。臺灣地區以外分布於華中及華西等地區。	常綠闊葉林。	野外已確認之幼蟲寄主植物為莎草科Cyperaceae之紅果薹*Carex baccans*，可能也會利用禾本科Poaceae植物。利用部位是葉片。

蛺蝶科

古眼蝶屬

24~28mm

1 2 3 4 5 6 7 8 9 10 11 12

300~2000m

110%

1cm

♂

1cm

♀

變異 Variations	豐度 / 現狀 Status
後翅腹面眼紋數目與大小多變異。	部分地區數量豐富，但一般數量不多。

幽眼蝶屬 *Zophoessa* Doubleday, [1849]

模式種 Type Species │ 長尾幽眼蝶 *Zophoessa sura* Doubleday, [1849]。

形態特徵與相關資料 Diagnosis and other information

中型眼蝶。複眼被毛。下唇鬚腹面長毛密生。雄蝶前足密被長毛、末端尖，雌蝶被毛較稀疏、末端鈍。前翅Sc脈基部及中室後側脈基部膨大。前、後翅中室封閉。翅背面底色褐色；腹面淺褐色，內側有波狀線紋，外側有眼紋。部分種類雄蝶前翅背面有性標。

部分研究者認為本屬成員可包含在黛眼蝶屬*Lethe* Hübner, 1819內。

本屬約有30種，分布於東洋區與舊北區東部。

棲息於森林及竹林。

幼蟲寄主植物為禾本科Poaceae植物。

臺灣地區有3種。

性標
(sexual brand)

玉山幽眼蝶雄蝶左前翅

- *Zophoessa dura neoclides*（Fruhstorfer, 1909）（大幽眼蝶）
- *Zophoessa siderea kanoi*（Esaki & Nomura, 1937）（圓翅幽眼蝶）
- *Zophoessa niitakana*（Matsumura, 1906）（玉山幽眼蝶）

大幽眼蝶*Zophoessa dura neoclides*（南投縣集集鎮集集大山，1390m，2010.03.20.）。

玉山幽眼蝶*Zophoessa niitakana*（南投縣仁愛鄉石門山，3200m，2012.09.22.）。

臺灣地區
檢索表 幽眼蝶屬

Key to species of the genus *Zophoessa* in Taiwan

❶ 前翅背面有黃白色斑紋.. *niitakana*（玉山幽眼蝶）

　前翅背面無黃白色斑紋..❷

❷ 後翅M₃室脈末端有尾突...*dura*（大幽眼蝶）

　後翅M₃室脈末端無尾突...*siderea*（圓翅幽眼蝶）

大幽眼蝶

Zophoessa dura neoclides (Fruhstorfer)

模式產地：*dura* Marshall, 1882：印度；*neoclides* Fruhstorfer, 1909：臺灣。

英 文 名	Scarce Lilacfork
別 名	黛眼蝶、白尾蔭蝶、白尾黑蔭蝶

蛺蝶科

幽眼蝶屬

形態特徵 Diagnostic characters

雌雄斑紋相似。軀體背側呈黑褐色、有虹彩狀金屬光澤，腹側呈淺褐色。下唇鬚兩側鑲白線紋。前翅近直角三角形，翅頂略突出。後翅接近卵形，外緣呈波狀，M_3室脈末端有尾突。翅背面底色呈黑褐色，後翅外側有一片淺黃白色紋，其內有面中央有弧狀排列之黃白色紋，內有一列黑褐色斑點列作弧形排列。雌蝶前翅外半部淺色。翅腹面底色為淺褐色，前翅中央有一暗褐色寬斜帶，中室內有一暗褐色短條。前、後翅沿外緣有橙色細帶，其內緣鑲白色細邊，但前翅者暗化。前翅M_1及 M_2室有模糊小眼紋，翅頂附近有小白紋。後翅有兩道波狀細白線貫穿翅面，其兩側有模糊暗色帶。外側有眼紋列作弧形排列。翅基附近有白色鏤空紋。前翅中室外側及M_3、CuA_1、CuA_2及$1A+2A$各脈有暗褐色性標。緣毛黑白相間。

生態習性 Behaviors

一年至少有兩世代。成蝶於箭竹林內、森林內活動。成蝶飛翔敏捷快速。

雌、雄蝶之區分 Distinctions between sexes

雌蝶前翅背面外半部淺色。雄蝶前足跗節退化、密被長毛、末端尖，雌蝶則疏被毛、末端鈍。

近似種比較 Similar species

在臺灣地區沒有類似種。

分布 Distribution	棲地環境 Habitats	幼蟲寄主植物 Larval hostplants
在臺灣地區主要分布於臺灣本島中、高海拔地區。臺灣以外分布於華西、華南、喜馬拉雅、阿薩密、中南半島、呂宋等地區。	常綠闊葉林、箭竹林。	包括芒草*Miscanthus sinensis*、臺灣矢竹*Arundinaria kunishii*、玉山箭竹*Yushania niitakayamensis*等禾本科Poaceae植物。利用部位是葉片。

33~38mm

1 2 3 4 5 6 7 8 9 10 11 12

1000~3000m

90%

 ♂

1cm

蛺蝶科

幽眼蝶屬

♀

1cm

變異 Variations	豐度 / 現狀 Status	附記 Remarks
後翅翅面眼紋大小多變異。	一般數量不多。	呂宋的亞種ssp. *dataensis* Semper, 1887（模式產地：呂宋）有時被視為獨立種。

299

圓翅幽眼蝶 特有亞種

Zophoessa siderea kanoi (Esaki & Nomura)

▌模式產地：*siderea* Marshall, 1880；錫金；*kanoi* Esaki & Nomura, 1937；臺灣。

英 文 名	Scarce Woodbrown
別　　名	鹿野黑蔭蝶

蛺蝶科

幽眼蝶屬

形態特徵 Diagnostic characters

雌雄斑紋相似。軀體背側呈暗褐色、有虹彩狀金屬光澤，腹側呈淺褐色。下唇鬚兩側鑲白線紋。前翅近直角三角形，前緣略呈弧形，翅頂圓鈍。後翅接近扇形。翅背面底色呈黑褐色或褐色，沿外緣有模糊細帶，後翅亞外緣有淺色波形線紋。雌蝶於前翅亞前緣有明顯暗色紋。翅腹面底色為淺褐色，前、後翅沿外緣有橙色細帶，其內側鑲泛紫色之白色亮線紋。後翅有兩道波狀泛紫色白色亮線貫穿翅面。外側有眼紋列作弧形排列，眼紋外鑲泛紫色白色亮線形成的圈紋。翅基附近有泛紫色白色亮線形成的鏤空紋。緣毛黑白相間。

生態習性 Behaviors

一年至少有兩世代。成蝶於箭竹林內、森林內活動。成蝶飛翔緩慢。

雌、雄蝶之區分 Distinctions between sexes

雌蝶前翅背面底色淺而於前翅亞前緣有明顯暗色紋，雄蝶則翅面呈均勻之暗褐色。雄蝶前足跗節退化、密被長毛、末端尖，雌蝶則疏被毛、末端鈍。

近似種比較 Similar species

在臺灣地區沒有類似種。

分布 Distribution	棲地環境 Habitats	幼蟲寄主植物 Larval hostplants
在臺灣地區主要分布於臺灣本島中北部之中、高海拔地區。臺灣以外分布於華西、華西南、喜馬拉雅、阿薩密、中南半島北部等地區。	常綠闊葉林、箭竹林。	目前尚無正式報告，幼蟲以竹類植物為食。

1 2 3 4 5 6 7 8 9 10 11 12

22~26mm

1000~2500m

1cm

♂

1cm

♀

110%

變異　Variations	豐度／現狀　Status	附記　Remarks
雄蝶後翅亞外緣淺色波形線紋有時減退、消失。	數量稀少。	臺灣亞種的亞種名*kanoi*指最初於臺灣發現本種的日籍學者鹿野忠雄博士。

玉山幽眼蝶

特有種

Zophoessa niitakana (Matsumura)

▌模式產地：*niitakana* Matsumura, 1906：臺灣。

英 文 名	Formosan Lilacfork
別 名	玉山蔭蝶、玉山黛眼蝶

形態特徵 Diagnostic characters

雌雄斑紋相似。軀體背側呈暗褐色、有虹彩狀金屬光澤，腹側呈淺褐色。下唇鬚兩側鑲白線紋。前翅近直角三角形，前緣、外緣略呈弧形。後翅接近卵形，外緣明顯呈波狀。翅背面底色呈暗褐色，翅面中央有作曲線排列之黃白色斑紋，其外側有兩枚同色小斑點。後翅外側有一列作弧形排列之鑲黃環眼紋。翅腹面底色為褐色而大部分泛淺黃褐色。前後翅沿外緣有橙色細帶，其內緣鑲白色細邊。前翅黃白色斑紋連接成帶，中室端亦有一黃白色斑。後翅有兩道波狀細白帶貫穿翅面，其外側有眼紋列作弧形排列。翅基附近及中室端有白色鏤空紋。前翅中室外側及M_3、CuA_1、CuA_2及$1A+2A$各脈有暗褐色性標。緣毛黑白相間。

生態習性 Behaviors

一年應至少有兩世代性。成蝶於箭竹原上、森林邊緣活動。成蝶飛翔活潑。

雌、雄蝶之區分 Distinctions between sexes

雌蝶前翅背面無性標，且斑紋色彩較淺。雄蝶前足跗節退化、密被長毛、末端尖，雌蝶則疏被毛、末端鈍。

近似種比較 Similar species

在臺灣地區沒有類似種。

分布 Distribution	棲地環境 Habitats	幼蟲寄主植物 Larval hostplants
分布於臺灣本島中、高海拔地區。	常綠闊葉林、箭竹草原。	目前尚無正式報告，幼蟲以竹類植物為食。

21~24mm

1 2 3 4 5 6 7 8 9 10 11 12

1500~3000m

1cm

♂

110%

1cm

♀

蛺蝶科

幽眼蝶屬

變異 Variations	豐度／現狀 Status	附記 Remarks
前翅黃白斑及後翅眼紋大小多變異。	一般數量不多。	本種種小名*niitakana*源自日文「ニイタカ」之發音，意指「新高」山，即臺灣最高峰玉山。

黛眼蝶屬　*Lethe* Hübner, 1819

模式種 Type Species　│　*Papilio europa* Fabricius, 1775，即長紋黛眼蝶
　　　　　　　　　　│　*Lethe europa*（Fabricius, 1775）。

形態特徵與相關資料 Diagnosis and other information

中型眼蝶。複眼密被毛。下唇鬚第二節腹面長毛密生，第三節短而細。雄蝶前足密被長毛、末端尖，雌蝶被毛較稀疏、末端鈍。前翅翅頂多少向外突出，後翅常於M_3脈末端有尾突。前、後翅中室封閉，中室短。翅面底色主要呈褐色或暗褐色，翅腹面外側有明顯的眼紋列。部分種類雄蝶翅背面有性標。

蹠節
(tarsus)

變斑黛眼蝶左前足（左雄右雌）

本屬約有60種，分布於東洋區、舊北區東部及北美洲東部。

偏好棲息於森林及竹林等陰暗、潮溼場所，成蝶好吸食腐果、動物排泄物及糞便。

幼蟲寄主植物為禾本科Poaceae及莎草科Cyperaceae植物。

臺灣地區記錄之種類有12種，但其中月神黛眼蝶（黑蔭蝶）*Lethe diana australis* Naritomi, 1942、白帶黛眼蝶*L. confusa* Aurivillius, 1898及大深山黛眼蝶（韋氏黑蔭蝶）*L. bojonia* Fruhstorfer, 1913尚有疑問，本書暫不包含之。

- *Lethe europa pavida* Fruhstorfer, 1908（長紋黛眼蝶）
- *Lethe rohria daemoniaca* Fruhstorfer, 1908（波紋黛眼蝶）
- *Lethe verma cintamani* Fruhstofer, 1909（玉帶黛眼蝶）
- *Lethe hyrania formosana* Fruhstorfer, 1908（深山黛眼蝶）
- *Lethe chandica ratnacri* Fruhstorfer, 1908（曲紋黛眼蝶）
- *Lethe mataja* Fruhstorfer, 1908（臺灣黛眼蝶）
- *Lethe christophi hanako* Fruhstorfer, 1908（柯氏黛眼蝶）
- *Lethe butleri periscelis*（Fruhstorfer, 1908）（巴氏黛眼蝶）
- *Lethe gemina zaitha* Fruhstorfer, 1914（變斑黛眼蝶）

Key to species of the genus *Lethe* in Taiwan

❶ 前翅腹面亞基線紋模糊或缺乏 .... **❷**

前翅腹面有鮮明之亞基線紋 .... **❹**

❷ 前翅有鮮明白帶 .... *verma*（玉帶黛眼蝶）

前翅無白帶 .... **❸**

❸ 翅底色黃褐色；後翅腹面M翅室無眼紋 .... *gemina*（彎斑黛眼蝶）

翅底色褐色；後翅腹面M翅室有眼紋 .... *butleri*（巴氏黛眼蝶）

❹ 前翅腹面亞基線白色 .... **❺**

前翅腹面亞基線深色 .... **❻**

❺ 前翅腹面中室之亞基線外側另有一白線紋 .... *rohria*（波紋黛眼蝶）

前翅腹面中室僅有亞基線，其外側無線紋 .... *europa*（長紋黛眼蝶）

❻ 前翅腹面外側線紋於M_3脈附近大角度彎曲 .... *chandica*（曲紋黛眼蝶）

前翅腹面外側線紋近直線狀 .... **❼**

❼ 前翅腹面外側線紋與後緣夾角近直角 .... *christophi*（柯氏黛眼蝶）

前翅腹面外側線紋／帶與後緣夾角成銳角 .... **❽**

❽ 後翅腹面CuA_1室眼紋消失或小於Rs室眼紋 .... *mataja*（臺灣黛眼蝶）

後翅腹面CuA_1室眼紋等於或大於Rs室眼紋 .... *hyrania*（深山黛眼蝶）

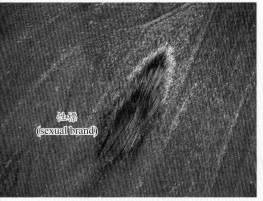

臺灣黛眼蝶雄蝶左後翅性標

巴氏黛眼蝶*Lethe butleri periscelis*（新北市石碇區二格山，600m，2011.09.13.）。

長紋黛眼蝶

Lethe europa pavida Fruhstorfer

▌模式產地：*europa* Fabricius, 1775：南印度；*pavida* Fruhstorfer, 1908：臺灣。

| 英文名 | Bamboo Treebrown |
| 別　名 | 玉帶蔭蝶、白帶蔭蝶、竹目蝶、白條蔭蝶 |

形態特徵 Diagnostic characters

　　雌雄斑紋相異。軀體背側呈褐色，腹側胸部呈褐色，腹部灰白或淺褐色。下唇鬚兩側鑲白紋。前翅近直角三角形，翅頂略突出。後翅接近卵形，M₃室脈末端有角狀尾突。前、後翅外緣均略呈波狀。翅背面底色呈褐色，前、後翅沿外緣鑲細帶，前翅翅頂附近有模糊小白紋，雌蝶並於前翅中央有鮮明斜行白帶，雄蝶則僅有模糊淡色細線。前、後翅偏外側時有模糊黑色紋列，尤其是雌蝶。腹面底色為帶綠色或橄欖色調之淺褐色，前、後翅沿外緣有橙色細帶，其內緣鑲白色細邊。翅面外側有眼紋列作弧形排列，眼紋外鑲白環，內側黑紋形狀不規則，中含細小白點。眼紋列外有暗色紋。近翅基部有白線貫穿翅面內側。前翅中央有斜行白帶，於雄蝶細而黯淡，雌蝶則粗而鮮明。緣毛黑白相間。

生態習性 Behaviors

　　多世代性蝶種。成蝶於竹林及森林內較陰暗的場所活動。成蝶飛翔敏捷快速。

雌、雄蝶之區分 Distinctions between sexes

　　雌蝶前翅背、腹面均有鮮明粗白帶，雄蝶則僅腹面有白帶，而且狹窄而不鮮明。雄蝶前足跗節癒合、密被長毛、末端尖，雌蝶則跗節分節、疏被毛、末端鈍。

分布 Distribution	棲地環境 Habitats	幼蟲寄主植物 Larval hostplants
在臺灣地區主要分布於臺灣本島低、中海拔地區，離島龜山島、小琉球、綠島及蘭嶼均曾有記錄。外島馬祖地區也曾有記錄，但是應屬不同亞種。臺灣以外幾乎分布於整個東洋區，並延伸入澳洲區西部島嶼。	常綠闊葉林、竹林。	以禾本科Poaceae之竹亞科Bambusoideae為幼蟲寄主植物，包括孟宗竹*Phyllostachys pubescens*、綠竹*Bambusa oldhamii*、佛竹*B. ventricosa*等。利用部位是葉片。

29~35mm

3000
2000
1000
0

0~1000m

近似種比較 Similar species

在臺灣地區與本種最類似的種類是波紋黛眼蝶，但波紋黛眼蝶翅腹面亞基線外側尚多一道波狀白線，翅腹面基半部另有一些淺色紋。

高溫型（雨季型）

80%

1cm

♂

♀

1cm

變異 Variations	豐度 / 現狀 Status	附記 Remarks
低溫期個體翅腹面色彩較淺，眼狀紋較黯淡。	目前數量尚多。	馬祖地區發現者應屬於亞種ssp. *beroe* Cramer, 1775（模式產地：中國）。日本八重山群島與臺灣的本種族群被認為屬同一亞種。

低溫型（乾季型）

80%

1cm

♂

1cm

♀

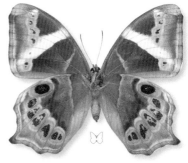

長紋黛眼蝶*Lethe europa pavida*（臺南市新化區新化林場，2009.12.08.）。

深山黛眼蝶 特有亞種

Lethe hyrania formosana Fruhstorfer

模式產地：*hyrania* Kollar, [1844]：尼泊爾；*formosana* Fruhstorfer, 1908：臺灣。

英 文 名	Step-banded Forester／Common Forester
別 名	深山玉帶蔭蝶、深山白帶蔭蝶

形態特徵 Diagnostic characters

雌雄斑紋相異。軀體背側呈暗褐色，腹側呈淺褐色或灰白色。下唇鬚兩側鑲白紋。前翅近直角三角形，前緣、外緣略呈弧形。後翅接近卵形。後翅外緣略呈波狀，於M_3脈末端有角狀尾突。翅背面底色棕褐色，前、後翅沿外緣有淺色重細線。雄蝶前翅中央有模糊淺色斜線。雌蝶前翅中央有鮮明斜行白帶，其前方底色黑褐色，翅頂附近有小白紋。雌、雄蝶後翅外側均有眼紋列作弧形排列。腹面底色為褐色而部分泛紅褐色，以雌蝶為著。前、後翅沿外緣有淺色細重帶。前翅中室中央有兩條紅褐色細線。前翅外側於M_1、M_2、M_3室內有眼紋，雌蝶翅面中央有鮮明斜行白帶，雄蝶則有淺色斜線。後翅外側有眼紋列作弧形排列，眼紋外鑲黃白色細環紋。後翅中央有兩道紅褐色線紋貫穿翅面，內側線直線狀，外側線曲折，於M_2室外側時有紅褐色斑紋。緣毛褐色與白色。

生態習性 Behaviors

多世代性蝶種。成蝶於森林林緣、竹林活動。成蝶飛翔活潑快速。

雌、雄蝶之區分 Distinctions between sexes

雌蝶前翅背、腹面均有鮮明粗白帶，雄蝶則無白帶。雄蝶前足跗節癒合、密被長毛、末端尖，雌蝶則跗節分節、疏被毛、末端鈍。

分布 Distribution	棲地環境 Habitats	幼蟲寄主植物 Larval hostplants
在臺灣地區主要分布於臺灣本島低、中海拔地區。臺灣以外分布於華南、華西、喜馬拉雅、中南半島等地區。	常綠闊葉林、箭竹林。	玉山箭竹*Yushania niitakayamensis*、臺灣矢竹*Arundinaria kunishii*、包籜矢竹*Arundinaria usawai*等禾本科Poaceae竹亞科Bambusoideae植物。利用部位是葉片。

23~33mm

3000
2000
1000
0
400~3000m

`1` 2 `3` `4` `5` `6` `7` 8 9 `10` `11` 12

近似種比較 Similar species

在臺灣地區的黛眼蝶中，本種雌蝶斑紋與臺灣黛眼蝶略為類似，但本種後翅腹面CuA_1室眼紋等於或大於Rs室眼紋，而臺灣黛眼蝶後翅腹面CuA_1室眼紋則小於Rs室眼紋，甚或消失。

中高海拔

90%

1cm

1cm

♂

♀

變異 Variations	豐度／現狀 Status	附記 Remarks
低海拔地區個體體型較大，翅色較黑。	一般數量不多。	往昔文獻常提及一種稱為*Lethe bojonia* Fruhostorfer, 1913（模式產地：臺灣）的黛眼蝶。該分類單元最初被當成淡紋黛眼蝶*Lethe ocellata* Poujade, 1885（模式產地：四川）之亞種。由於*bojonia*與淡紋黛眼蝶特徵不符合，因此Shirôzu（1992）把*bojonia*改稱為獨立種。然而，*bojonia*與本種斑紋類似而交尾器構造相同，兩者關係有待進一步釐清。

峽蝶科

黛眼蝶屬

1cm

90%

♂

♀

1cm

深山黛眼蝶*Lethe insana formosana*
（新北市石碇區二格山，600m，
2011.09.13.）。

311

波紋黛眼蝶

Lethe rohria daemoniaca Fruhstorfer

▍模式產地：*rohria* Fabricius, 1787：北印度；*daemoniaca* Fruhstorfer, 1908：臺灣。

英 文 名	Common Treebrown
別　　名	波紋白帶蔭蝶、波紋玉帶蔭蝶、角目蝶

形態特徵 Diagnostic characters

　　雌雄斑紋相異。軀體背側呈褐色，腹側胸部呈褐色，腹部灰白色。下唇鬚兩側鑲白紋。前翅近直角三角形，翅頂略突出。後翅接近卵形，M$_3$室脈末端有角狀尾突。前、後翅外緣均略呈波狀。翅背面底色呈褐色，前、後翅沿外緣鑲細帶，前翅翅頂附近有模糊小白紋，雌蝶並於前翅中央有鮮明斜行白帶，雄蝶則僅有模糊淡色細線。前、後翅偏外側時有模糊黑色紋列，尤其是雌蝶。翅腹面底色為淺褐色，前、後翅沿外緣有橙色細帶，其內緣鑲白色細邊。翅面外側有眼紋列作弧形排列，眼紋外鑲白環，內側黑紋形狀不規則，中含細小白點。近翅基部有白線貫穿翅面內側。前翅中央有斜行白帶，於雄蝶較窄而色調較黯淡，雌蝶則粗而鮮明。緣毛黑白相間。

生態習性 Behaviors

　　多世代性蝶種。成蝶於森林內及林緣活動。成蝶飛翔敏捷快速。

雌、雄蝶之區分 Distinctions between sexes

　　雌蝶前翅背、腹面均有鮮明粗白帶，雄蝶則僅腹面有白帶，且白帶較狹窄而色彩較不鮮明。雄蝶前足跗節癒合、密被長毛、末端尖，雌蝶則跗節分節、疏被毛、末端鈍。

分布 Distribution	棲地環境 Habitats	幼蟲寄主植物 Larval hostplants
在臺灣地區主要分布於臺灣本島低、中海拔地區，離島綠島亦曾有記錄。外島馬祖地區也曾有記錄，但是應屬不同亞種。臺灣以外分布華東、華南、南亞、喜馬拉雅、中南半島、小巽他列島等地區。	常綠闊葉林。	禾本科Poaceae之五節芒*Miscanthus floridulus*、開卡蘆*Phragmites vallatoria*及李氏禾*Leersia hexandra*等植物。利用部位是葉片。

30~34mm

0~2000m

近似種比較 Similar species

在臺灣地區與本種最類似的種類是長紋黛眼蝶,但長紋黛眼蝶前翅腹面白帶呈直線狀,本種則較彎曲。另外,長紋黛眼蝶翅腹面亞基線外側無波狀白線及淺色紋。

90%

1cm

♂

1cm

♀

變異 Variations	豐度/現狀 Status	附記 Remarks
後翅腹面眼紋大小、色彩多個體變異。	過去本種被認為是常見種,但現今本種並不常見。本種多棲息於低海拔地區,而開發與都市化可能致使本種棲地減少。	馬祖地區發現者應屬於亞種ssp. *permagnis* Fruhstorfer, 1911(模式產地:福建)。海南島與臺灣的本種族群目前被認為屬同一亞種。

玉帶黛眼蝶 特有亞種

Lethe verma cintamani Fruhstorfer

▌模式產地：*verma* Kollar, 1848；印度；*cintamani* Fruhstofer, 1909；臺灣。

英 文 名	Straight-banded Treebrown
別　　名	玉帶黑蔭蝶、白帶黑蔭蝶、斜帶竹眼蝶

形態特徵 Diagnostic characters

雌雄斑紋相似。軀體背側呈暗褐色，腹側呈灰白色。下唇鬚兩側鑲白紋。前翅近直角三角形，前緣略呈弧形。後翅接近扇形。後翅外緣略呈波狀。翅背面底色黑褐色，前、後翅沿外緣鑲黃褐色細重線，後翅較明顯。前翅中央有鮮明斜行白帶。腹面底色為棕褐色，前、後翅沿外緣有灰白色細帶，於後翅細帶內側鑲淺紫色帶金屬光澤之細線紋。前翅中室中央有一淺色細線。前翅外側於M_1、M_2室內有眼紋，翅面中央有鮮明斜行白帶。後翅外側有眼紋列作弧形排列，眼紋外鑲淺紫色帶金屬光澤之細環紋。後翅中央有兩道淺紫色帶金屬光澤之線紋貫穿翅面並於後端相連。緣毛淺褐色。

生態習性 Behaviors

多世代性蝶種。成蝶於森林林下及林緣活動。成蝶飛翔速度不快。

雌、雄蝶之區分 Distinctions between sexes

雄蝶前足跗節癒合、密被長毛、末端尖，雌蝶則跗節分節、疏被毛、末端鈍。

近似種比較 Similar species

在臺灣地區與本種最類似的種類是臺灣黛眼蝶，但是臺灣黛眼蝶翅腹面線紋呈暗褐色，而本種則為淺紫色。臺灣黛眼蝶後翅於M_3脈末端有尾突，本種則無。另外，臺灣黛眼蝶體型一般大於本種。

分布 Distribution	棲地環境 Habitats	幼蟲寄主植物 Larval hostplants
在臺灣地區主要分布於臺灣本島低、中海拔地區，離島龜山島亦有記錄。臺灣以外分布於華東、華南、華西、阿薩密、喜馬拉雅、中南半島等地區。	常綠闊葉林。	禾本科Poaceae之散穗弓果黍 *Cyrtococcum accrescens*。利用部位是葉片。

25~31mm

3000
2000
1000
0

200~2500m

90%

蛺蝶科

黛眼蝶屬

1cm

♂

♀

1cm

變異　Variations　　豐度 / 現狀　Status

不顯著。　　　目前數量尚多。

315

曲紋黛眼蝶

Lethe chandica ratnacri Fruhstorfer

▎模式產地：*chandica* Moore, 1857；印度；*ratnacri* Fruhstorfer, 1908；臺灣。

英 文 名	Angled Red Forester
別 名	雌褐蔭蝶

形態特徵 Diagnostic characters

雌雄斑紋相異。軀體背側於雄蝶呈暗褐色，雌蝶呈紅褐色，腹側胸部呈褐色，腹部淺褐色或灰白色。下唇鬚兩側鑲白紋。前翅近直角三角形，翅頂略突出。後翅接近卵形，M_3室脈末端有角狀尾突。後翅外緣略呈波狀。雄蝶翅背面底色呈均勻之黑褐色，前、後翅沿外緣鑲細帶，以後翅較明顯。雌蝶除前翅外側外呈紅褐色，於前翅中央有鮮明斜行白帶。前、後翅偏外側有模糊黑色紋列。腹面底色為紅褐色，外側泛灰白色。前、後翅沿外緣有橙色細帶，於後翅細帶內緣鑲白色細邊，於前翅則多一紅褐色細線。翅面外側有眼紋列作弧形排列，後翅眼紋內黑紋形狀不規則，中含細小白點。雄蝶近翅基部及外側有紅褐色線貫穿翅面，雌蝶前翅以白帶取代外側線。前翅外側線／帶於M_3脈附近明顯曲折。後翅外側線中段外側有數只小黃紋。緣毛黑白相間。

生態習性 Behaviors

多世代性蝶種。成蝶於竹林及森林內較陰暗的場所活動。成蝶飛翔敏捷快速。

雌、雄蝶之區分 Distinctions between sexes

雌蝶前翅背、腹面均有鮮明粗白帶，雄蝶則無白帶。雌蝶翅背面大部分呈紅褐色，雄蝶則完全呈黑褐色。

近似種比較 Similar species

在臺灣地區的黛眼蝶中僅有本

分布 Distribution	棲地環境 Habitats	幼蟲寄主植物 Larval hostplants
在臺灣地區主要分布於臺灣本島低、中海拔地區，離島龜山島亦有記錄。臺灣以外分布於華東、華南、阿薩密、喜馬拉雅、中南半島、蘇門答臘、爪哇、北婆羅洲、菲律賓等地區。	常綠闊葉林、竹林。	禾本科Poaceae之芒*Miscanthus sinensis*、五節芒*M. floridulus*、包籜矢竹*Arundinaria usawai*、臺灣矢竹*A. kunishii*、綠竹*Bambusa oldhamii*、佛竹*B. ventricosa*等。利用部位是葉片。

33~35mm

0~2500m

種前翅腹面外側線紋於M_3脈附近作大角度彎曲。後翅外側線中段外側有數只小黃紋亦是本種特徵。

80%

1cm

♂

1cm

♀

變異 Variations

低溫期個體後翅腹面色彩較淺、斑眼較黯淡。

豐度／現狀 Status

目前是數量豐富的常見種。

317

臺灣黛眼蝶

特有種

Lethe mataja Fruhstorfer

▌模式產地：*mataja* Fruhstorfer, 1908；臺灣。

英 文 名	Formosan Treebrown／Interrupted Treebrown
別 名	大玉帶黑蔭蝶、馬太黛眼蝶

形態特徵 Diagnostic characters

雌雄斑紋相似。軀體背側呈深褐色，腹側呈灰白色或淺褐色。下唇鬚兩側鑲白紋。前翅近直角三角形，前緣略呈弧形。後翅接近卵形。後翅外緣略呈波狀。翅背面底色黑褐色，前、後翅沿外緣有一黑褐色細線。前翅中央有略呈弧形之鮮明斜行白帶。腹面底色為褐色，前、後翅沿外緣有灰白色細重帶。前翅中室中央有兩條暗褐色細線。前翅外側於M_1、M_2室內有眼紋，翅面中央有鮮明斜行白帶。後翅外側有眼紋列作弧形排列，眼紋外鑲黃灰色細環紋，CuA_1室眼紋特別小型，常完全消失。後翅中央有兩道暗褐色線紋貫穿翅面，內側線直線狀，外側線曲折。緣毛呈褐色與白色。

生態習性 Behaviors

多世代性蝶種。成蝶於森林林緣活動。成蝶飛翔活潑快速。

雌、雄蝶之區分 Distinctions between sexes

雄蝶後翅背面於CuA_1室內有一黑色梭形性標，雌蝶則無此構造。雄蝶前足跗節癒合、密被長毛、末端尖，雌蝶則跗節分節、疏被毛、末端鈍。

近似種比較 Similar species

在臺灣地區與本種最類似的種類是玉帶黛眼蝶，但玉帶黛眼蝶後翅外緣無尾突，本種則於M_3脈末端有尾突。玉帶黛眼蝶翅腹面線紋呈淺紫色，而本種則為暗褐色。玉帶黛眼蝶體型較本種小。

分布 Distribution	棲地環境 Habitats	幼蟲寄主植物 Larval hostplants
在臺灣地區主要分布於臺灣本島低、中海拔地區。臺灣以外在泰北地區有紀錄，但該紀錄有待核實。	常綠闊葉林。	禾本科Poaceae之芒*Miscanthus sinensis*。利用部位是葉片。

29~36mm

3000
2000
1000
0

200~2000m

♂

1cm

80%

♀

1cm

變異 Variations	豐度 / 現狀 Status	附記 Remarks
前翅白帶之寬窄多變異。後翅腹面CuA₁室眼紋減退程度多變化。	一般數量不多。	本種一般被認為是臺灣特有種，但Ek Amnuay（2006）認為*Lethe philesanoides* Monastyrskii & Devyatkin, 2003（模式產地：越南）與本種應屬同種。然而*L. philesanoides*與本種形態差異明顯，兩者無疑並非同種，不過Ek Amnuay（2006）所圖示的個體確實與本種很相似，因此本種是否在中南半島有分布是值得深入調查的問題。

柯氏黛眼蝶 　特有亞種

Lethe christophi hanako Fruhstorfer

▌模式產地：*christophi* Leech, 1891：四川；*hanako* Fruhstorfer, 1908：臺灣。

英 文 名｜Christoph's Treebrown

別　　名｜棕褐黛眼蝶、深山蔭蝶

形態特徵　Diagnostic characters

雌雄斑紋相似。軀體背側呈暗褐色，腹側於胸部呈淺褐色，於腹部呈白色。下唇鬚兩側鑲白紋。前翅近直角三角形，前緣呈弧形。後翅接近卵狀。翅外緣略呈波狀，於後翅M_3脈末端有角狀尾突。翅背面底色黃褐色，後翅沿外緣有一淺黃褐色細帶。翅頂附近有模糊小點列。雌、雄蝶後翅外側均有眼紋列作弧形排列。腹面底色為黃褐色。前、後翅沿外緣有淺色細重帶，前翅內側者擴大成寬帶。前翅中室中央有一條紅褐色細線。前翅外側於M_1、M_2、M_3室內有眼紋。後翅外側有眼紋列作弧形排列。前、後翅中央有兩道紅褐色線紋貫穿翅面，於M_2室外側時有暗褐色斑紋。雄蝶後翅CuA_1、CuA_2室內側有一片灰色性標。緣毛黃白色而於翅脈端呈褐色。

生態習性　Behaviors

一年可能至少有兩世代。成蝶於森林林緣、竹林活動。成蝶飛翔非常敏捷快速。

雌、雄蝶之區分　Distinctions between sexes

雌蝶後翅背面缺少性標。雄蝶前足跗節癒合、密被長毛、末端尖，雌蝶則跗節分節、疏被毛、末端鈍。

近似種比較　Similar species

在臺灣地區的黛眼蝶中，本種斑紋與深山黛眼蝶雄蝶斑紋較為類似，但本種通常體型較大、翅底色

分布　Distribution	棲地環境　Habitats	幼蟲寄主植物　Larval hostplants
在臺灣地區主要分布於臺灣本島中、高海拔地區。臺灣以外分布於華西地區。	常綠闊葉林、箭竹林。	禾本科Poaceae之玉山箭竹*Yushania niitakayamensis*。利用部位是葉片。

呈黃褐色、前翅腹面中央有兩道紅褐色線紋，而深山黛眼蝶則翅底色

呈褐色或暗褐色、前翅腹面中央僅有一淺色斜線。

80%

1cm

♂

1cm

♀

變異 Variations	豐度 / 現狀 Status	附記 Remarks
後翅外側眼紋大小、數目多個體變異。	一般數量很少。	早期在南投縣日月潭、埔里附近低海拔地區常有本種記錄，但近數十年來本種只見於海拔較高的地區。

巴氏黛眼蝶 特有亞種

Lethe butleri periscelis (Fruhstorfer)

▎模式產地：*butleri* Leech, 1889；華中；*periscelis* Fruhstorfer, 1908；臺灣。

英 文 名｜Butler' s Forester

別　　名｜臺灣擬黑蔭蝶、臺灣黑蔭蝶、圓翅黛眼蝶

形態特徵 Diagnostic characters

　　雌雄斑紋相異。軀體背側呈暗褐色、略帶虹彩狀金屬光澤，腹側呈淺褐色或灰白色。下唇鬚兩側鑲白紋。前翅近直角三角形，前緣呈弧形、外緣略呈弧形。後翅接近扇形。後翅外緣呈圓弧狀。翅背面底色褐色或黑褐色，前、後翅沿外緣有淺色重細帶。雄蝶前翅M_1及CuA_1室內各有一眼紋。後翅M_3及CuA_1室內各有一明顯眼紋，雌蝶則常眼紋數更多。腹面底色為灰褐色。前、後翅沿外緣有淺色細重帶。前翅中室中央有一道模糊褐色細線，中室端有一同色短線。前翅外側有四枚眼紋。後翅外側有眼紋列作弧形排列，眼紋外鑲灰白色模糊環紋。後翅中央有兩道褐色線紋貫穿翅面，內側線直線狀，外側線曲折。前翅僅有一道褐色線紋，位置偏外側。緣毛黃白色。

生態習性 Behaviors

　　多世代性蝶種。成蝶於森林林緣活動。成蝶飛翔敏捷靈活。

雌、雄蝶之區分 Distinctions between sexes

　　雌蝶翅形較圓、翅背面斑紋較鮮明。雄蝶前足跗節退化、密被長毛、末端尖，雌蝶則疏被毛、末端鈍。

近似種比較 Similar species

　　本種翅形斑紋特殊，乍看之下有如眉眼蝶屬蝴蝶，不難鑑別。

分布 Distribution	棲地環境 Habitats	幼蟲寄主植物 Larval hostplants
在臺灣地區主要分布於臺灣本島低、中海拔地區。臺灣以外分布於華東及華中地區。	常綠闊葉林。	莎草科Cyperaceae之紅果薹*Carex baccans*。利用部位是葉片。

90%

1cm

♂

1cm

♀

變異 Variations	豐度 / 現狀 Status	附記 Remarks
眼紋大小及數目略有變化。	一般數量不多。	本種種小名*butleri*係指著名英籍鱗翅學者亞瑟・巴特勒Arthur G. Butler。

孿斑黛眼蝶

特有亞種

Lethe gemina zaitha Fruhstorfer

蛺蝶科

黛眼蝶屬

▌模式產地：*gemina* Leech, 1891；四川；*zaitha* Fruhstorfer, 1914；臺灣。

英 文 名	Tytler' s Treebrown
別　　名	阿里山褐蔭蝶

形態特徵 Diagnostic characters

雌雄斑紋相似。軀體背側呈橙褐色，腹側呈白色。下唇鬚兩側鑲白紋。前翅近直角三角形，前緣呈弧形，翅頂略突出。後翅接近卵形。翅外緣前段略凹入。翅背面底色橙褐色，沿外緣有鮮明橙色細帶，亞外緣有黑褐色帶。翅面內側有寬闊深色區域，於前翅其邊緣呈波浪狀。前翅M_1室內有一黑色小圓斑，後翅則於Rs、M_1、M_3、CuA_1室內各有一鮮明黑色圓斑，其他各室有時亦有圓斑。腹面底色為橙褐色。前、後翅沿外緣有橙色細帶，其內緣鑲紫色線紋。前、後翅中室端有一條紅褐色細短線。前翅外側於M_1室內有一小眼紋。後翅外側於Rs及CuA_1室內有鮮明眼紋，於CuA_2室內有細小眼紋。

前、後翅中央有一道紅褐色波浪狀線紋貫穿翅面。緣毛褐色。

生態習性 Behaviors

可能一年一世代。成蝶於森林林緣、箭竹林活動。成蝶飛翔頗為靈活、敏捷。雌蝶產卵時將卵粒沿寄主植物葉背中肋排成一列產下，幼蟲有群聚性。

雌、雄蝶之區分 Distinctions between sexes

雄蝶前翅外緣與後緣長度約略相等，雌蝶則後緣較外緣長。雄蝶前足跗節癒合、密被長毛、末端尖，雌蝶則跗節疏被毛、末端鈍。

近似種比較 Similar species

在臺灣地區無類似種。

分布 Distribution	棲地環境 Habitats	幼蟲寄主植物 Larval hostplants
在臺灣地區主要分布於臺灣本島中海拔地區。臺灣以外分布於華西、阿薩密等地區。	常綠闊葉林、箭竹林。	禾本科Poaceae之玉山箭竹*Yushania niitakayamensis*及芒*Miscanthus sinensis*等植物。利用部位是葉片。

26~32mm

1 2 3 4 5 6 7 8 9 10 11 12

1000~2200m

90%

1cm

♂

1cm

♀

變異　Variations	豐度 / 現狀　Status
後翅背面外側黑色圓斑大小、數目多個體變異。	數量稀少。

蔭眼蝶屬 *Neope* Moore, 1866

模式種 Type Species │ *Lasiommata* (?) *bhadra* Fabricius, 1775，即尖尾蔭
眼蝶*Neope bhadra*（Fabricius, 1775）。

形態特徵與相關資料 Diagnosis and other information

中型眼蝶。複眼密被毛。下唇鬚第二節腹面長毛密生，第三節短而細。雄蝶前足密被長毛、末端尖，雌蝶則被毛稀疏、末端鈍。後翅S+R$_1$及Rs脈很長，常於M$_3$脈末端有尾突。前、後翅中室封閉。翅面底色主要呈褐色或暗褐色，翅腹面外側有明顯的眼紋列。

布氏蔭眼蝶雌蝶左前翅背面

本屬約13種，分布於東洋區與舊北區東部。

棲息於森林及竹林。成蝶好吸食腐果及動物排泄物、糞便、屍體。卵成群產下，幼蟲有群聚性。

幼蟲寄主植物為禾本科Poaceae及莎草科Cyperaceae植物。

臺灣地區有四種。

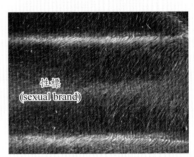

性標
(sexual brand)

布氏蔭眼蝶雄蝶左前翅背面

- *Neope pulaha didia* Fruhstorfer, 1909（黃斑蔭眼蝶）
- *Neope bremeri taiwana* Matsumura, 1919（布氏蔭眼蝶）
- *Neope armandii lacticolora*（Fruhstorfer, 1908）（白斑蔭眼蝶）
- *Neope muirheadi nagasawae* Matsumura, 1919（褐翅蔭眼蝶）

臺灣地區
檢索表　　　　　　　　　　　蔭眼蝶屬

Key to species of the genus *Neope* in Taiwan

❶ 翅背面無黃、白斑 .... *muirheadi*（褐翅蔭眼蝶）

翅背面有黃、白斑 .... **❷**

❷ 前翅腹面CuA$_1$室無眼紋 .... *armandii*（白斑蔭眼蝶）

前翅腹面CuA$_1$室有眼紋 .... **❸**

❸ 前翅背面M$_1$室內外側各有一黃紋 .... *bremeri*（布氏蔭眼蝶）

前翅背面M$_1$室僅外側有一黃紋 .... *pulaha*（黃斑蔭眼蝶）

布氏蔭眼蝶

Neope bremeri taiwana Matsumura

模式產地：*bremeri* C. & R. Felder, 1862；山東；*taiwana* Matsumura, 1919；臺灣。

英 文 名	Bremer's Labyrinth
別　　名	布萊蔭眼蝶、臺灣黃斑蔭蝶

形態特徵 Diagnostic characters

雌雄斑紋相似。軀體背側呈暗褐色，腹側於胸部呈褐色，腹部呈灰白色。下唇鬚兩側鑲白紋。前翅近直角三角形，前緣、外緣略呈弧形。後翅接近扇形。後翅外緣略呈波狀，於M_3脈末端有不明顯尾突。翅背面底色褐色，前、後翅沿外緣有模糊細帶。翅外側有鑲黃紋之眼紋列。後翅中室外側有一暗色紋。前翅部分翅脈呈黃色。腹面底色為褐色。前、後翅沿外緣有鑲黑線之細帶，亞外緣有模糊波狀帶紋。前翅中室基有一細小棒狀紋，其外側有兩暗色短帶，外側帶較粗且常內有黃紋。翅中央有兩道不規則線紋貫穿翅面，兩者間暗色而覆顆粒狀細黃紋，外側線前側常鑲白紋。翅外側有眼紋列，眼紋外鑲黃色細環紋，於前翅後側明顯擴大。後翅基部附近有三只內含黃紋之暗色小圓斑。雄蝶於前翅CuA_2室有前後分離之兩條狀性標緣毛黃、褐相間。

生態習性 Behaviors

多世代性蝶種。成蝶於森林林緣、竹林活動。成蝶飛翔活潑快速。

雌、雄蝶之區分 Distinctions between sexes

雄蝶於前翅CuA_2室有兩條狀性標，雌蝶則無。雄蝶前足跗節退化、密被長毛、末端尖，雌蝶則被毛較稀疏、末端鈍。

近似種比較 Similar species

在臺灣地區與本種斑紋最類似的種類是黃斑蔭眼蝶。本種前翅腹

分布 Distribution	棲地環境 Habitats	幼蟲寄主植物 Larval hostplants
在臺灣地區主要分布於臺灣本島低、中海拔地區。臺灣以外分布於華南、華西、華中、華北等地區。	常綠闊葉林、竹林。	芒*Miscanthus sinensis*、五節芒*M. floridulus*、玉山箭竹*Yushania niitakayamensis*、臺灣矢竹*Arundinaria kunishii*、包籜矢竹*Arundinaria usawai*等禾本科Poaceae植物。利用部位是葉片。

面CuA₁室與CuA₂室眼紋呈卵狀，黃斑蔭眼蝶則近方形。本種前翅背

面M₁室內外側各有一黃紋，黃斑蔭眼蝶則只有外側紋。

80%

高溫型（雨季型）

1cm

♂

1cm

♀

蛺蝶科

蔭眼蝶屬

變異 Variations	豐度／現狀 Status	附記 Remarks
低溫期個體翅腹面眼紋縮小、翅面色彩較黯淡、後翅腹面白紋較明顯、前翅中室中央暗色條內黃紋減退。	一般數量不多。	文獻中常提到的「渡邊蔭眼蝶」（渡邊黃斑蔭蝶）*Neope watanabei* Matsumura, 1909（模式產地：臺灣）經高橋（1993）驗證應為本種之低溫期個體。

低溫型（乾季型）

80%

1cm

♂

1cm

♀

黃斑蔭眼蝶

Neope pulaha didia Fruhstorfer

▍模式產地：*pulaha* Moore, 1857：不丹；*didia* Fruhstorfer, 1909：臺灣。

英 文 名	Veined Labyrinth
別 名	阿里山黃斑蔭蝶

形態特徵 Diagnostic characters

雌雄斑紋相似。軀體背側呈暗褐色，腹側於胸部呈褐色，腹部呈灰白或淺褐色。下唇鬚兩側鑲白紋。前翅近直角三角形，前緣、外緣略呈弧形。後翅接近扇形。後翅外緣略呈波狀，於M_3脈末端有短尾突。翅背面底色褐色，但後翅後側色淺，前、後翅沿外緣有黃色細帶。翅外側有鑲黃紋之眼紋列。部分翅脈呈黃色。腹面底色為褐色。前、後翅沿外緣有鑲黑線之細帶，亞外緣有模糊波狀帶紋。前翅中室基有一細小線狀紋，其外側有兩暗色短帶，外側帶較粗。翅中央有兩道不規則線紋貫穿翅面，兩者間暗色而覆顆粒狀灰白色細紋，外側線前側鑲白紋。翅外側有眼紋列，眼紋外鑲黃色細環紋，於前翅後側明顯擴大而眼紋模糊、呈方形。後翅基部附近有三只內含黃紋之模糊暗色小圓斑。雄蝶於前翅CuA_2室有前後相接之兩條狀性標。緣毛黃、褐相間。

生態習性 Behaviors

一年可能有兩世代。成蝶於森林林緣、竹林活動。成蝶飛翔活潑快速。

雌、雄蝶之區分 Distinctions between sexes

雄蝶於前翅CuA_2室有條狀性標，雌蝶則無。

近似種比較 Similar species

在臺灣地區與本種斑紋最類似的種類是布氏蔭眼蝶。本種前翅腹面CuA_1室與CuA_2室眼紋呈方狀，

分布 Distribution	棲地環境 Habitats	幼蟲寄主植物 Larval hostplants
在臺灣地區主要分布於臺灣本島中、高海拔地區。臺灣以外分布於華南、華西、華中、華東、喜馬拉雅、阿薩密、中南半島等地區。	常綠闊葉林、箭竹林。	目前尚無正式報告。

蛺蝶科

蔭眼蝶屬

27~31mm

3000
2000
1000
0
1200~3000m

布氏蔭眼蝶則近卵形。本種前翅背面M_1室僅外側有一黃紋，布氏蔭眼蝶則內外側各有一黃紋。另外，

本種後翅背面後側翅面常泛黃，布氏蔭眼蝶則否。

1cm

90%

♂

1cm

♀

變異 Variations	豐度 / 現狀 Status
後翅背面黃紋發達程度多變異。	一般數量少。

白斑蔭眼蝶

Neope armandii lacticolora (Fruhstorfer)

▌模式產地：*armandii* Oberthür, 1876：四川；*lacticolora* Fruhstorfer, 1908：臺灣。

英 文 名	Chinese Labyrinth
別　　名	白色黃斑蔭蝶、阿芒蔭眼蝶

蛺蝶科

蔭眼蝶屬

形態特徵 Diagnostic characters

雌雄斑紋相似。軀體背側呈暗褐色，腹側於胸部呈褐色，腹部呈白色。下唇鬚兩側鑲白紋。前翅近直角三角形，前緣略呈弧形。後翅接近扇形。後翅外緣略呈波狀，於M_3脈末端有短尾突。翅背面底色褐色，但後翅後側色大部分呈白色或白黃色，後翅外緣後側有黃色細帶。翅外側有少數模糊黑色小圓斑。前翅外側有白黃色斑點。腹面底色為褐色。前、後翅沿外緣有鑲黑線之細帶，亞外緣有模糊波狀帶紋。前翅中室基有三道形狀不規則之暗色短帶。翅中央有形狀不規則之黑褐色寬帶貫穿翅面，其兩側鑲白帶、內有白色網紋。後翅外側有眼紋列呈弧形排列，眼紋外鑲黃白色細環紋，前翅僅M_1、M_3室內有眼紋。後翅基部附近有數只鑲黃白色邊之黑褐色小斑。雄蝶於前翅CuA_2室有兩條狀性標。緣毛白、褐相間。

生態習性 Behaviors

一年可能有兩世代。成蝶於森林林緣、竹林活動。成蝶飛翔極其敏捷迅速。

雌、雄蝶之區分 Distinctions between sexes

雌蝶前翅背面CuA_2室基部有明顯黃白色長條狀性標，雄蝶則否。雌蝶於前翅背面中室端有明顯黃白斑，雄蝶則僅有模糊白紋。雄蝶前足跗節退化、密被長毛、末端尖，雌蝶則被毛較稀疏、末端鈍。

分布 Distribution	棲地環境 Habitats	幼蟲寄主植物 Larval hostplants
在臺灣地區主要分布於臺灣本島中、高海拔地區。臺灣以外分布於華南、華西、華中、阿薩密、中南半島北部等地區。	常綠闊葉林、箭竹林。	禾本科Poaceae的芒*Miscanthus sinensis*。利用部位是葉片。

31~40mm

1 2 3 4 5 6 7 8 9 10 11 12

3000
2000
1000
0
1200~3000m

近似種比較 Similar species

　　臺灣地區的其他種類之蔭眼蝶均無本種後翅具有之鮮明黃白斑，而且其他蔭眼蝶前翅腹面CuA$_1$室內有眼紋，本種則無。

蛺蝶科

蔭眼蝶屬

80%

♂

1cm

♀

1cm

變異　Variations	豐度／現狀　Status
翅腹面白色部分多寡多變異。	一般數量不多。

褐翅蔭眼蝶

特有亞種

Neope muirheadi nagasawae Matsumura

| 模式產地：*muirheadi* C. & R. Felder, 1862；浙江；*nagasawae* Matsumura, 1919；臺灣。

蛺蝶科　蔭眼蝶屬

英 文 名	Muirheadi's Labyrinth
別　　名	永澤黃斑蔭蝶、蒙鏈蔭眼蝶、蒙鏈眼蝶、八目蝶、背黃斑蔭蝶

形態特徵 Diagnostic characters

雌雄斑紋相似。軀體背側呈暗褐色，腹側於胸部呈褐色，腹部呈黃白色或淺褐色。下唇鬚兩側鑲白線紋。前翅近直角三角形，前緣呈弧形。後翅接近扇形。翅外緣略呈波狀，於後翅M_3脈末端有短尾突。翅背面底色褐色，僅於翅外側有黑色小圓點。腹面底色為褐色。前、後翅沿外緣有鑲黑線之細帶，亞外緣有模糊波狀帶紋。前翅中室基有一細小針狀紋，其外側有三道暗色短帶，位於中間者內有黃紋。翅中央有兩道不規則線紋貫穿翅面，兩者間暗色而覆顆粒狀細黃紋，帶紋外側於高溫期鑲白線。翅外側有眼紋列，眼紋外鑲黃色細環紋。後翅基部附近有三只內含黃紋之暗色小圓斑。雄蝶於前翅CuA_2室有前後分離之兩條狀性標緣毛黃、褐相間。

生態習性 Behaviors

多世代性蝶種。成蝶於森林林緣、林內、竹林活動。成蝶飛翔活潑敏捷。幼蟲有群聚性，會捲葉成巢隱藏其中。

雌、雄蝶之區分 Distinctions between sexes

雌蝶後翅背面黑圓斑較發達。雄蝶前足跗節退化、密被長毛、末端尖，雌蝶則被毛較稀疏、末端鈍。

近似種比較 Similar species

臺灣地區的蔭眼蝶僅有本種翅背面缺乏其他種類具有之黃、白色斑點。

分布 Distribution	棲地環境 Habitats	幼蟲寄主植物 Larval hostplants
在臺灣地區主要分布於臺灣本島低、中海拔地區，離島龜山島亦有記錄。臺灣以外分布於華南、華西、華中、中南半島北部等地區。	常綠闊葉林、竹林。	禾本科Poaceae竹亞科Bambusoideae各種，包括佛竹*Bambusa ventricosa*、綠竹*B. oldhamii*、桂竹*Phyllostachys makinoi*、麻竹*Dendrocalamus latiflorus*等。利用部位是葉片。

| 1 | 2 | 3 | 4 | 5 | 6 | 7 | 8 | 9 | 10 | 11 | 12 |

蛺蝶科

蔭眼蝶屬

高溫型（雨季型）

1cm

♂

60%

♀

低溫型（乾季型）

1cm

♂

變異 Variations	豐度／現狀 Status	附記 Remarks
低溫期個體翅腹面眼紋縮小、翅面色彩較黯淡、翅腹面中央白線紋不明顯。	本種是數量豐富的常見種。	本種最初在臺灣地區是由日人多田綱輔所採集，但命名者松村松年博士誤以為採集者是永澤定一，因此將之命名為*nagasawae*，即「永澤」之日文發音。1930年代中期以前本種在臺灣地區極其稀有，之後卻突然在臺灣各地出現並成為常見蝶種。

眉眼蝶屬

Mycalesis Hübner, 1818

模式種 Type Species | *Papilio francisca* Stoll, [1870]，即眉眼蝶
Mycalesis francisca（Stoll, [1870]）。

形態特徵與相關資料 Diagnosis and other information

中型眼蝶。複眼密被毛。下唇鬚第二節腹面密被毛，第三節短而細，腹面亦被毛。雄蝶前足密被長毛，雌蝶則鱗毛伏貼而不明顯。前翅主要翅脈基部膨大。後翅中室短。$S+R_1$及Rs脈很長，常於M_3脈末端有尾突。前、後翅中室封閉。翅面底色主要呈褐色或暗褐色，翅腹面外側有明顯的眼紋列。雄蝶翅上常有各種形式之性標。

由於種類繁多而且季節變異劇烈，因此許多種類不易鑑定。

本屬約有100種，分布於東洋區、非洲區、澳洲區及舊北區東部。

棲息於各種環境，如草原、森林、竹林、農田等。

幼蟲寄主植物為禾本科Poaceae及莎草科Cyperaceae植物。

臺灣地區有七種。

- *Mycalesis francisca formosana* Fruhstorfer, 1908（眉眼蝶）
- *Mycalesis sangaica mara* Fruhstorfer, 1908（淺色眉眼蝶）
- *Mycalesis gotama nanda* Fruhstorfer, 1908（稻眉眼蝶）
- *Mycalesis suavolens kagina* Fruhstorfer, 1908（罕眉眼蝶）
- *Mycalesis perseus blasius*（Fabricius, 1798）（曲斑眉眼蝶）
- *Mycalesis mucianus zonata* Matsumura, 1909（切翅眉眼蝶）
- *Mycalesis mineus mineus*（Linnaeus, 1758）（小眉眼蝶）

臺灣地區
檢索表
眉眼蝶屬

Key to species of the genus *Mycalesis* in Taiwan

❶ 後翅腹面中央線紋偏外側；後翅背面CuA_1室內有明顯眼紋..........................
.... *suavolens*（罕眉眼蝶）

後翅腹面中央線紋約略位於翅面中央；後翅背面CuA_1室無眼紋或眼紋細小

....❷

❷ 前翅背面M₁室內有眼紋 ....❸
  前翅背面M₁室內無眼紋或眼紋明顯減退..❹

❸ 翅腹面中央線紋黃白色；後翅中室前側翅脈膨大 .... *gotama*（稻眉眼蝶）
  翅腹面中央線紋泛紫色之白色；後翅中室前側翅脈不膨大..........................
  ....*francisca*（眉眼蝶）

❹ 前翅翅頂截狀 .... *mucianus*（切翅眉眼蝶）
  前翅翅頂圓弧狀 ....❺

❺ 後翅腹面CuA₁室眼紋及CuA₂室眼紋中央白點位於一直線上 ....❻
  前翅腹面CuA₂室前側眼紋中央白點偏內側.............. *perseus*（曲斑眉眼蝶）

❻ 翅腹面中央線紋白色 .... *sangaica*（淺色眉眼蝶）
  翅腹面中央線紋黃白色.. *mineus*（小眉眼蝶）

眉眼蝶*Mycalesis francisca formosana*
（臺中市和平區谷關，700m，2011.07.02.）。

膨大翅脈
(swollen vein)

淺色眉眼蝶雌蝶右前翅背面

曲斑眉眼蝶雨季型Wet season form of
Mycalesis perseus blasius（屏東縣牡丹
鄉森永，2012.10.14.）。

曲斑眉眼蝶乾季型Dry season form of
Mycalesis perseus blasius（高雄市田寮
區月世界，2011.12.03.）。

眉眼蝶 特有亞種

Mycalesis francisca formosana Fruhstorfer

▌模式產地：*francisca* Stoll, [1780]；中國；*formosana* Fruhstorfer, 1908；臺灣。

英 文 名	Lilacine Bushbrown
別　　名	小蛇目蝶、擬稻眉眼蝶

形態特徵 Diagnostic characters

雌雄斑紋相似。軀體背側呈黑褐色，腹側呈淺褐色或灰白色。前翅近直角三角形，前緣、外緣呈弧形。後翅接近扇形。翅背面底色呈黑褐色，沿外緣有淺色重線紋。前翅M_1室及CuA_1室中央為中心各有一眼紋，後者明顯較大型。後翅於CuA_1室內常有一眼紋。翅腹面底色為暗褐色。翅腹面中央線紋白色而泛紫色。沿外緣有重線紋，內側者通常色淺。M_1室及CuA_1室中央為中心亦各有一眼紋。後翅外側有排成圓弧狀之眼紋列，以CuA_1室者最大型。翅基附近有暗色線紋，於前翅近直線，於後翅為彎曲線紋。前翅中室前側脈及後側脈基半部膨大，1A+2A脈基部亦膨大。雄蝶於前翅背面1A+2A脈中央有暗色性標，上生黑褐色毛束；後翅腹面於後緣基部附近有一片銀灰色特化鱗，並於其內有一暗色性標，後翅背面近翅基處有基部褐色之黃白色毛束，其基部性標內側褐色，外側黃白色。緣毛淺褐色。

生態習性 Behaviors

多世代性蝶種。成蝶於林緣、林床活動。成蝶飛翔緩慢。

雌、雄蝶之區分 Distinctions between sexes

雌蝶翅面無性標。雄蝶前足跗節密被毛、末端尖，雌蝶則跗節疏被毛、末端鈍。

	棲地環境 Habitats	幼蟲寄主植物 Larval hostplants
在臺灣地區主要見於臺灣本島低、中海拔地區，龜山島亦有記錄。臺灣地區以外分布中國大陸東南半壁、喜馬拉雅、中南半島北部、朝鮮半島及日本等地區。	常綠闊葉林。	禾本科Poaceae植物。利用部位是葉片。

21~27mm

0~2500m

近似種比較 Similar species

分布於臺灣地區的眉眼蝶僅有本種雄蝶於前翅背面1A+2A脈中央有暗色性標及黑褐色毛束。於前翅

M₁室有明顯眼紋的種類除了本種外，尚有稻眉眼蝶及罕眉眼蝶，但本種後翅腹面中央線紋呈泛紫色之白色，稻眉眼蝶及罕眉眼蝶則呈黃白色。

高溫型（雨季型）

1cm

110%

♂

1cm

♀

變異 Variations	豐度 / 現狀 Status
後翅腹面色彩、斑紋季節變異明顯。低溫期個體翅面外側色淺而泛灰白色、眼紋較小型，海拔較高地區尤其如此。	目前數量尚多。

低溫型（乾季型）

♂

110%

1cm

♀

1cm

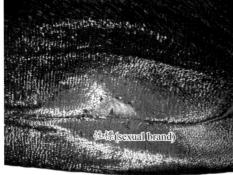

性標 (sexual brand)

眉眼蝶雄蝶右前翅腹面

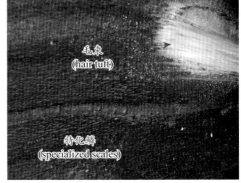

毛束
(hair tuft)

特化鱗
(specialized scales)

眉眼蝶雄蝶左後翅背面性標與特化鱗

淺色眉眼蝶

 特有亞種

Mycalesis sangaica mara Fruhstorfer

▌模式產地：*sangaica* Butler, 1877：上海；*mara* Fruhstorfer, 1908：臺灣。

英 文 名	Painted Bushbrown
別　　名	單環蝶、僧袈眉眼蝶

形態特徵 Diagnostic characters

雌雄斑紋相似。軀體背側呈暗褐色，腹側呈灰白色。前翅近直角三角形，前緣、外緣呈弧形。後翅接近扇形。翅背面底色呈暗褐色，沿外緣有淺色重線紋。前翅CuA_1室中央為中心有一眼紋，M_1室內有時亦有一小眼紋。後翅通常無紋。翅腹面底色為淺褐色，上有暗色細波紋。翅腹面中央線紋白色。沿外緣有重線紋，內側者較寬而呈波狀，外側者較窄而為帶狀。前翅M_1室及CuA_1室中央為中心各有一眼紋，其他各室亦時有小眼紋。後翅外側有排成圓弧狀之眼紋列，CuA_1室者通常最大型。翅基附近有暗色線紋，於前翅為一暗色短線，於後翅為一彎曲暗色線紋。前翅中室前側脈及後側脈基半部膨大，1A+2A脈基部亦膨大。雄蝶前翅腹面於後緣基部附近有一片銀灰色特化鱗，並於其內有一暗色橢圓形性標，後翅背面於中室前緣內、外側各有一黑色毛束，沿A1+A2脈基部亦有一黑色毛束。緣毛黃白色。

生態習性 Behaviors

多世代性蝶種。成蝶於較有遮蔭的場所活動。成蝶飛翔緩慢。

雌、雄蝶之區分 Distinctions between sexes

雌蝶前翅腹面及翅背面無性標。雄蝶前足跗節密被毛、末端尖，雌蝶則跗節疏被毛、末端鈍。

近似種比較 Similar species

雄蝶性標樣式與棲息在臺灣地區的其他眉眼蝶屬蝴蝶迥然不同。

分布 Distribution	棲地環境 Habitats	幼蟲寄主植物 Larval hostplants
在臺灣地區主要見於臺灣本島低、中海拔地區，北部較少見。臺灣地區以外分布於華南、華東、華西、中南半島北部等地區。	常綠闊葉林、竹林。	竹葉草*Oplismenus compositus*、藤竹草*Panicum sarmentosum*等禾本科Poaceae植物。利用部位是葉片。

21~25mm

3000
2000
1000
0

50~1500m

蛺蝶科

眉眼蝶屬

翅腹面有暗色細波紋為本種之特性。翅腹面中央線紋呈單純之白色亦為本種特徵。另外，棲息於臺灣地區的眉眼蝶類中以本種及稻眉眼蝶翅色最淺。

高溫型（雨季型）

110%

♂

1cm

♀

1cm

變異 Variations	豐度／現狀 Status	附記 Remarks
低溫期個體翅色調較淺、翅腹面白色線紋及眼紋減退。	目前數量尚多。	本種種小名*sangaica*源自上海方言「上海」之發音。

342

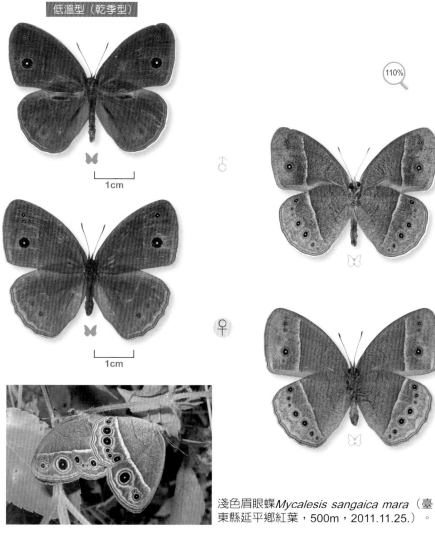

低溫型（乾季型）

1cm

1cm

♂

♀

110%

淺色眉眼蝶*Mycalesis sangaica mara* （臺東縣延平鄉紅葉，500m，2011.11.25.）。

性標
(sexual brand)

淺色眉眼蝶雄蝶右前翅腹面

毛束
(hair tuft)

淺色眉眼蝶雄蝶左後翅背面

稻眉眼蝶 特有亞種

Mycalesis gotama nanda Fruhstorfer

▌模式產地：*gotama* Moore, 1857；中國；*nanda* Fruhstorfer, 1908；臺灣。

英 文 名	Chinese Bushbrown
別 名	姬蛇目蝶

形態特徵 Diagnostic characters

雌雄斑紋相似。軀體背側呈褐色，腹側呈黃白色。前翅近直角三角形，前緣、外緣呈弧形。後翅接近扇形。翅背面底色呈褐色，沿外緣有淺色重線紋。前翅M1室及CuA$_1$室中央為中心各有一眼紋，後者明顯較大型。後翅通常無紋。翅腹面底色為淺褐色。翅腹面中央線紋黃白色。沿外緣有重線紋，內側者較寬而呈波狀，外側者較窄而為帶狀。M$_1$室及CuA$_1$室中央為中心亦各有一眼紋，其他各室小時有小眼紋。後翅外側有排成圓弧狀之眼紋列，CuA$_1$室者偏內側且通常最大。翅基附近有暗色線紋，於前翅為一對暗色短線，於後翅為一彎曲暗色線紋。前翅中室後側脈基半

部膨大，1A+2A脈基部亦膨大。雄蝶後翅中室前側脈膨大。雄蝶前翅腹面於後緣基部附近有一片銀灰色特化鱗，並於其內有一黃白色橢圓形性標，後翅背面近翅基處有褐色毛束，其基部附近性標內側灰色，外側黃白色。緣毛褐色。

生態習性 Behaviors

多世代性蝶種。成蝶於開闊環境活動。成蝶飛翔緩慢。

雌、雄蝶之區分 Distinctions between sexes

雌蝶前翅腹面及後翅背面無性標、後翅中室前側脈不膨大。雄蝶前足跗節密被毛、末端尖，雌蝶則跗節疏被毛、末端鈍。

分布 Distribution	棲地環境 Habitats	幼蟲寄主植物 Larval hostplants
在臺灣地區主要見於臺灣本島低、中海拔地區，離島龜山島亦有記錄。臺灣地區以外分布於華南、華中、華西、阿薩密、中南半島北部、朝鮮半島及日本等地區。	草原、溼地、農田、荒地、河川岸邊。	芒*Miscanthus sinensis*、五節芒*M. floridulus*、象草*Pennisetum purpureum*、開卡蘆*Phragmites vallatoria*、李氏禾*Leersia hexandra*、稗*Echinochloa crusgalli*、本氏柳葉箬*Isachne beneckei*、稻*Oryza sativa*、菰（茭白筍）*Zizania latifolia*等禾本科Poaceae植物。利用部位是葉片。

21~28mm

0~1000m

蛺蝶科

眉眼蝶屬

近似種比較 Similar species

　　分布於臺灣地區的眉眼蝶僅有本種雄蝶後翅中室前側脈膨大。於

前翅M_1室有明顯眼紋的種類除了本種外，尚有眉眼蝶及罕眉眼蝶，但本種翅面色調明顯較淺。

高溫型（雨季型）

1cm

110%

♂

1cm

♀

變異 Variations	豐度/現狀 Status	附記 Remarks
低溫期個體翅腹面眼紋減退。	目前數量尚多。	本種的幼蟲在沒有施放農藥的水稻田有時被視為害蟲，一般為害輕微。

低溫型（乾季型）

♂

1cm

110%

♀

1cm

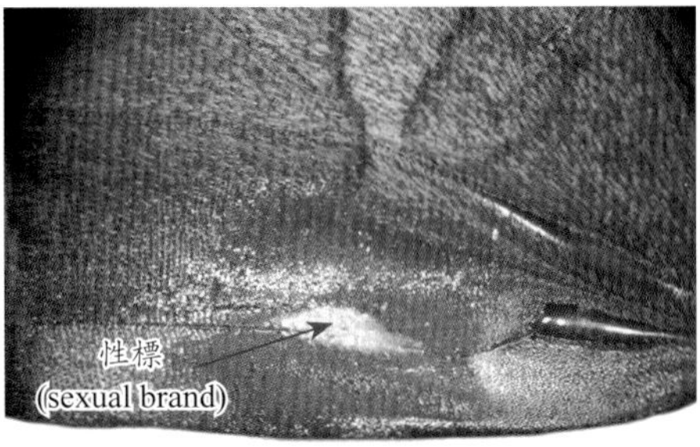

性標
(sexual brand)

膨大翅脈
(swollen vein)

稻眉眼蝶雄蝶右前翅腹面

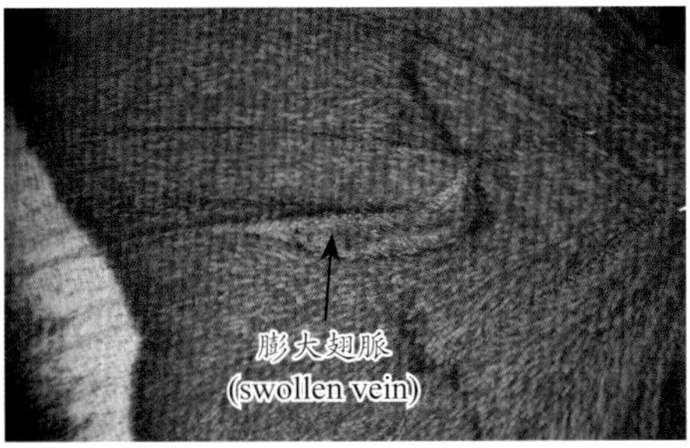

稻眉眼蝶雄蝶右後翅腹面

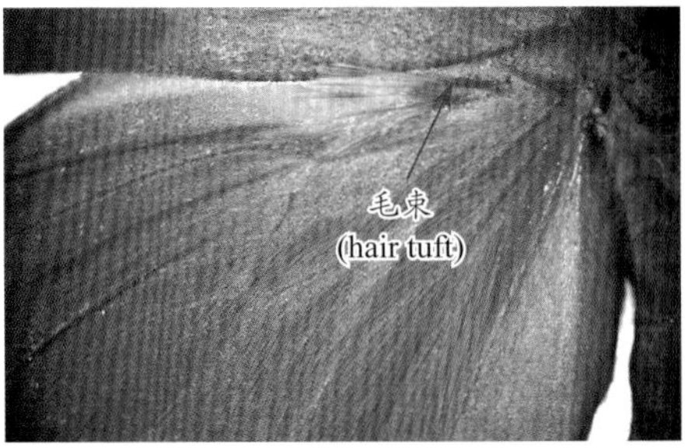

毛束
(hair tuft)

稻眉眼蝶雄蝶左後翅背面

曲斑眉眼蝶

Mycalesis perseus blasius (Fabricius)

▌模式產地：*perseus* Fabricius, 1775：澳大利亞；*blasius* Fabricius, 1798：印度。

英 文 名	Common Bushbrown
別　　名	無紋蛇目蝶、裴斯眉眼蝶

形態特徵 Diagnostic characters

　　雌雄斑紋相似。軀體背側呈暗褐色，腹側呈黃白色。前翅近直角三角形，前緣、外緣呈弧形。後翅接近卵形。翅背面底色呈暗褐色，沿外緣有模糊淺色重線紋。前翅 CuA_1 室中央有一模糊眼紋。後翅通常無紋。翅腹面底色亦為褐色。翅腹面中央線紋黃白色。沿外緣有重線紋。前翅通常於 M_1、M_2、M_3 及 CuA_1 室各有一眼紋，作弧形排列，CuA_2 室亦時有一小眼紋。後翅外側有排成圓弧狀之眼紋列，CuA_1 室者明顯偏內側。翅基附近有極其模糊之線紋。前翅中室前側脈及後側脈基半部膨大，$1A+2A$ 脈基部亦膨大。雄蝶前翅腹面於後緣基部附近有一片銀灰色特化鱗，並於其內有一黑褐色性標，後翅背面近翅基處有黃白色毛束，其基部性標銀灰色。緣毛白色混褐色或褐色。

生態習性 Behaviors

　　多世代性蝶種。成蝶於較有遮蔭的場所活動。成蝶飛翔緩慢。

雌、雄蝶之區分 Distinctions between sexes

　　雌蝶前翅腹面及後翅背面無性標。雄蝶前足跗節密被毛、末端尖，雌蝶則跗節疏被毛、末端鈍。

近似種比較 Similar species

　　前翅腹面有四枚大小相近、成弧形排列之眼紋是本種特徵，即便是乾季眼紋消退之個體，仍可見同樣作弧形排列的四只細小眼點。

分布 Distribution	棲地環境 Habitats	幼蟲寄主植物 Larval hostplants
在臺灣地區主要見於臺灣本島南部低海拔地區。臺灣地區以外分布涵蓋東洋區大部分地區及澳洲區北部廣大地區。	常綠闊葉林、荒地、果園。	巴拉草*Brachiaria mutica*、藤竹草*Panicum sarmentosum*等禾本科Poaceae植物。利用部位是葉片。

蛺蝶科

眉眼蝶屬

雨季型（高溫型）

1cm

 110%

♂

1cm

 ♀

變異 Variations	豐度／現狀 Status	附記 Remarks
低溫期／乾季個體翅腹面有緻密之暗色細紋、中央白線消退而成一模糊暗色線、翅腹面眼紋減退，有時幾近消失。	數量稀少。	本種早年於北臺灣亦有記錄，但近年缺乏發現報告。

乾季型（低溫型）

1cm

110%

♂

1cm

♀

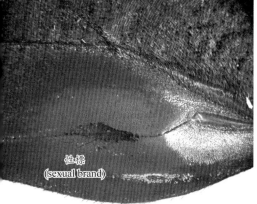

性標
(sexual brand)

曲斑眉眼蝶雄蝶右前翅腹面

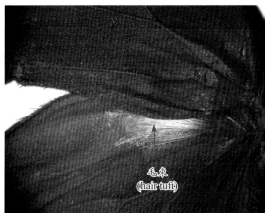

毛束
(hair tuft)

曲斑眉眼蝶雄蝶左後翅背面

罕眉眼蝶 特有亞種

Mycalesis suavolens kagina Fruhstorfer

▎模式產地：*suavolens* Wood-Mason & de Niceville, 1883；錫金；*kagina* Fruhstorfer, 1908；臺灣。

英文名	Wood-Mason's Bushbrown
別　名	嘉義小蛇目蝶

形態特徵 Diagnostic characters

雌雄斑紋相似。軀體背側呈暗褐色，腹側呈淺褐色。前翅近直角三角形，前緣、外緣呈弧形。後翅接近扇形。翅背面底色呈暗褐色，沿外緣有淺色重線紋。前翅CuA$_1$室中央為中心有一明顯大眼紋，M$_1$室有一較小眼紋。後翅CuA$_1$室有一明顯眼紋，其他各室亦時有眼紋。翅腹面底色較翅背面稍淺。翅腹面中央線紋偏外側而呈黃白色。沿外緣亦有淺色重線紋。前翅M$_1$室及CuA$_1$室中央為中心各有一眼紋，後者較大型，其他各室亦時有小眼紋。後翅外側有排成圓弧狀之眼紋列，以CuA$_1$室者最大。翅內側有一暗色線紋。前翅中室前側脈及後側脈基半部膨大，1A+2A脈基部亦膨大。雄蝶雄蝶前翅背面於後緣基部附近有一片銀灰色特化鱗，並於其內有一米白色橢圓形性標，後翅背面近翅基處有黃白色或淺褐色毛束，其基部性標灰色而外側有小片米黃色區域。緣毛黃白色或淺褐色。

生態習性 Behaviors

由記錄上來看一年可能有兩世代。成蝶於陰暗潮溼的場所活動。成蝶飛翔緩慢優雅。

雌、雄蝶之區分 Distinctions between sexes

雌蝶前翅腹面及後翅背面無性標。雄蝶前足跗節密被毛、末端尖，雌蝶則跗節疏被毛、末端鈍。

近似種比較 Similar species

在臺灣地區本種是體型最大、翅形最圓的眉眼蝶，翅腹面中央線紋偏外側亦是本種的特徵。

分布 Distribution	棲地環境 Habitats	幼蟲寄主植物 Larval hostplants
在臺灣地區見於臺灣本島低、中海拔地區。臺灣地區以外分布於華西南、喜馬拉雅、中南半島北部等地區。	常綠闊葉林。	尚未有正式紀錄。

28~31mm

100~1000m

100%

1cm

♂

1cm

♀

性標
(sexual brand)

毛束
(hair tuft)

罕眉眼蝶雄蝶右前翅腹面

罕眉眼蝶雄蝶左後翅背面

變異 Variations	豐度 / 現狀 Status	附記 Remarks
翅面眼紋數目多個體變異。	數量稀少。	臺灣亞種之亞種名kagina 意指南臺灣嘉義。

切翅眉眼蝶

Mycalesis mucianus zonata Matsumura

▍模式產地：*mucianus* Fruhstorfer, 1908；越南；*zonata* Matsumura, 1909；臺灣。

英 文 名	South China Bushbrown
別　　名	切翅單環蝶、平頂眉眼蝶、草目蝶、截翅眉眼蝶

形態特徵 Diagnostic characters

　　雌雄斑紋相似。軀體背側呈暗褐色，腹側呈淺褐色。前翅近直角三角形，前緣呈弧形，外緣前方明顯內收使翅頂作截狀。後翅接近扇形，外緣略呈波狀。翅背面底色呈暗褐色，沿外緣有模糊淺色重線紋，前翅中央常有一暗色直線。前翅CuA$_1$室中央為中心有一明顯大眼紋，M$_1$室有時有一細小眼紋。後翅通常無紋。翅腹面底色亦為褐色。翅腹面中央線紋黃白色。沿外緣有重線紋。前翅M$_1$室及CuA$_1$室中央為中心各有一眼紋，後者較大型，其他各室亦時有小眼紋。後翅外側有排成圓弧狀之眼紋列。翅基附近常有暗色線紋。前翅中室前側脈及後側脈基半部膨大，1A+2A脈基部亦膨大。雄蝶前翅腹面於後緣基部附近有一片銀灰色特化鱗，並於其內有一暗色橢圓形性標，後翅背面近翅基處有黃白色毛束，其基部附近性標內側呈褐色，外側呈帶金屬光澤之黃灰色。緣毛褐色。

生態習性 Behaviors

　　多世代性蝶種。成蝶於較有遮蔭的場所活動。成蝶飛翔活潑敏捷。

雌、雄蝶之區分 Distinctions between sexes

　　雌蝶前翅腹面及後翅背面無性標。雄蝶前足跗節密被毛、末端尖，雌蝶則跗節疏被毛、末端鈍。

分布 Distribution	棲地環境 Habitats	幼蟲寄主植物 Larval hostplants
在臺灣地區主要見於臺灣本島低、中海拔地區。臺灣地區以外分布於華南、華東等地區。	常綠闊葉林、竹林。	棕葉狗尾草*Setaria palmifolia*、馬唐*Digitaria sanguinalis*、竹葉草*Oplismenus compositus*、求米草*O. hirtellus*、藤竹草*Panicum sarmentosum*、柳葉箬*Isachne globosa*等禾本科Poaceae植物。利用部位是葉片。

22~28mm

0~1500m

1 2 3 4 5 6 7 8 9 10 11 12

金屬光澤之黃灰色區域亦是本種特性。

蛺蝶科

眉眼蝶屬

近似種比較 Similar species

前翅翅頂呈截狀是本種最顯著之特徵。雄蝶後翅性標外側具有帶

雨季型（高溫型）

1cm

110%

♂

1cm

♀

變異 Variations	豐度／現狀 Status	附記 Remarks
多季節及個體變異。低溫期／乾季個體翅腹面眼紋減退，有時幾近消失。	目前數量尚多。	昔時本種於北臺灣少見，但近年漸多發現，連臺北盆地周圍都常見其蹤跡。

353

乾季型（低溫型）

1cm

110%

♂

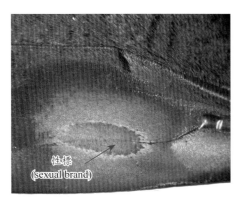

1cm

♀

性標
(sexual brand)

毛束
(hair tuft)

切翅眉眼蝶雄蝶右前翅腹面　　　　　　　切翅眉眼蝶雄蝶左後翅背面

小眉眼蝶

Mycalesis mineus mineus (Linnaeus)

▌模式產地：*mineus* Linnaeus, 1758：廣東。

英 文 名	Dark-brand Bushbrown
別 名	圓翅單環蝶、日月蝶

形態特徵 Diagnostic characters

雌雄斑紋相似。軀體背側呈暗褐色，腹側呈淺褐色。前翅近直角三角形，前緣呈弧形，外緣前方明顯內收使翅頂作截狀。後翅接近扇形，外緣略呈波狀。翅背面底色呈暗褐色，沿外緣有模糊淺色重線紋，前翅中央常有一暗色直線。前翅CuA$_1$室中央為中心有一明顯大眼紋，M$_1$室有時有一細小眼紋。後翅通常無紋。翅腹面底色亦為褐色。翅腹面中央線紋黃白色。沿外緣有重線紋。前翅M$_1$室及CuA$_1$室中央為中心各有一眼紋，後者較大型，其他各室亦時有小眼紋。後翅外側有排成圓弧狀之眼紋列。翅基附近常有暗色線紋。前翅中室前側脈及後側脈基半部膨大，1A+2A脈基部亦膨大。雄蝶前翅腹面於後緣基部附近有一片銀灰色特化鱗，並於其內有一褐色橢圓形性標，後翅背面近翅基處有黃白色毛束，其基部性標銀灰色。緣毛褐色。

生態習性 Behaviors

多世代性蝶種。成蝶於較有遮蔭的場所活動。成蝶飛翔活潑敏捷。

雌、雄蝶之區分 Distinctions between sexes

雌蝶前翅腹面及後翅背面無性標。雄蝶前足跗節密被毛、末端尖，雌蝶則跗節疏被毛、末端鈍。

近似種比較 Similar species

在臺灣地區外觀上與本種最類似的種類是切翅眉眼蝶，本種前翅翅頂不呈截狀且通常體型較小。

分布 Distribution	棲地環境 Habitats	幼蟲寄主植物 Larval hostplants
在臺灣地區分布於臺灣本島低、中海拔地區，北部少見。臺灣地區以外分布於東洋區大部分地區及小巽他列島。	常綠闊葉林、竹林、荒地。	兩耳草*Paspalum conjugatum*、馬唐*Digitaria sanguinalis*、竹葉草*Oplismenus compositus*、求米草*O. hirtellus*、藤竹草*Panicum sarmentosum*等禾本科Poaceae植物。利用部位是葉片。

21~24mm

1 2 3 4 5 6 7 8 9 10 11 12

0~1000m

雨季型（高溫型）

♂

1cm

110%

♀

1cm

小眉眼蝶乾季型Dry season form of *Mycalesis mineus*（高雄市田寮區月世界，2011.12.03.）。

變異 Variations	豐度／現狀 Status
低溫期／乾季個體翅腹面中央白線消退而成一模糊暗色線、翅腹面眼紋減退，有時幾近消失。	目前數量尚多。

乾季型（低溫型）

110%

1cm

♂

♀

1cm

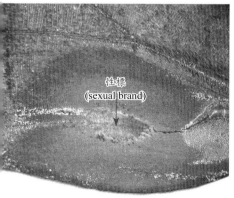

性標
(sexual brand)

小眉眼蝶雄蝶右前翅腹面

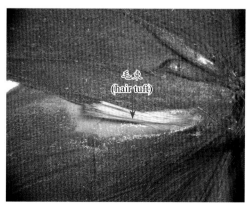

毛束
(hair tuft)

小眉眼蝶雄蝶左後翅背面

蛇眼蝶屬 *Minois* Hübner, [1819]

| 模式種 Type Species | *Papilio phaedra* Linnaeus, 1764，該分類單元現被視為蛇眼蝶*Minois dryas*（Scopoli, 1763）之同物異名。 |

形態特徵與相關資料 Diagnosis and other information

　　中型眼蝶。複眼無毛。觸角長度短於前翅長1／2。下唇鬚腹面密被毛，第三節非常短。前足跗節癒合變形。中足脛節短而與第一跗節近乎等長或較其為短，上生棘列。前翅中室內有逆行脈。前、後翅中室封閉。翅面底色呈褐色或暗褐色，翅面外側有明顯的眼紋列。

　　本屬有時被置於眼蝶屬*Satyrus* Latreille, 1810內。

　　本屬目前包括3種，主要分布於舊北區，但延伸入東洋區北緣。

　　主要棲息於草原地帶。成蝶產卵時有直接將卵放落之習性。

　　幼蟲寄主植物為禾本科Poaceae及莎草科Cyperaceae植物。

　　臺灣地區有一種。

・*Minois nagasawae*（Matsumura, 1906）（永澤蛇眼蝶）

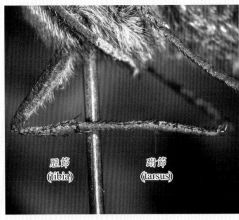

脛節
(tibia)　　跗節
(tarsus)

永澤蛇眼蝶右中足

永澤蛇眼蝶卵Ovum of *Minois nagasawae*（南投縣仁愛鄉石門山，3200m，2009.11.09.）。

永澤蛇眼蝶

Minois nagasawae (Matsumura)

▌模式產地：*nagasawae* Matsumura, 1906：臺灣。

英 文 名	Nagasawa's Dryad
別　　名	永澤蛇目蝶

形態特徵 Diagnostic characters

　　雌雄斑紋相似。軀體背側呈暗褐色，腹側呈淺褐色。前翅近直角三角形，前緣呈弧形、外緣稍呈弧形。後翅接近卵形。翅背面底色呈棕褐色或淺褐色。前翅M_1及CuA_1室中央為中心有一明顯眼紋。後翅外側有作弧形排列之眼紋列。翅腹面底色較翅背面淺。翅面有緻密暗色細紋。前翅M_1室及CuA_1室中央為中心亦各有一眼紋。後翅眼紋列十分細小，其外側有模糊暗線。後翅中央有寬帶紋，其兩側鑲暗色線紋，線紋外有模糊白紋。沿外緣有淺色細線紋。緣毛白色而於翅脈端呈褐色。

生態習性 Behaviors

　　一年一世代。成蝶於開闊場所活動。成蝶飛翔緩慢優雅。

雌、雄蝶之區分 Distinctions between sexes

　　雌蝶翅面底色較淺，後翅腹面斑紋較清晰。雄蝶前足跗節密被毛、末端尖，雌蝶則跗節疏被毛、末端鈍。

近似種比較 Similar species

　　在臺灣地區無類似種。

永澤蛇眼蝶*Minois nagasawae*（南投縣仁愛鄉石門山，3200m，2012.09.22.）。

分布 Distribution	棲地環境 Habitats	幼蟲寄主植物 Larval hostplants
分布於臺灣本島高海拔地區。	高山草原、高山箭竹原。	禾本科Poaceae之川上氏短柄草*Brachypodium kawakamii*及髮草*Deschampsia caespitosa*。利用部位是葉片。

蛺蝶科

蛇眼蝶屬

25~29mm

2500~3900m

120%

♂

1cm

♀

1cm

變異 Variations	豐度／現狀 Status	附記 Remarks
翅面眼紋數目及翅面斑紋色彩濃淡多變異。	部分地區數量尚多，但分布不連續。	本種是臺灣地區垂直分布海拔最高的蝶種。種小名nagasawae係紀念最早發現本種的日人永澤定一。

暮眼蝶屬 *Melanitis* Fabricius, 1807

模式種 Type Species | *Papilio leda* Linnaeus, 1758，即暮眼蝶
Melanitis leda（Linnaeus, 1758）。

形態特徵與相關資料 Diagnosis and other information

　　大型眼蝶。複眼無毛。觸角長度短於前翅長1／2。下唇鬚平滑。雄蝶前足密被長毛，雌蝶則光裸。前、後翅中室封閉，前翅中室長度約為翅長1／2，後翅中室長度約為後翅長1／3。前翅常於M_2脈末端突出呈角狀，後翅於M_3脈末端有小尾突。翅面底色呈褐色或暗褐色，翅背面常以前翅M_3室中央為中心有一明顯眼紋，翅腹面外側多有小眼紋紋列。

　　本屬有13種，分布於東洋區、非洲區、澳洲區及舊北區東部。

　　棲息於森林、草原等環境。成蝶喜吸食腐果。

　　幼蟲寄主植物為禾本科Poaceae植物。

　　臺灣地區有兩種。

· *Melanitis leda leda*（Linnaeus, 1758）（暮眼蝶）
· *Melanitis phedima polishana* Fruhstorfer, 1908（森林暮眼蝶）

臺灣地區

檢索表　　　　　　　　　　　　　暮眼蝶屬

Key to species of the genus *Melanitis* in Taiwan

❶ 前翅背面M_3室眼紋黑色部分圓形，其內白色小點位於眼紋中央..................
.... *leda*（暮眼蝶）
　前翅背面M_3室眼紋黑色部分長橢圓形，其內白色小點位置偏外側..............
.... *phedima*（森林暮眼蝶）

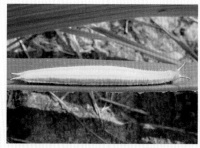

象草葉上之森林暮眼蝶幼蟲Larva of *Melanitis phedima polishana* on *Pennisetum purpureum*（南投縣鹿谷鄉鳳凰谷，750m，2011.02.25.）。

森林暮眼蝶*Melanitis phedima polishana*（臺南市東山區崁頭山，600m，2011.10.15.）。

暮眼蝶

Melanitis leda leda (Linnaeus)

▌模式產地：*leda* Linnaeus, 1758：「亞洲」（廣東?）。

英 文 名	Common Evening Brown
別　　名	樹蔭蝶、樹間蝶

形態特徵 Diagnostic characters

　　雌雄斑紋相似。軀體背側呈褐色或黃褐色，腹側呈淺褐色。前翅近直角三角形，但於M_2脈末端突出呈角狀，尤以低溫期個體為然，前緣明顯呈弧形。後翅接近卵形，於M3脈末端有指狀尾突，外緣呈波狀。翅背面底色呈褐色或紅褐色。前翅M_3室中央為中心有一明顯眼紋，M_3室中央亦有一白色眼點，眼紋沿翅內側方向常鑲橙色紋。後翅外側有作弧形排列之眼紋列或白色眼點。翅腹面斑紋變化大而有季節變異，高溫期個體底色呈淺黃褐色或灰白色而密布深色細波紋，外側有明顯眼紋列，低溫期個體則底色呈褐色或淺黃褐色，上綴樣式多變的深色花紋，眼紋則消退。前翅內、外側各有一暗色斜線，後翅中央亦有一暗色斜線。緣毛褐色。

生態習性 Behaviors

　　多世代性蝶種。偏好棲於有遮蔭但較乾燥的棲地。成蝶飛翔活潑敏捷，主要於黃昏後活動，好食樹液、腐果。

雌、雄蝶之區分 Distinctions between sexes

　　雌、雄蝶斑紋相似，僅雌蝶翅色略淺、翅形較寬闊。雌、雄蝶兩者均富季節變異。雄蝶前足跗節癒合、密被長毛、末端尖，雌蝶則跗節分節、近平滑、末端鈍。

分布 Distribution
在臺灣地區分布於臺灣本島低、中海拔地區。離島綠島、蘭嶼、龜山島、澎湖、東沙島、太平島及外島金門、馬祖均見記錄。分布極廣，臺灣以外包括範圍涵蓋撒哈拉沙漠以南的整個非洲大陸及馬達加斯加、東洋區全域及澳洲區除了紐西蘭、澳洲中南部以外的大部分地區。

幼蟲寄主植物 Larval hostplants
稻*Oryza sativa*、象草*Pennisetum purpureum*、大黍*Panicum maximum*、巴拉草*Brachiria mutica*等禾本科Poaceae植物。

31~38mm

3000
2000
1000
0

0~1000m

近似種比較 Similar species

　　在臺灣地區與本種最類似的種類是森林暮眼蝶，乾季／低溫期個體尤其相似。最容易分辨兩者的特徵是本種前翅背面眼紋之白色眼點置中，而森林暮眼蝶則偏外側。在雨季／高溫期個體前翅眼紋減退的情形時，本種翅腹面底色淺而有明顯的眼紋列，森林暮眼蝶則底色深而眼紋不鮮明。

蛺蝶科

暮眼蝶屬

高溫型（雨季型）

85%

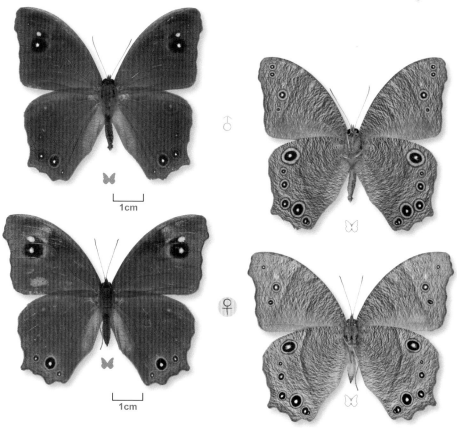

1cm

♂

♀

1cm

棲地環境 Habitats	變異 Variations	豐度／現狀 Status	附記 Remarks
常綠闊葉林、竹林、農田、荒地。	雨季／高溫期個體後翅尾突較短、翅腹面波狀細紋較明顯、眼紋亦較發達。乾季／低溫期個體翅腹面斑紋多變異。	目前數量尚多，但有減少傾向。	本種多分布於平地及低海拔丘陵地，原本於臺灣各地鄉村十分常見。隨著都市化日益嚴重，本種棲地隨之減少，許多地方本種因此已不常見。

低溫型（乾季型）

1cm

85%

♂

1cm

♂

低溫型（乾季型）

1cm

♂

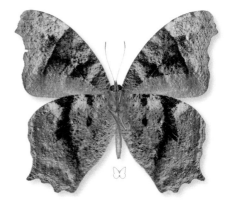

♀

1cm

森林暮眼蝶

 特有亞種

Melanitis phedima polishana Fruhstorfer

▌模式產地：*phedima* Cramer, 1780：爪哇；*polishana* Fruhstorfer, 1908：臺灣。

英 文 名	Dark Evening Brown
別　　名	睇暮眼蝶、黑樹間蝶、黑樹蔭蝶

形態特徵 Diagnostic characters

雌雄斑紋相似。軀體背側呈暗褐色，腹側呈褐色、淺褐色或黃褐色。前翅近直角三角形，但於M_2脈末端突出呈角狀，尤以低溫期個體為然，前緣明顯呈弧形。後翅接近卵形，於M_3脈末端有角狀尾突，外緣呈波狀。翅背面底色呈暗褐色或褐色。前翅M_3室中央為中心有一明顯眼紋，M_3室中央亦有一白色眼點，眼紋沿翅內側方向常鑲橙色紋。後翅外側有作弧形排列之眼紋列或白色眼點。翅腹面斑紋變化大而有季節變異，高溫期個體底色呈褐色或紅褐色而綴有濃淡不均之斑紋，外側常有眼紋列，低溫期個體則底色呈黃褐色或淺褐色，上綴樣式多變的深色花紋，眼紋則消退。前翅內、外側各有一暗色斜線，後翅中央亦有一暗色斜線。緣毛褐色。

生態習性 Behaviors

多世代性蝶種。偏好棲於森林性棲地。成蝶飛翔活潑敏捷，主要於黃昏後活動，喜食樹液、腐果。

雌、雄蝶之區分 Distinctions between sexes

雄蝶翅色調較深，呈暗褐色，雌蝶翅色較淺、呈黃褐色或紅褐色。雨季／高溫期雄蝶前翅角狀突起幾近消失，前翅背面眼紋亦減退，與雌蝶差異尤其明顯。雄蝶前足跗節癒合、密被長毛、末端尖，雌蝶則跗節分節、近平滑、末端鈍。

分布 Distribution	棲地環境 Habitats	幼蟲寄主植物 Larval hostplants
在臺灣地區分布於臺灣本島低、中海拔地區。離島綠島、澎湖及金門均有記錄。金門所產應屬不同亞種。臺灣以外分布範圍包括東洋區大部分地域、蘇拉威西及日本南部等地區。	常綠闊葉林。	臺灣蘆竹*Arundo formosana*、象草*Pennisetum purpureum*、棕葉狗尾草*Setaria palmifolia*、芒*Miscanthus sinensis*、柳葉箬*Isachne globasa*、剛莠竹*Microstegium ciliatum*等禾本科Poaceae植物。

31~38mm

0~1000m

近似種比較 Similar species

在臺灣地區與本種最類似的種類是暮眼蝶，乾季／低溫期個體尤其相似。最容易分辨兩者的特徵是本種前翅背面眼紋之白色眼點偏外側，而暮眼蝶則置中。

蛺蝶科

暮眼蝶屬

雨季型（高溫型）

1cm

85%

♂

1cm

♀

變異 Variations	豐度／現狀 Status	附記 Remarks
雨季／高溫期個體前翅角狀突起及後翅尾突均較短、翅腹面眼紋減退。	目前數量尚多。	與暮眼蝶相較，本種明顯偏森林性分布。 臺灣亞種之亞種名*polishana*意指臺灣中部南投縣埔里。

乾季型（低溫型）

蛺蝶科

暮眼蝶屬

85%

♂

1cm

♀

1cm

斑眼蝶屬 *Penthema* Doubleday, [1848]

模式種 Type Species | *Diadema lisarda* Doubleday, 1845，即斑眼蝶 *Penthema lisarda*（Doubleday, 1845）。

形態特徵與相關資料 Diagnosis and other information

　　大型眼蝶。複眼無毛。雄蝶前足密被長毛，雌蝶則光裸。前、後翅中室封閉，中室長度均短於前翅長1／2。後翅肩脈彎向內側。翅面底色呈暗褐色，有些種類帶藍色光澤，翅面綴白、黃斑。

　　本屬之種類多被認為擬態斑蝶。

　　本屬有5種，分布於東洋區。

　　棲息於森林。成蝶嗜食腐果。

　　幼蟲寄主植物為禾本科Poaceae竹亞科Bambusoideae植物。

　　臺灣地區有一種。

・*Penthema formosanum*（Rothschild, 1898）（臺灣斑眼蝶）

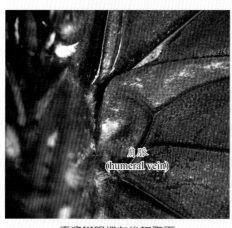

臺灣斑眼蝶左後翅腹面

肩脈
(humeral vein)

臺灣斑眼蝶蛹Pupa of *Penthema formosanum*（新北市新店區翡翠水庫，200m，2012.04.11.）。

臺灣斑眼蝶

 特有種

Penthema formosanum (Rothschild)

▎模式產地：*formosanum* Rothschild, 1898：臺灣。

英 文 名	Formosan Kaiser
別　　名	白條斑蔭蝶

形態特徵 Diagnostic characters

　　雌雄斑紋相似。軀體背側呈黑褐色，腹側呈褐色，腹部兩側有白條。前翅近直角三角形，翅頂呈圓弧狀，前緣呈弧形。後翅接近卵形，外緣呈波狀。翅背面底色呈黑褐色，上綴黃白色條紋及斑點。前翅中室內有黃白色斑點，後翅中室則常為黃白色紋填滿。各翅室內側常有黃白色條，外側常有黃白色斑點。翅腹面底色大部分呈棕色，前翅斑紋常與翅背面類似而更加鮮明，後翅則常斑紋減退而且泛黃。緣毛黑白相間。

生態習性 Behaviors

　　多世代性蝶種。棲於有遮蔭的場所。成蝶飛翔緩慢，好食樹液、腐果，亦會吸水。

雌、雄蝶之區分 Distinctions between sexes

　　雄蝶前足跗節癒合、被毛，雌蝶則跗節分節、疏被毛。

近似種比較 Similar species

　　在臺灣地區無與類似種。

分布 Distribution	棲地環境 Habitats	幼蟲寄主植物 Larval hostplants
分布於臺灣本島低、中海拔地區。外島馬祖地區及華南地區曾有記錄，但有待查證。	常綠闊葉林、竹林。	綠竹*Bambusa oldhamii*、蓬萊竹*B. multiplex*、佛竹*B. ventricosa*、刺竹*B. stenostachya*及孟宗竹*Phyllostachys pubescens*等禾本科Poaceae竹亞科Bambusoideae植物。

44~54mm

0~1000m

♂

1cm

65%

♀

1cm

變異 Variations	豐度 / 現狀 Status	附記 Remarks
翅面黃白斑發達與否富變異。	目前數量尚多。	斑眼蝶屬成員一般被認為擬態斑蝶,但是臺灣斑眼蛺蝶缺乏可能的擬態對象。

模式種 Type Species | *Elymnias jynx* Hübner, 1818。該分類單元現被認為是*Papilio undularis* Drury, [1773]之同物異名，而後者又被認為是藍紋鋸眼蝶*Papilio hypermnestra* Linnaeus, 1763[*Elymnias hypermnestra*（Linnaeus, 1763）]之一亞種。

形態特徵與相關資料 Diagnosis and other information

　　大型眼蝶。複眼無毛。雄蝶前足密被毛，雌蝶則否。前、後翅中室封閉，中室端脈均明顯向內凹陷，長度均短於翅長1／3。後翅Sc與R_1脈分別由翅基發出後再會合而形成一亞前緣小室。雄蝶於後翅中室有橢圓形暗色性標，其上有一或兩叢毛束。雄蝶另有一片特化鱗位於前翅腹面後側。翅緣常呈鋸齒狀，多於後翅M_3脈末端有突起。翅面底色多呈暗褐色，上具各種色彩之斑紋。雌雄二型性發達。

　　本屬之種類多擬態其他有毒或味道不好的蝴蝶，擬態對象範圍廣，斑蝶、粉蝶、鳳蝶均有之。

　　本屬超過40種，分布於東洋區及澳洲區。非洲區有近緣屬*Elymniopsis* Fruhstorfer, 1907。

　　主要棲息於森林，偏好陰暗潮溼之場所。

　　幼蟲寄主植物為棕櫚科Arecaceae植物。

　　臺灣地區有一種。

· *Elymnias hypermnestra hainana* Moore, 1878（藍紋鋸眼蝶）

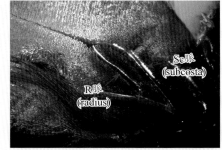

藍紋鋸眼蝶雄蝶後翅背面翅基附近構造

藍紋鋸眼蝶雄蝶右前翅腹面

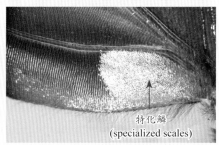

藍紋鋸眼蝶雄蝶右前翅腹面放大圖

藍紋鋸眼蝶雄蝶左前翅背面

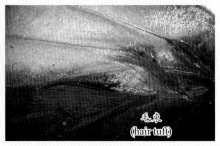

藍紋鋸眼蝶雄蝶左後翅背面

藍紋鋸眼蝶

Elymnias hypermnestra hainana Moore

▌模式產地：*hypermnestra* Linnaeus, 1763；爪哇；*hainana* Moore, 1878；海南。

英 文 名	Common Palmfly
別　　名	翠袖鋸眼蝶、紫蛇目蝶、琉璃蛇目蝶

形態特徵 Diagnostic characters

　　雌雄斑紋相異。軀體背側呈黑褐色，腹側呈褐色。前翅近直角三角形，外緣呈鋸齒狀，前緣呈弧形。後翅接近扇形，於M_3脈末端尾突，外緣亦呈鋸齒狀。翅背面底色呈黑褐色。前翅沿外緣有藍色或淺藍色紋列。後翅外側有紅褐色紋。雌蝶於後翅外側常有白色點列。翅腹面底色呈紅褐色，上有細密深色波紋。翅面外側色淺。前翅前緣近翅頂處有灰色三角形斑紋。雄蝶前翅CuA_2室內側有一片黑色特化鱗，後翅中室前側有卵形帶金屬光澤之灰色性標，上具兩叢褐色毛束。前翅腹面1A+2A室近翅基處有灰白色性標。緣毛褐色。

生態習性 Behaviors

　　多世代性蝶種。偏好棲於有潮溼陰暗的場所，會吸食腐果。

雌、雄蝶之區分 Distinctions between sexes

　　雌蝶翅面缺乏性標、特化鱗。雄蝶後翅背面紅褐色紋見於後翅外側而具光澤，雌蝶則見於前翅後側及後翅內側，但缺少光澤。

近似種比較 Similar species

　　在臺灣地區沒有類似種。

分布 Distribution	棲地環境 Habitats	幼蟲寄主植物 Larval hostplants
在臺灣地區分布於臺灣本島低、中海拔地區。離島龜山島及澎湖、馬祖均見記錄。臺灣分布於東洋區大部分地域及小巽他列島。	常綠闊葉林、都市綠地。	山棕*Arenga engleri*、臺灣海棗*Phoenix hanceana* var. *formosana*、羅比親王海棗*P. humilis* var. *loureiri*、蒲葵*Livistona chinensis* var. *subglobosa*、檳榔*Areca catechu*、黃椰子*Chrysalidocarpus lutescens*、酒瓶椰子*Hyophorbe amaricaulis*、棍棒椰子*H. verschaffelti*、觀音棕竹*Rhapis excelsa*、棕竹*R. humilis*、大王椰子*Roystonea regia*等棕櫚科Arecaceae植物。

32~38mm

1 2 3 4 5 6 7 8 9 10 11 12

0~1000m

雨季型（高溫型）

1cm

90%

1cm

變異 Variations	豐度／現狀 Status	附記 Remarks
乾季／低溫期個體翅腹面色淺，內、外側明暗對比較鮮明。	本種為數量多之常見種。	本種可適應都市化環境，且因棕櫚科植物是常用都市綠化造景植物，因此本種常見於公園、學校校園，甚至住宅庭院。

乾季型（低溫型）

1cm

90%

1cm

♂

♀

檳榔葉上之藍紋鋸眼蝶蛹Pupa of *Elymnias hypermnestra hainana* on *Areca catechu*（南投縣集集鎮集集，300m，2011.11.19.）。

檳榔葉上之藍紋鋸眼蝶幼蟲Larva of *Elymnias hypermnestra hainana* on *Areca catechu*（南投縣集集鎮集集，300m，2011.11.19.）。

Ackery, P. R., R. de Jong, R. I. Vane-Wright. 1998. The Butterflies: Hedyloidea, Hesperioidea and Papilinoidea pp. 263–300. *In*: Kristensen, N. P. (ed.) : Lepidoptera, Moths and Butterflies, Handbook of Zoology, Vol. 1: Evolution, Systematics, and Biogeography. Walter de Gruyter, Berlin and New York.

Bethune-Baker, G. T. 1903. A revision of the *Amblypodia* Group of butterflies of the family Lycaenidae. Trans. Zool. Soc. Lond., **17**:1–164, pls. 105.

Chiba, H. 1995. A revision of the subfamily Coeliadinae of the world. Ph. D. dissertation, University of Hawaii. Honolulu, USA.

Chiba, H. 2009. A revision of the subfamily Coeliadinae (Lepidoptera: Hesperiidae). Bull. Kitakyushu Mus. Nat. Hist. Hum. Hist., Ser. A, 7:1–102.

Clench, H. K. 1978. The names of certain Holarctic hairstreak genera (Lycaenidae). Jour. Lepid. Soc., **32**:277–281.

Corbet, A. S. 1941. A key to the Indo-Malayan species of *Arhopala* Boisduval (Lepidoptera: Lycaenidae). Proc. R. ent. Soc. Lond. (B), **11**:91–94.

Corbet, A. S. 1946. The observations on the Indo-Malayan species of the genus *Arhopala* Boisduval (Lepidoptera: Lycaenidae). Trans. R. ent. Soc. Lond., **96**:73–88, 7 pls.

Cotton, A. M., T. Racheli. 2006. A Preliminary annotated checklist of the Papilionidae of Laos with notes on taxonomy, phenology, distribution and variation (Lepidoptera, Papilionoidea). Fragmenta entomologica, **38** **(2)**:279–378.

Della Bruna, C., E. Gallo, V. Sbordoni. 2004. Guide to the Butterflies of the Palearctic Region. Pieridae, Part I. Omnes Artes, Milano.

Devyatkin, A. L. 2000. Hesperiidae of Vietnam 8, three new species of the *Celaenorrhinus* Hübner, 1819, with notes on the C. *maculosa* (C. & R. Felder, [1867])-*oscula* Evans, 1949 group (Lepidoptera, Hesperiidae). Atalanta, **31**:205–211.

Eliot, J. N. 1967. Revisional notes on Oriental butterflies, with special reference to Malaya, part 4. The Entomologist, **23**:146–156.

Eliot, J. N. 1969. An analysis of the Eurasian and Australian Neptini (Nymphalidae). Bull. Br. Mus. Nat. Hist. (Ent.) Suppl., **15**:1–155, pl. 1–3.

Eliot, J. N. 1973. The higher classification of the Lycaenidae (Lepidoptera): a tentative arrangement. Bull. Br. Mus. nat. Hist., **28**:1–505, 6 pls.

Eliot, J. N. 1978. The Butterflies of the Malay Peninsula, 3rd edition. Malay Natural Society, Kuala Lumpur.

Ek Amnuay, P. 2006. Butterflies of Thailand. Amarin Printing and Publishing Public Co., Ltd.

Evans, W. H. 1957. A revision of the *Arhopala* Group of oriental Lycaenidae. Bull. Br. Mus. nat. Hist., 5:83–141.

Hirowatari, T. 1992. A generic classification of the tribe Polyommatini of the Oriental and Australian regions (Lepidoptera, Lycaenidae, Polyommatinae). Bull. Univ. Osaka Pref., Ser. B, **44**:1–102.

Howarth, T. G. 1957。 A revision of the genus *Neozephyrus* Sibatani and Ito (Lepidoptera: Lycaenidae). Bull. Br. Mus. nat. Hist. (Ent.), **5**:235–272.

Hsu, Y. F. 1990. The genus *Celaenorrhinus* Hübner in Taiwan: a revisional work (Lepidoptera: Hesperiidae). Bull. Inst. Zool., Academia Sinica, **29**:141–152.

Hsu, Y. F., H. Tsukiyama, H. Chiba. 2005. *Hasora anura* de Nicéville from Taiwan (Lepidoptera: Hesperiidae: Coeliadinae) representing a new subspecies endemic to the Island. Zoological Studies, **44**:200–209.

Hsu, Y. F., Y. C. Yang, S. M. Wang. 2005. On the systematic status of an obscure nymphalid taxon *Limenitis formosicola* Matsumura (Lepidoptera: Nymphalidae: Nymphalinae). Jour. Nation. Taiwan Mus., 57:1–6.

Hsu, Y. F., S. H. Yen. Notes on *Boloria pales yangi*, ssp. nov., a remarkable disjunction in butterfly biogeography (Lepidoptera: Nymphalidae). Jour. Res. Lepid., **34**:142–146.

Megens, H., W. J. Van Nes, C. H. M. Van Moorsel, N. E. Pierce, R. de Jong. 2004. Molecular phylogeny of the Oriental butterfly genus *Arhopala* (Lycaenidae, Theclinae) inferred from mitochondrial and nuclear genes. Systematic Entomology, **29**:115–131.

Morishita, K. 1985. Danaidae. Pp. 439-604. *In*: Tsukada, E. (ed.), Butterflies of the South East Asian Island, II. Pieridae・Danaidae. Plapac Co., Ltd.

Page, M. G. P., C. G. Treadaway. 2003. Butterflies of the World, part 17, Papilionidae of the Philippine Islands. Coecke & Evers, Keltern.

Parsons, M. 1999. The Butterflies of Papua New Guinea. Academic Press. San Diego and London.

Shirôzu, T. 1992. Papilionidae. pp. 132–134. *In*: Heppner, J. B. & H. Inoue (eds.). Lepidoptera of Taiwan, Vol. 1, Part 2: Checklist. Association for Tropical Lepidoptera, Gainsveille.

Shirôzu T., K. Ueda. 1992. Lycaenidae. Pp. 136–139. *In*: Heppner, J. B. & H. Inoue (eds.). Lepidoptera of Taiwan, Vol. 1, Part 2: Checklist. Association for Tropical Lepidoptera, Gainsveille.

Shirôzu T., K. Ueda. 1992. Nymphalidae. Pp. 140–150. *In*: Heppner, J. B. & H. Inoue (eds.). Lepidoptera of Taiwan, Vol. 1, Part 2: Checklist. Association for Tropical Lepidoptera, Gainsveille.

Shirôzu, T., H.Yamamoto. 1956. A generic revision and the phylogeny of the tribe Theclini (Lepidoptera: Lycaenidae). Sieboldia, **1**:329–421.

Yokochi, T. 2011. Revision of the subgenus *Limbusa* Moore, [1897](Lepidoptera, Nymphalidae, Adoliadini) Part 2. Group division and descriptions of species (1). Bull. Kitakyushu Mus. Nat. Hist. Hum. Hist., Ser. A, **9**:9–106.

Wang, M, K. Sakai, Y. F. Hsu, O. Yata. Description of a new species of the genus *Neptis* Fabricius from Taiwan, China. Butterflies, **37**:8–12.

山中正夫。1971。台灣產蝶類の分布（1）。日本鱗翅學會特別報告書，第5号：115–193。

山中正夫。1975。台灣產蝶類の分布（5）。蝶と蛾 **26**, supplement 1:1–100。

小岩屋 敏。1996。中国產蝶類10新種、24新亞種の記載、および5タクサの地位の變更。中国蝶類研究，第三卷：237–280。

小岩屋 敏。1999。タイワンウラミスジシジミには三種あった! 月刊むし **336**:2–7。

小岩屋 敏。2003。ベトナム・中国產ゼフィルスの幼生期について。Butterflies **35**:4–19。

小岩屋 敏。2007。世界のゼフィルス大図鑑。むし社。

川副昭人、若林守男。1976。原色日本蝶類図鑑。保育社，大阪。

白水 隆。1960。原色台灣蝶類大圖鑑。保育社。

白水 隆。2001。海外文獻からの紹介: 台灣より未記錄のワモンチョウ科の2種。月刊むし **359**:31。

吉本 浩。1999。ホッポアゲハの學名變更。月刊むし **336**:19–20。

村山修一、下野谷豊一。1963。注目すべき台灣產蝶類若干種について(2新種・2新亞種・7新異常型を含む)。蝶と蛾 **13**:51–59。

李俊延、王效岳。1999。臺灣蝴蝶寶鑑。宜蘭縣自然史教育館。

徐堉峰、李宜欣、楊平世。2003。台灣地區蝶類外來種現況。入侵種生物管理研討會論文集。2003年10月22-23日，行政院農委會動植物防疫檢驗局及中華民國自然生態保育協會：138-148。

高橋真弓。1993。いわゆる "ワタナベキマダラ" について。蝶と蛾 **44**:35–42。

高橋真弓、城内積穂。カメヤマウラナミジャノメ *Ypthima wangi* Lee,1998 (台灣產)の分類學上の階位について。Butterflies **58**:4–10。

植村好延, 小岩屋 敏, 2000。ウラナミジャノメとチョウセンウラナミジャノメの分類学的再檢討. ホシザキグリーン財団研究報告 **4**:49–62。

陳維壽。1974。臺灣區蝶類大圖鑑。中國文化雜誌社，臺北。

楚南仁博。1939。紅頭嶼の蝶類。臺灣博物學會會報 **29(193)**:257–263。

稻好 豐、西村正賢。1997。Delias屬のBellaonna groupについて。Butterflies **16**:18–33。

築山 洋。1995。中國蝶類誌(セセリ)の正誤表とコメント。TSU-I-SO **807**:1–10。

濱野榮次。1987。台灣蝶類生態大圖鑑。牛頓出版社。

藤岡知夫、築山 洋、千葉秀幸。1997。日本產蝶類及び世界近緣種大圖鑑，I。出版芸藝術社。

中名索引

中名索引

中名索引

學名索引

學名索引

學名索引

臺灣自然圖鑑 027

臺灣蝴蝶圖鑑・下【蛺蝶】

作者	徐堉峰
主編	徐惠雅
執行主編	許裕苗
校對	徐堉峰、許裕苗、陳昭英
美術編輯	李敏慧、張仕昇

創辦人	陳銘民
發行所	晨星出版有限公司
	臺中市 407 工業區 30 路 1 號
	TEL：04-23595820　FAX：04-23550581
	E-mail：service@morningstar.com.tw
	http：//www.morningstar.com.tw
	行政院新聞局局版臺業字第2500號
法律顧問	陳思成律師
初版	西元 2013 年 3 月 10 日
	西元 2017 年 9 月 23 日（三刷）

郵政劃撥	22326758（晨星出版有限公司）
讀者服務專線	（04）23595819＃230
印刷	上好印刷股份有限公司

定價 690 元

ISBN　978-986-177-668-2
Published by Morning Star Publishing Inc.
Printed in Taiwan
版權所有 翻印必究（如有缺頁或破損，請寄回更換）

國家圖書館出版品預行編目資料

臺灣蝴蝶圖鑑：蛺蝶 / 徐堉峰作. -- 初版. --
臺中市：晨星, 2013.03
　　面；　公分. -－（臺灣自然圖鑑；27）

　ISBN 978-986-177-668-2（平裝）

　1.蝴蝶 2.動物圖鑑 3.臺灣

　387.793025　　　　　　　　　101024111